中3数学

が面白いほどわかる本

河合塾講師
横関 俊材

JN039648

数学は，苦手な人の多い教科です。

私は長く色々な生徒に数学を教えていますが，苦手な原因は共通しています。それは，ひと言でいえば「教わったことに納得ができていない」ということです。だから，「なんとなくわからない」「面白くない」と感じてしまうのです。

もし苦手意識を持たずに，むしろ楽しみながら数学を勉強し，点数も伸ばせるのであれば，これ以上によいことはないでしょう。それを実現するために，みなさんが数学を勉強する際，どの単元でも必ず踏んでほしい3つのステップがあります。

それは，①納得と理解⇒②正確な基礎固め⇒③演習です。それぞれ，どういうことなのかを簡単に説明していきます。

1．納得と理解が数学の出発点である

「なるほど，そういうことなのか」という，納得と理解こそが数学の出発点です。

この段階を飛ばしてしまうことこそが，数学の点数が伸び悩んだり，苦手意識を持ったりしてしまう原因であることが多いのです。

しかし，数学を自学自習しようとするとき，この段階をきちんと踏むというのは，1人では負担の大きい部分でもあるでしょう。理解できないストレスや，早く正解にたどりつきたいという焦りなどもあり，解き方を覚えて点数を上げることを重視してしまいがちです。

本書では，そんなストレスを解消すべく，1人で学習しても「数学なんて嫌だ」と投げ出したくならないよう，何より「納得できる説明」や「なぜそうなるのか」がわかる解説にこだわりました。

2．正確に知識を身につけることが伸びる基盤となる

次に必要とされるのが，「納得したことを自分の頭で理解し，それを正確に覚えてしまう」ことです。

数学は暗記科目ではありません。しかし，土台となる知識は正確に覚えておかないといけません。

こういう性質があるんだった，こんな決まりがあるんだったという「数学の決まりごと」については，正確に自分のものにしていってください。

より高く飛ぼうとするとき，土台がしっかりしているにこしたことはありません。基盤をきちんと固めることで，点数の伸びにもつながります。

3．演習を重ね，自力で解けるようにすることで得点力が上がる

最後に，数学の力を伸ばすのに欠かせないのが演習です。わかったことや，身につけた知識を使っていろいろな問題にあたり，自力で解けるようにしていってください。これが不足すると，わかってはいるのに得点が伸びないという，最も残念なことが起こってしまいます。

しっかり演習し，わかったという段階から，自分の力で正解にたどりつくという段階に上がるための訓練をしていってください。

ここまでできれば，決して数学は難しい教科ではなく，楽しい教科になってくるでしょう。必ず面白いように解けるようになり，数学が得意になってくるはずです。

•解説は，自学自習できるよう，授業の実況中継を盛り込みました。

式や解き方しか書いていない本で勉強するのは，その意味をすべて自分の力で解釈する力を要します。そこで，本書では，私が長年授業を通じて生徒に説明してきたことがらをできるだけ再現し，理解しやすいようにしました。そして，生徒たちが疑問に思うことやつまずくこと，誤解しやすい点を，生徒とのやり取りを交えて解説するよう心がけました。

ぜひ自分のペースで読み込んでいってください。きっと納得や理解がしやすいと思います。

読者のみなさんが本書にじっくり取り組んでくだされば，きっと数学の学力が飛躍することと確信しています。

そして，本書を通じて一人でも多くの生徒さんが数学を得意になり，数学という教科を面白いと思ってくれること，さらには好きになってくれることを願ってやみません。

よこぜきとしき
横関俊材

中３数学が面白いほどわかる本
も く じ

第1章 式の計算

第2章 平方根

第3章 2次方程式

第4章 関数 $y = ax^2$

第5章 相似な図形

イントロダクション ：テーマごとの、学習項目と学習のねらいが書かれ
ています。

例題 ：それぞれのテーマにおける典型問題を取り上げて解説してありま
す。決して読み飛ばすことなく、じっくり納得・理解できるまで
読み込んでください。

確認問題 ：例題で理解できた内容を使って、自力で解けるレベルに引き
上げるための問題です。実際に解いて、解き方を身に付ける
ことができます。したがって、例題の解説を理解しただけで
満足せず、確認問題に取り組んでください。

トレーニング ：そのテーマにおける、解ける力を伸ばすために必要な演習問
題です。数多く問題演習を重ね、定着していってください。

定期テスト対策 ：単元ごとに、定期テストを想定した対策問題です。
　　　Aレベルは、基本問題が中心です。まずはこの問題を確実
に解けるようにしてください。
　　　Bレベルは、標準・発展問題が中心です。定期テストで高
得点をねらうため、この問題にも取り組んでください。
　　　この定期テスト対策問題では、その単元で重要なテーマを
中心に練習できるようになっています。

　なお、確認問題・トレーニング・定期テスト対策の解答・解説は巻末に掲載
してあります。

第1章

式の計算

テーマ 1 多項式の計算

■■ イントロダクション ■■

◆ 多項式と単項式の乗法，除法 ➡ 分配法則を利用する

◆ 多項式の乗法 ➡ 多項式の展開のしかたを知る

◆ 複雑な多項式の乗法 ➡ カッコの中の式が長い多項式を展開する

多項式と単項式の乗法，除法

$3a(2a-5b)$ のような，単項式と多項式の乗法は，分配法則を使って計算できます。

$$3a(2a-5b)$$
$$=3a\times 2a-3a\times 5b$$
$$=6a^2-15ab$$

（分配法則）

$$a\overset{\frown}{(b+c)}=ab+ac$$

例題 1

次の計算をしなさい。

(1) $2a(a+4b)$ (2) $3x(2x-5y)$

(3) $(x-2y+1)\times(-3x)$ (4) $\dfrac{1}{3}x(6x-9y)$

(1) $2a(a+4b)$
  $=2a\times a+2a\times 4b$
  $=2a^2+8ab$ 答

(2) $3x(2x-5y)$
  $=3x\times 2x-3x\times 5y$
  $=6x^2-15xy$ 答

ここまで大丈夫ですね。2行目の式をとばしてもいいですね。

(3) 単項式が後ろにありますが，やることは同じです。

$$(x-2y+1)\times(-3x)$$
$$=-3x^2+6xy-3x$$ 答

(4) $\dfrac{1}{3}x(6x-9y)$

$$=\dfrac{6}{3}x^2-\dfrac{9}{3}xy$$ 約分して
$$=2x^2-3xy$$ 答

ポイント

・符号に注意する   ・文字に注意する

・約分できるものはする

確認問題 1

次の計算をしなさい。

(1) $3a(a+6b)$

(2) $-4x(5x-y)$

(3) $(2x-4y-1) \times (-2x)$

(4) $6x\left(\dfrac{1}{2}x - \dfrac{1}{3}y\right)$

次に，多項式を単項式でわる計算をやってみましょう。

例題 2

次の計算をしなさい。

(1) $(8ax-4a) \div 4a$

(2) $(6x^2y - 4xy^2) \div (-2xy)$

(3) $(3a^2b - 6ab) \div \left(-\dfrac{3}{2}ab\right)$

(1) 多項式のそれぞれの項を，$4a$ でわります。

$$(8ax-4a) \div 4a$$

$$= \dfrac{8ax}{4a} - \dfrac{4a}{4a} \quad \text{約分します}$$

$$= 2x - 1 \quad \text{答}$$

> $\dfrac{4a}{4a}$ は，約分すると 1 です。
>
> 0 ではありません。注意しよう。

> $\dfrac{8ax-4a}{4a}$ としてから約分してはダメですか？

その形の式は，約分しづらいんです。

別々の分数にして，それぞれを約分するようにしてください。

(2) $(6x^2y - 4xy^2) \div (-2xy)$

> 別々の分数にする

$$= -\dfrac{6x^2y}{2xy} + \dfrac{4xy^2}{2xy} \quad \leftarrow \text{符号に注意してください。}$$

$$= -3x + 2y \quad \text{答} \quad \text{約分して}$$

(3) $\div \left(-\dfrac{3}{2}ab\right)$ は，$\div \left(-\dfrac{3ab}{2}\right)$ なので，$\times \left(-\dfrac{2}{3ab}\right)$ とします。

$$(3a^2b - 6ab) \times \left(-\dfrac{2}{3ab}\right)$$

> 分数でわるときは，
> 逆数を使って乗法にする。

$$= -\dfrac{3a^2b \times 2}{3ab} + \dfrac{6ab \times 2}{3ab} = -2a + 4 \quad \text{答}$$

次の計算をしなさい。

(1)　$(12x^2+15xy)\div 3x$　　　　(2)　$(4x^3+2x^2)\div(-2x^2)$

(3)　$(2x^2y-4xy^2)\div\dfrac{2}{3}xy$

多項式の乗法

多項式と多項式の乗法について学びます。

たとえば，$(a+b)(x+y)$の計算をしてみましょう。

右の図を見てください。この長方形で，$a+b$
は縦の長さ，$x+y$は横の長さを表しています。
ということは，$(a+b)(x+y)$とは，この長方形
全体の面積を表します。

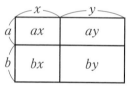

ここで，4つに分けられた小さな長方形の面積は，それぞれ
ax，ay，bx，byとなっていますね。

したがって，

$(a+b)(x+y)=ax+ay+bx+by$　となります。

これで計算できました。

計算するごとに長方形をかくのはたいへんです。

そうですよね。毎回長方形をかくのは面倒ですよね。

そこで，この計算結果を見てください。

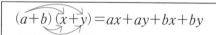

$(a+b)(x+y)=ax+ay+bx+by$

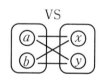

前のカッコの中のそれぞれの項と，後ろのカッコの中のそれぞれの項を
かけた式になっていますね。次のように考えると，わかりやすいと思います。

前のチームにはaさんとbさんの2人の選手がいて，後ろのチームに
はxさんとyさんの2人がいます。これらのチームが，総あたり戦の試
合をするイメージです。同じチームのaとb，xとyは試合をしませんね。

今までやってきたように，単項式や多項式の積の形の式を，カッコをは
ずして単項式の和の形にすることを，式を**展開する**といいます。

では，総あたり戦のイメージで，式を展開してみましょう。

例題 3

次の式を展開しなさい。

(1) $(a+b)(c+d)$

(2) $(a-b)(x-y)$

(3) $(2a-b)(x-3y)$

(4) $(x-2y)(x+y)$

(5) $(3x+1)(2x-5)$

(6) $(x-2y+3)(2x+y)$

(1)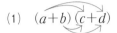

$=ac+ad+bc+bd$ **答**

(2)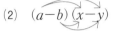

$=ax-ay-bx+by$ **答**

符号に注意してください。

(3)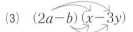

$=2ax-6ay-bx+3by$ **答**

項の順序には，決まりがありません。

(4) $(x-2y)(x+y)$

$=x^2+xy-2xy-2y^2$ まだ答えとしてはダメです。なぜかわかりますか？

 同類項があります。まとめる必要があると思います。

そうなんです。展開したら，同類項のチェックもしましょう。

答 $x^2-xy-2y^2$ 同類項のチェックを忘れずに

(5) $(3x+1)(2x-5)$

$=6x^2-15x+2x-5$ 同類項をまとめる

$=6x^2-13x-5$ **答**

(6) $(x-2y+3)(2x+y)$

$=2x^2+xy-4xy-2y^2+6x+3y$

$=2x^2-3xy-2y^2+6x+3y$ **答**

確認問題 3

次の式を展開しなさい。

(1) $(x-y)(2a+b)$

(2) $(3a-5b)(2x+9y)$

(3) $(3x-5)(2x-7)$

(4) $(3x-y)(6x+5y)$

(5) $(a+2)(2a-b+3)$

(6) $(x+4y)(x-8y+2)$

(7) $(3x+y-1)(2x-3y)$

◆ **乗法公式とは** ⇒ 式にどんな特徴があるときの公式か
◆ **乗法公式を用いる** ⇒ 公式にあてはめて展開する
◆ **乗法公式に慣れる** ⇒ 正確に式を展開できるようにする

乗法公式

$(a+b)(x+y)$ のように，式に何も特徴がないときは，総あたり戦で展開するしかありません。

しかし，式に何らかの特徴があるときは，これから紹介する乗法公式を用いると，速く，楽に，正確に展開することができます。

たとえば，$(\underset{\uparrow 同じ \uparrow}{(x+a)(x+b)}$ のように，それぞれのカッコ内の前の項が

同じ式の展開を考えてみましょう。

$(x+a)(x+b)$
$=x^2+bx+ax+ab$
$=x^2+(a+b)x+ab$

> **覚えよう！**
>
> **乗法公式 1**
> $(x+a)(x+b)=x^2+(a+b)x+ab$

$(x+a)(x+b)=x^2+(a+b)x+ab$ となると考えます。

たして

かけて

具体例でやってみます。

$(x+2)(x+7)=x^2\boxed{+9}x\boxed{+14}$ ◁ $\left(\,2と7をたして9，かけて14\,\right)$

$(x-3)(x+1)=x^2\boxed{-2}x\boxed{-3}$ ◁ $\left(\,-3と1をたして-2，かけて-3\,\right)$

例題 **4**

次の式を展開しなさい。

(1) $(x+1)(x+4)$ (2) $(x+3)(x+5)$

(3) $(x+4)(x-6)$ (4) $(x-7)(x+4)$

(5) $(x-3)(x-2)$ (6) $(x-5)(x-8)$

(1) $(x+1)(x+4)$　1と4をたして5，かけて4なので，

　$=x^2+5x+4$　　と展開できます。

(2) $(x+3)(x+5)$

　$=x^2+8x+15$　

(3) $(x+4)(x-6)$

　$=x^2-2x-24$　

(4) $(x-7)(x+4)$

　$=x^2-3x-28$　

(5) $(x-3)(x-2)$

　$=x^2-5x+6$　

(6) $(x-5)(x-8)$

　$=x^2-13x+40$　

 公式を使わないで展開してはダメですか？

　確かに，総あたり戦で展開しても同じ答えは出ますが，この後，因数分解という単元を学習するとき，公式が使いこなせていないと必ずつまずいてしまうのです。

　慣れるまでたいへんかもしれませんが，公式を使って展開してください。

確認問題 4

　次の式を展開しなさい。

(1) $(x+1)(x+2)$

(2) $(x+3)(x+6)$

(3) $(x-4)(x+3)$

(4) $(x+2)(x-9)$

(5) $(x-1)(x-5)$

(6) $(x-6)(x-7)$

次に，$(x+a)^2$ や $(x-a)^2$ を展開してみましょう。

$(x+a)^2$

$=(x+a)(x+a)$

$=x^2+2ax+a^2$

$(x-a)^2$

$=(x-a)(x-a)$

$=x^2-2ax+a^2$

次のように考えてください。

$(x+a)^2$

　　かけて2倍

$=x^2+2ax+a^2$

$(x-a)^2$

　　かけて2倍

$=x^2-2ax+a^2$

↑注 2乗するので正になる

覚えよう！

乗法公式 2

$(x+a)^2$
$=x^2+2ax+a^2$
$(x-a)^2$
$=x^2-2ax+a^2$

たとえば，

$(x+5)^2$

$=x^2+10x+25$

　$x\times5$ の2倍

$(x-4)^2$

$=x^2-8x+16$

　$x\times(-4)$ の2倍

次の式を展開しなさい。

(1) $(x+4)^2$ (2) $(x-6)^2$

(3) $(a+7)^2$ (4) $(y-3)^2$ (5) $(2x-5)^2$

(1) $(x+4)^2$ (2) $(x-6)^2$

$= x^2+8x+16$ 答 $= x^2-12x+36$ 答

$x×4$ の2倍 $x×(-6)$ の2倍

(3) $(a+7)^2$ (4) $(y-3)^2$

$= a^2+14a+49$ 答 $= y^2-6y+9$ 答

(5) $2x$ は2乗すると $4x^2$ です。

$2x$ と (-5) をかけて2倍すると $-20x$ です。

したがって，$(2x-5)^2 = 4x^2-20x+25$ 答

確認問題 5

次の式を展開しなさい。

(1) $(x+2)^2$ (2) $(x-1)^2$

(3) $(a+8)^2$ (4) $(y-7)^2$ (5) $(3x-2)^2$

次が最後の公式です。あとひとがんばりですよ。

同じ

$(x+a)(x-a)$

同じ

$(x+a)(x-a)$ のように，カッコの中の前の文字どうしが同じで，後ろの文字どうしも同じで，符号だけがちがう式の展開です。 **覚えよう！**

$= x^2-a^2$ 短い答えになりますね。

$\boxed{(2乗)-(2乗)}$ と覚えてください。

たとえば，

$(x+3)(x-3) = x^2-9$ (x の2乗)−(3の2乗)

> **乗法公式 3**
> $(x+a)(x-a) = x^2-a^2$

例題 6

次の式を展開しなさい。

(1) $(x+2)(x-2)$ (2) $(x+5)(x-5)$

(3) $(4+x)(4-x)$ (4) $(2x+3)(2x-3)$

(1) (x の2乗)−(2の2乗)で，x^2-4 答   (2) $x^2-5^2 = x^2-25$ 答

(3) $4^2-x^2 = 16-x^2$ 答   (4) $(2x)^2-3^2$ なので，$4x^2-9$ 答

確認問題 6

次の式を展開しなさい。

(1) $(x+1)(x-1)$

(2) $(x+6)(x-6)$

(3) $(a+7)(a-7)$

(4) $(3x+5)(3x-5)$

前に出てきた公式と混同してきました…

初めは皆そうなります。

しっかり練習すれば大丈夫ですよ。次のトレーニングでは，使う公式をシャッフルしてあります。

乗法公式〈まとめ〉

$$(x+a)(x+b)=x^2+(a+b)x+ab$$
$$(x+a)^2=x^2+2ax+a^2$$
$$(x-a)^2=x^2-2ax+a^2$$
$$(x+a)(x-a)=x^2-a^2$$

トレーニング1

次の式を展開しなさい。　　　　　▶解答：p.220

(1) $(x+3)(x+1)$

(2) $(x-6)(x-8)$

(3) $(x+9)^2$

(4) $(x-3)(x+3)$

(5) $(x+5)(x-4)$

(6) $(x-10)(x+10)$

(7) $(a+5)^2$

(8) $(x+4)(x-10)$

(9) $(x-2)(x-3)$

(10) $(x-9)(x+9)$

(11) $(x-5)(x+6)$

(12) $(x-6)^2$

(13) $(x+2)^2$

(14) $(x-3)^2$

(15) $(x+2)(x-2)$

(16) $(a+b)(a-b)$

(17) $(2x-1)^2$

(18) $(x-8)(x+8)$

(19) $(x-10)^2$

(20) $(x+4)(x+8)$

(21) $(a-4)(a+15)$

(22) $(x+4)(x-4)$

(23) $(a-8)^2$

(24) $(x-2)(x-12)$

(25) $(x+11)^2$

(26) $(x+9)(x-3)$

(27) $(x-5)^2$

③ いろいろな式の展開

■┿┿┥ イントロダクション ┝┿┿■

◆ やや複雑な式の展開 ⇒ 乗法公式を利用する

◆ 式の展開の組み合わせ ⇒ それぞれ展開し，同類項をまとめる

◆ おきかえによる式の展開 ⇒ 式を 1 つの文字におきかえて展開する

やや複雑な式の展開

$(3x+1)(3x+4)$ を展開するとどうなるでしょうか。

$3x$ を 1 つの文字と考えてやってみます。

$(3x+1)(3x+4)=(3x)^2+5\times3x+4$ となるので，

たして

答えは，$9x^2+15x+4$ です。公式 1 の応用です。

2 乗のところと，x の係数に注意が必要ですね。

例題 7

次の式を展開しなさい

(1) $(2x+1)(2x+3)$

(2) $(5x+2)(5x-3)$

(1) $2x$ を 1 つの文字と考えます。

$(2x+1)(2x+3)$

$=(2x)^2+4\times2x+3$

$=4x^2+8x+3$ 答

(2) $5x$ を 1 つの文字と考えて，

$(5x+2)(5x-3)$

$=(5x)^2-1\times5x-6$

$=25x^2-5x-6$ 答

確認問題 7

次の式を展開しなさい。

(1) $(3x-2)(3x+5)$

(2) $(2x-5)(2x-3)$

次に，式の展開が組み合わされた式の計算をします。

たとえば，$(x-3)^2+(x+2)(x+1)$ という式を計算するとき，

$(x-3)^2$ と $(x+2)(x+1)$ をそれぞれ展開して，たします。

$(x-3)^2+(x+2)(x+1)$

$=x^2-6x+9+x^2+3x+2$ ⟩ 別々に展開

$=2x^2-3x+11$ 答 ⟩ 同類項をまとめます

もう 1 問やってみます。

$(x-3)(x+1)-(x-2)^2$　別々に展開して，ひきます

$=x^2-2x-3-(x^2-4x+4)$　> **ひき算の後ろをカッコに入れて**

$=x^2-2x-3-x^2+4x-4$　カッコをはずします

$=2x-7$　㊜　と求められます。

 なぜ，ひき算の後ろは，カッコに入れるんですか？

符号のミスを起こしやすいからです。

ひき算のときは，ひく式の符号が全部変わるので，危険なんです。

ポイント

| 式の展開と減法の組み合わせ | ➡ それぞれの式を展開し，ひき算の後ろの式をカッコに入れる
➡ カッコをはずして同類項をまとめる |

例題 8

次の式を計算しなさい。

(1)　$(x+3)^2+(x+5)(x-5)$　　(2)　$2(x+1)(x-1)-(x-4)^2$

(1)　たし算なので，そのままカッコをはずします。

$(x+3)^2+(x+5)(x-5)$

$=x^2+6x+9+x^2-25$　カッコをはずす

$=2x^2+6x-16$　㊜　同類項をまとめる

(2)　ひき算なので，ひき算の後ろは，いったんカッコに入れます。

$2(x+1)(x-1)-(x-4)^2$

$=2(x^2-1)-(x^2-8x+16)$

$=2x^2-2-x^2+8x-16$　カッコをはずす

$=x^2+8x-18$　㊜　同類項をまとめる

確認問題 8

次の式を計算しなさい。

(1)　$2(x+1)^2+3(x-2)^2$　　(2)　$(x-3)(x+3)-(x-2)(x+4)$

(3)　$(x+2y)^2-(x-y)(x+4y)$

おきかえを利用した式の展開

$(x+y+2)(x+y-2)$の展開は，どうすればできるでしょうか？

> 総あたり戦ではずせばできると思います。

確かにそれでもできますが，もっとよい方法があります。

式をよく見てください。左のカッコと右のカッコで共通なものがありますね。$x+y$ です。それを 1 つの文字で表してみましょう。

$x+y=A$ とおくと，

$(x+y+2)(x+y-2)$

$=(A+2)(A-2)$ 　　> 公式 $(x+a)(x-a)=x^2-a^2$ が使えます

$=A^2-4$

A をもとに戻します。

$(x+y)^2-4$ 　< カッコに入れて，もとに戻します

$=x^2+2xy+y^2-4$ ㊙　と求められます。

$(x+y-3)^2$ はどうでしょうか。

カッコの中に 3 つも項があると，乗法公式が使えません。

そこで，$x+y=A$ とおいてみます。すると，

$(x+y-3)^2=(A-3)^2$ 　となって，これなら乗法公式が使えます。

$\qquad =A^2-6A+9$ 　A をもとに戻して，

$\qquad =(x+y)^2-6(x+y)+9$ 　< カッコに入れる

$\qquad =x^2+2xy+y^2-6x-6y+9$ ㊙

---

①ある部分の式を文字でおく　←共通な部分があれば，それをおく

②乗法公式を用いて展開する　←おいた文字のまま展開する

③①の文字をもとに戻す　←カッコに入れて戻す

④展開して計算する　　〈おきかえを利用した式の展開の手順〉

例題 9

次の式を展開しなさい。

(1)　$(a+b+3)(a+b-3)$ 　　　(2)　$(x+2y+3)(x+2y-5)$

(3)　$(x-y-4)^2$

おきかえを利用した式の展開の手順にそって，やってみます。

(1) $a+b=A$ とおくと，

$(a+b+3)(a+b-3)$

$=(A+3)(A-3)$ 乗法公式を利用して

$=A^2-9$ カッコに入れて，A をもとに戻して

$=(a+b)^2-9$

$=a^2+2ab+b^2-9$ 答

(2) $x+2y=A$ とおくと，

$(x+2y+3)(x+2y-5)$

$=(A+3)(A-5)$ 乗法公式を利用して

$=A^2-2A-15$ A をもとに戻して

$=(x+2y)^2-2(x+2y)-15$

$=x^2+4xy+4y^2-2x-4y-15$ 答

(3) $x-y=A$ とおくと，

$(x-y-4)^2$

$=(A-4)^2$ 乗法公式を利用して

$=A^2-8A+16$ A をもとに戻して

$=(x-y)^2-8(x-y)+16$

$=x^2-2xy+y^2-8x+8y+16$ 答

練習しておきましょう。

トレーニング2

次の式を展開し，計算しなさい。　▶解答：p.221

(1) $2(x+4)^2-(x+3)(x-3)$

(2) $(x-5)(x+6)-(x-2)^2$

(3) $(x+y-5)(x+y+5)$

(4) $(x-y-1)(x-y+1)$

(5) $(x-y-6)(x-y-2)$

(6) $(a-b+c)^2$

(7) $(x-y-6)^2$

(8) $(a-2b+3c)^2$

④ 因数分解

◆ **因数分解とは** ➡ 積だけの式にかえる
◆ **共通因数でくくる因数分解** ➡ 共通な因数をみつける
◆ **公式を利用する因数分解** ➡ 乗法公式の逆を利用する

共通因数でくくる因数分解

$a(x+y)$ のカッコをはずすと，$ax+ay$ となりました。

これを展開といいましたね。今回は，たし算やひき算で表された式を，かけ算の形にすることを考えます。そのことを**因数分解**といいます。

> 因数分解は，式の展開の逆ですか？

はい，そうです。下の式で，右から左にすることですね。

$$\langle 積の形 \rangle \xrightarrow[\text{因数分解}]{\text{展開}} \langle 和の形 \rangle$$
$$a(x+y) \qquad\qquad ax+ay$$

$$ax+ay = \boxed{a}\,(\boxed{x+y})$$
$$\qquad\quad\ \ 因数 \quad\ 因数$$

$ax+ay=a(x+y)$ のようにするわけです。

このとき，a と $x+y$ を，**因数**といいます。つまり，**多項式をいくつかの因数の積の形にすることを因数分解という** となります。

簡単にいえば，**かけ算だけの式にすること**です。では，やってみます。

例題 10

次の式を因数分解しなさい。

(1) $ax-bx$ (2) $2ax-6a$

---

(1) ax と $-bx$ の両方がもっているものをさがします。

両方がもっているのは x ですよね。これを**共通因数**といいます。

共通因数である x でくくりましょう。

$$ax-bx = x(a-b) \quad 答 \qquad これで積の形になりましたね。$$
$$\underset{x\,をとる}{\underbrace{\qquad\qquad}}$$

このとき，カッコの中には，共通因数 x をとった残りが入るのです。

(2) $2ax$ と $-6a$ の両方がもっているのは何かを考えます。

どちらも a をもっています。共通因数は a でいいですか？

> **2 ももっていると思います。共通因数は $2a$ です。**

はい，よく気づきましたね。**共通因数は，できるだけたくさん絞り出す**と考えてください。

$$\bigcirc \quad \begin{array}{l} 2ax-6a \\ =2a(x-3) \end{array} \quad 圏 \qquad \times \quad \begin{array}{l} 2ax-6a \\ =a(\underline{2x-6}) \end{array}$$

もう少し，練習しましょう。 　　　　> まだ共通因数 2 が残っている

例題 11

次の式を因数分解しなさい。

(1) $2x^2-x$ 　　　　　　(2) $3x^2y-6xy^2+9xy$

---

(1) 両方の項がもっている共通因数は x です。

$$\underline{2x^2-x}=x(2x-1) \quad 圏$$
$$-1\times x \text{ なので}$$

(2) 全ての項がもっているのは 3 と x と y なので，共通因数は $3xy$ です。

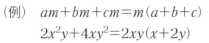

$$\underline{3x^2y-6xy^2+9xy}=3xy(x-2y+3) \quad 圏$$
$$\boxed{(3xy)} \text{でくくる}$$

項が 3 つ以上あるときも，みんながもっているものが共通因数です。

〈**共通因数でくくる因数分解**〉 まとめ

・すべての項に共通な，共通因数でくくる。

・共通因数は，できるだけたくさん絞り出す。

・後ろのカッコには，共通因数とかけられたものを入れる。

（例） $am+bm+cm=m(a+b+c)$

$\qquad 2x^2y+4xy^2=2xy(x+2y)$

確認問題 9

次の式を因数分解しなさい。

(1) $ab-bc$ 　　　　　　(2) $10x^2-5xy$

(3) x^2y+xy^2 　　　　　(4) $6a^2b+4ab^2-2ab$

公式を用いた因数分解

x^2+5x+6 という式を因数分解してみます。

$x(x+5)+6$ ではダメです。積だけの形になっていないからです。

したがって，共通因数でくくる，というわけにはいきません。

乗法公式の逆を用います。

下のように因数分解できると考えてください。

$$\underset{\text{たして5　かけて6}}{x^2+5x+6}=(x+\bigcirc)(x+\square)$$

〇〇〇

どんな数か，数あてゲームです。わかりますか？

あっ，わかりました！　2と3です。

その通りです。ひらめきましたね。

したがって，$x^2+5x+6=(x+2)(x+3)$　因数分解完成です。

このようにして，数あてゲームをして因数分解するのです。

因数分解公式1	$x^2+\underset{\text{たして}}{(a+b)}x+\underset{\text{かけて}}{ab}=(x+a)(x+b)$

もう1問，$x^2+8x+15$ を因数分解します。

コツを教えますね。**先に，かけて15の数からさがす**ことです。

かけて15は 1×15 や 3×5 などがあり，たして8になるのは3と5。

これで見つかりました。$x^2+8x+15=(x+3)(x+5)$

かけた数から考えていくと，見つけやすいですね。

例題 12

次の式を因数分解しなさい。

(1)　x^2+5x+4　　　　　　(2)　$x^2-8x+12$

(3)　$x^2-2x-15$　　　　　　(4)　$x^2+4xy-21y^2$

---

(1)　$\underset{\text{たして　かけて}}{x^2+5x+4}$　かけると4 たすと5 は，1と4です。　**答** $(x+1)(x+4)$

(2)　$\underset{\text{たして　かけて}}{x^2-8x+12}$　かけると12 たすと−8 は，−2と−6です。　**答** $(x-2)(x-6)$

(3) $x^2 - 2x - 15$ <u>たして</u> <u>かけて</u> かけると -15 たすと -2 は，-5 と 3 です。 **答** $(x-5)(x+3)$

(4) $x^2 + 4xy - 21y^2$ <u>たして</u> <u>かけて</u> かけると $-21y^2$ たすと $4y$ をさがして，$7y$ と $-3y$

答 $(x+7y)(x-3y)$ y を忘れないように注意しよう。

$x^2 + \triangle x + \bigcirc$ の因数分解	かけると $\bigcirc$，たすと $\triangle$ になる数をさがす $(x\quad)(x\quad)$ 中にその数を入れる

練習しておきましょう。

確認問題 10

次の式を因数分解しなさい。

(1) $x^2 + 7x + 12$ (2) $x^2 - 9x + 14$

(3) $x^2 - 3x - 18$ (4) $x^2 + xy - 30y^2$

次の因数分解公式に入ります。

因数分解公式 2	$x^2 + 2ax + a^2 = (x+a)^2$ $x^2 - 2ax + a^2 = (x-a)^2$

たとえば，$x^2 + 6x + 9$ という式は，$(x+3)^2$ と因数分解できます。

なぜなら，x と 3 をかけて 2 倍すると，ちょうど $6x$ になっているからです。

> 因数分解公式 1 と見分けがつきません。

確かに，式を見ただけではわかりづらいですよね。ところが，因数分解公式 1 のつもりで解いても大丈夫なんです。そうやってみます。

$x^2 + 6x + 9$ かけると 9 たすと 6 をさがすと，3 と 3 となりますね。

ということは，$x^2 + 6x + 9$

$= (x+3)(x+3)$ カッコの中が同じなので

$= (x+3)^2$ このようにできるのです。

ただし，**カッコの中が同じになったときに，$(\quad)^2$ の形にすること** を忘れないでください。

慣れてきたら，2 乗の形に因数分解できるものが，判断できてきます。

例題 **13**

次の式を因数分解しなさい。

(1) $x^2+8x+16$ (2) x^2+4x+4

(3) $x^2-10x+25$ (4) $x^2-6xy+9y^2$

(1) $x^2+8x+16$ を，次のようにみます。

一番前は x の 2 乗，一番後ろは 4 の 2 乗，

まん中が，x と 4 をかけて 2 倍ですから，$(x+4)^2$ 答

(2) 一番前は x の 2 乗，一番後ろは 2 の 2 乗，

まん中が，x と 2 をかけて 2 倍となっています。 答 $(x+2)^2$

(3) 一番前は x の 2 乗，一番後ろは(-5)の 2 乗，

まん中が，x と(-5)をかけて 2 倍です。 答 $(x-5)^2$

(4) x の 2 乗，$x\times(-3y)$ の 2 倍，$(-3y)$ の 2 乗となっています。

答 $(x-3y)^2$

確認問題 **11**

次の式を因数分解しなさい。

(1) x^2+2x+1 (2) $x^2+12x+36$

(3) $x^2-8x+16$ (4) $x^2-14xy+49y^2$

さて，次が最後の因数分解公式です。$(x+a)(x-a)$ を展開すると，x^2-a^2 になりましたね。この乗法公式の逆です。

因数分解公式 3	$x^2-a^2=(x+a)(x-a)$

「2 乗ひく 2 乗は，たした式とひいた式に因数分解」と覚えましょう。

たとえば，x^2-9 は，x^2-3^2 なので，$(x+3)(x-3)$ となります。

例題 **14**

次の式を因数分解しなさい。

(1) x^2-25 (2) x^2-36

(3) x^2-1 (4) x^2-9y^2

(1) x^2-25 は，x^2-5^2 なので，
$(x+5)(x-5)$ 答

(2) x^2-36 は x^2-6^2 なので，
$(x+6)(x-6)$ 答

(3) x^2-1 は，x^2-1^2 なので，
$(x+1)(x-1)$ 答

(4) x^2-9y^2 は $x^2-(3y)^2$ なので，
$(x+3y)(x-3y)$ 答

これは，わりと簡単ですね。

確認問題 12

次の式を因数分解しなさい。

(1) x^2-16

(2) x^2-49

(3) $4x^2-1$

(4) x^2-25y^2

どの公式を使うのかがわからなくなりそうです。

そうですよね。誰でも最初はそうです。公式をシャッフルして，練習しておきましょう。

$$
\begin{array}{l}
1 \quad x^2+(a+b)x+ab=(x+a)(x+b) \\
2 \quad \begin{cases} x^2+2ax+a^2=(x+a)^2 \\ x^2-2ax+a^2=(x-a)^2 \end{cases} \\
3 \quad x^2-a^2=(x+a)(x-a)
\end{array}
$$

トレーニング 3

次の式を因数分解しなさい。 ▶解答：p.221

(1) x^2+5x+6

(2) $x^2+3x-28$

(3) x^2-9

(4) $3ab-6ax$

(5) x^2-64

(6) $x^2-3xy-10y^2$

(7) x^2-4y^2

(8) $x^2-4xy+4y^2$

(9) x^2-5x+4

(10) x^2+6x+5

(11) $x^2-2x-80$

(12) $4x^2y-6xy^2$

(13) $ax+2ay-a$

(14) $x^2-2x-35$

(15) x^2+6x+9

(16) a^2-4

(17) x^2-2x-3

(18) $x^2+9x+20$

(19) x^2-4x+4

(20) $ax+2ay$

(21) $9x^2-y^2$

(22) $a^2+5a-14$

(23) $x^2-8x+15$

(24) $x^2+16x+64$

(25) $9x^2-6x$

(26) x^2+8x+7

(27) x^2-36y^2

⑤ いろいろな因数分解

┣┫ イントロダクション ┣┫

◆ 複雑な式の因数分解 ➡ 展開し，整理してから因数分解する
◆ ２段階型の因数分解 ➡ 共通因数でくくってから，さらに因数分解する
◆ おきかえを利用した因数分解 ➡ 共通な式を文字でおく

いろいろな因数分解

例題 15

次の式を因数分解しなさい。
(1) $(x+1)(x-4)-6$　　(2) $(x+4)(x-4)-4(1+2x)$
(3) $(2x-1)(x+2)-(x+1)(x-2)$

(1) 式が整理されていません。いったんカッコをはずし，式を整理します。

$(x+1)(x-4)-6$
$=x^2-3x-4-6$
$=x^2-3x-10$　　整理できました。この式を因数分解します。
$=(x-5)(x+2)$　㊓

展開して式を整理してから因数分解すればいいんです。

(2) $(x+4)(x-4)-4(1+2x)$
$=x^2-16-4-8x$
$=x^2-8x-20$　　式の整理完了です。
$=(x-10)(x+2)$　㊓

(3) $(2x-1)(x+2)-(x+1)(x-2)$　　展開します。
$=2x^2+4x-x-2-(x^2-x-2)$　　ひき算の後ろはカッコで
$=2x^2+3x-2-x^2+x+2$
$=x^2+4x$　　式の整理完了。共通因数でくくれます。
$=x(x+4)$　㊓

┃ ポイント ┃

整理されていない式は，カッコをはずして
式を整理してから因数分解する

わかりましたか。

例題 16

次の式を因数分解しなさい。

(1) $2x^2 + 10x + 12$　　　　　(2) $3ax^2 - 12a$

(3) $-5x^3 - 5x^2 + 10x$　　　　(4) $36x^2 - 4$

(1) 共通因数 2 でくくります。

$2x^2 + 10x + 12$

$= 2(x^2 + 5x + 6)$　　これは正解とはいえません。なぜでしょう？

> カッコの中の式が因数分解できそうです。

そうなんです。カッコの中の $x^2 + 5x + 6$ は，$(x+2)(x+3)$ と因数分解できますね。したがって，$2(x+2)(x+3)$ 🈭 となります。**まず共通因数でくくり，カッコの中をさらに因数分解する**〈2 段階型〉です。

(2) 共通因数 $3a$ でくくります。

$3ax^2 - 12a$

$= 3a(x^2 - 4)$　　カッコの中を，さらに因数分解します。

$= 3a(x+2)(x-2)$ 🈭

(3) 共通因数 $-5x$ でくくります。

$-5x^3 - 5x^2 + 10x$　　符号に注意して

$= -5x(x^2 + x - 2)$　　さらに因数分解

$= -5x(x+2)(x-1)$ 🈭

(4) これは，ミスが多発する問題です。

〈誤り〉　　　　　　　　　　〈正解〉

$36x^2 - 4$　　　　　　　　　$36x^2 - 4$　　共通因数 4 でくくる

$= (6x)^2 - 2^2$　　　　　　　$= 4(9x^2 - 1)$

$= (6x+2)(6x-2)$　　　　　$= 4(3x+1)(3x-1)$ 🈭

共通因数 2 が入ったままです

このように，**共通因数があるときは初めにくくる**ことに気をつけよう。

確認問題 13

次の式を因数分解しなさい。

(1) $(x-7)(x+4) + 18$　　(2) $(x+3)^2 - 2(x+7)$

(3) $2ax^2 + 12ax + 16a$　　(4) $2x^2y - 8xy + 8y$　　(5) $9x^2 - 36$

おきかえを利用した因数分解

$(x-y)^2+2(x-y)-15$ を因数分解するには，どうしたらいいでしょうか。この場合は，むやみにカッコをはずしてはダメです。

なぜなら，せっかく同一の式$(x-y)$が登場しているからです。

この，共通な部分 $x-y=A$ とおくのです。

すると，$A^2+2A-15$

$\quad =(A+5)(A-3)$ ⟩ 因数分解できます

$\quad =(x-y+5)(x-y-3)$ ⟩ A をもとに戻して

共通な部分があったらカッコをはずさず，おきかえですね。

はい，その通りです。このタイプの問題をやってみましょう。

例題 17

次の式を因数分解しなさい。

(1) $a(x+y)-b(x+y)$ (2) $(a-b)^2+7(a-b)-18$

(3) $(x-y)^2-10(x-y)+25$

(1) $x+y=A$ とおきます。

$\quad a(x+y)-b(x+y)$

$=aA-bA$ ←この式は共通因数 A でくくれます

$=A(a-b)$

$=(x+y)(a-b)$ 箸 ⟩ A をもとに戻します。必ずカッコに入れます

(2) $a-b=A$ とおきます。

$\quad (a-b)^2+7(a-b)-18$

$=A^2+7A-18$

$=(A+9)(A-2)$ ⟩ たして 7，かけて-18

$=(a-b+9)(a-b-2)$ 箸 ⟩ A をもとに戻します

(3) $x-y=A$ とおきます。

$\quad (x-y)^2-10(x-y)+25$

$=A^2-10A+25$

$=(A-5)^2$

$=(x-y-5)^2$ 箸   おきかえに慣れるまで練習してください。

例題 18

次の式を因数分解しなさい。

(1) $(a-b)x-(b-a)$ (2) $xy+x-y-1$

(3) $ax+2x+3ay+6y$

(1) カッコの中の符号が逆転しています。

カッコの前の符号を変えると，カッコの中の符号を変えられます。

$(a-b)x \ominus (b-a)$

かえる ↓ と ↓ かわる　○○○　$\begin{cases} -(b-a) \\ \searrow +(a-b) \end{cases}$

$=(a-b)x \oplus (a-b)$ これで，$a-b=A$ とおけますね。

$Ax+A$

$=A(x+1)$ ⎫ A をもとに戻します

$=\boldsymbol{(a-b)(x+1)}$ (答)   必ずカッコに入れます

(2) 今度は，自分で共通なものを探す必要があります。

$\underbrace{xy+x}\ \underbrace{-y-1}$

x でくくる ↓   ↓ $-($ $)$ にする

$=x(y+1)\ -(y+1)$ 共通部分が出ました！

╰ この符号に注意！ ╯

$y+1=A$ とおくと，

$xA-A$ | 一部分を共通因数でくくり，

$=A(x-1)$ | 同じものをあぶり出す | のです。

$=\boldsymbol{(y+1)(x-1)}$ (答)

(3) $\underbrace{ax+2x}\ \underbrace{+3ay+6y}$ 前の 2 つを x でくくり，

x でくくる ↓   ↓ $3y$ でくくる   後ろの 2 つを $3y$ でくくります。

$=x(a+2)\ +3y(a+2)$ ←出ましたね。

$a+2=A$ とおくと，$xA+3yA=A(x+3y)$

$\qquad\qquad\qquad\qquad =\boldsymbol{(a+2)(x+3y)}$ (答)

確認問題 14

次の式を因数分解しなさい。

(1) $x(a+2b)-y(a+2b)$ (2) $(a-b)^2-8(a-b)+16$

(3) $(x-y)^2-(x-y)-2$ (4) $(x-2y)+a(2y-x)$

(5) $ab-b+a-1$ (6) $x^2+xy-ax-ay$

6 式の計算の利用

◆ **数の計算への利用** ➡ 展開や因数分解を利用して計算する
◆ **式の値** ➡ 工夫して代入する
◆ **式による証明** ➡ 証明のしかたを身につける

数の計算への利用

　たとえば，52^2-48^2 という計算をするとします。もちろん答えは出せると思います。しかし「暗算で」と言われたらできますか？　ちょっと苦しいですよね。ヒントは，2乗の計算を暗算でやるのではなく，かけ算にかえるんです。答えは，100×4で400です。

　なぜだかわからないですよね。種あかしをしましょう。

　52をx，48をyだと考えてみてください。

$$\boxed{\begin{array}{l} x^2-y^2 \\ =(x+y)(x-y) \\ \qquad\text{なので} \end{array}} \xrightarrow{\text{数でやると}} \begin{array}{l} 52^2-48^2=(52+48)(52-48) \\ \qquad\qquad =100\times4=400 \end{array}$$

と求められるのです。

　因数分解を用いて計算したんですね。

　このように，式の展開や因数分解を用いると，計算が簡単になる場合があります。

　こういう問題は，計算の結果ではなくて，**計算の途中式が問われます**。

例題 19

　くふうして，次の計算をしなさい。
(1)　103×97　　　(2)　101^2　　　(3)　156^2-144^2

---

(1)　103と97は，100より3大きい数と3小さい数です。

$$103\times97$$
$$=(100+3)\times(100-3)$$
$$=100^2-3^2 \xleftarrow{\text{数でやると}} \boxed{\begin{array}{l} 100\text{を}x，3\text{を}y\text{とすると，} \\ (x+y)(x-y) \\ =x^2-y^2 \quad\text{なので} \end{array}}$$
$$=10000-9$$
$$=9991 \quad \text{⬤}\qquad \text{赤文字で書いた途中式がメインです。}$$

これは，式の展開を利用した計算でした。

(2) 101 は 100+1 なので，

101^2
$=(100+1)^2$
$=100^2+2\times100\times1+1^2$
$=10000+200+1=10201$ 答 これも式の展開の利用です。

○○○ 100 を x，1 を y とすると，
$(x+y)^2$
$=x^2+2xy+y^2$ なので

(3) 156 を x，144 を y と考えてみます。

156^2-144^2
$=(156+144)\times(156-144)$
$=300\times12=3600$ 答 これは因数分解の利用です。

○○○ x^2-y^2
$=(x+y)(x-y)$

 実際のテストでは，途中の式を書くんでしょうか？

はい，ほとんどの場合そうです。ですので，書く練習をしてください。

確認問題 15

くふうして，次の計算をしなさい。
(1) 61×59 (2) 103^2
(3) 37^2-33^2 (4) $95^2+2\times95\times5+5^2$

式の値

例題 20

次の式の値を求めなさい。
(1) $x=17$ のとき，$(x+5)^2-(x+2)(x+7)$ の値
(2) $x=15$，$y=-4$ のとき，$(x-2y)(x-3y)-(x+y)(x+6y)$ の値

(1) そのまま代入しても答えは出ますが，やめてください。

　代入するのは，式を簡単にしてから　の原則を思い出してください。
$(x+5)^2-(x+2)(x+7)$
$=x^2+10x+25-(x^2+9x+14)$
$=x+11$ 　ここまで計算が終わってから $x=17$ を代入して，28 答

(2) $(x-2y)(x-3y)-(x+y)(x+6y)$
$=x^2-5xy+6y^2-(x^2+7xy+6y^2)$
$=-12xy$ 　代入して，$-12\times15\times(-4)=720$ 答

> $x=85$, $y=15$ のとき，次の式の値を求めなさい。
> (1) x^2-y^2 (2) $x^2+2xy+y^2$

式は，これ以上簡単にはなりません。でも，このまま代入はダメです。どうすればよいと思いますか？

> どちらの式も因数分解できます。それから代入です。

はい，その通りです。では，やってみましょう。

(1) $x^2-y^2=(x+y)(x-y)$ と因数分解できます。

　　これに代入すると，$(85+15)\times(85-15)=100\times70$
$$=7000 \quad ㊙$$

(2) $x^2+2xy+y^2=(x+y)^2$ と因数分解できます。

　　これに代入すると，$(85+15)^2$
$$=100^2$$
$$=10000 \quad ㊙$$

ポイント

式を因数分解してから代入する

これも簡単にできましたね。

> 次の式の値をそれぞれ求めなさい。
> (1) $x=30$ のとき，$(x-7)^2-(x-5)(x-8)$
> (2) $x=-\dfrac{1}{5}$ のとき，$(x+5)^2-(x-5)^2$
> (3) $x=15$, $y=-5$ のとき，① x^2-y^2 ② $x^2+6xy+9y^2$

式による証明①（数の性質）

　おもに，式の展開を用いて数の性質を証明する問題を扱っていきます。苦手にしている人が多いところです。

　ところが，この証明は 3 つのステップを越えるとできるようになります。まず，第 1 のステップは，**数の表し方**です。ここから越えましょう。

　整数を n として，偶数は，2 の倍数を作ればよいので，$2n$ と表せます。奇数は，2 の倍数より 1 大きい数と考えれば，$2n+1$ と表せます。

　連続する 3 つの整数なら，n，$n+1$，$n+2$ でもいいですし，まん中の数を n として，$n-1$，n，$n+1$ と表してもいいです。

例題 **22**

次のような数を，整数 n を使って表しなさい。
(1) 連続する 2 つの偶数　　　　(2) 連続する 2 つの奇数

(1) 1 つ目は $2n$ と表せます。そのとなりの偶数は，2 つ大きい数なので，$2n+2$ です。　㊁　$2n,\ 2n+2$

(2) $2n+1$ というのが奇数の表し方ですね。
それより 2 つ小さい数 $2n-1$ も奇数となります。　㊁　$2n-1,\ 2n+1$

$2n+1$ と，それより 2 大きい $2n+3$ はどうですか？

はい，それでもかまいません。きちんと，連続する奇数になっていればいいんです。これで第 1 のステップは越えました。次は例題で考えます。

例題 **23**

連続する 2 つの奇数の，大きい方の奇数の 2 乗から小さい方の奇数の 2 乗をひいた差は 8 の倍数になる。このことを証明しなさい。

2 つの連続する奇数は，n を整数として $2n-1$，$2n+1$ と表せます。
次に，ゴールの形を考えます。「8 の倍数」になることです。
ということは，8×(整数)の形を作ればよいとわかりますね。
この，**ゴールの形を考えておく**のが第 2 のステップです。
ここまでくれば，ほぼできたようなものです。
最後のステップは，**実際に書く**ということです。書いてみましょう。

〔証明〕　**連続する 2 つの奇数は，n を整数として $2n-1$，$2n+1$ と表される。**　数を文字で表します

大きい方の奇数の 2 乗から小さい方の奇数の 2 乗をひいた差は，　与えられた条件を書きます

$$(2n+1)^2-(2n-1)^2$$　与えられた条件を式にします
$$=4n^2+4n+1-(4n^2-4n+1)$$
$$=4n^2+4n+1-4n^2+4n-1$$　展開して計算し，途中式を書きます
$$=8n$$　8×(整数)ができました

n は整数だから，この数は 8 の倍数である。　結論を書きます
よって，連続する 2 つの奇数の，大きい方の奇数の 2 乗から小さい方の奇数の 2 乗をひいた差は 8 の倍数になる。

証明の流れをまとめておきましょう。

証明の書き方	①数を文字で表します。②与えられた条件を文で書きます。	〈ステップ1〉 数を文字で表す
	③与えられた条件を式にします。④途中の式を書いて計算します。⑤結論を書きます。	〈ステップ2〉 ゴールの形を考える ←──〈ステップ3〉書く

確認問題 17

連続した2つの奇数の積に1を加えると4の倍数になる。このことを次のように証明した。□をうめて、証明を完成させなさい。

〔証明〕 連続した2つの奇数は、整数 n を使って $2n-1$, □ と表される。この2つの奇数の積に1を加えると、

(□)(□)$+1$

$=$ □

$=$ □

n^2 は整数だから、この数は4の倍数である。

よって、□

例題 24

連続する3つの整数について、最大の整数の2乗から最小の整数の2乗をひいた差は、まん中の整数の4倍に等しい。

これを証明しなさい。

連続する3つの整数を、まん中を n として $n-1$, n, $n+1$ とします。
ゴールは、まん中の数 n の4倍ですから、$4n$ となることです。
もちろん、3つの整数を n, $n+1$, $n+2$ と表してもいいです。
そのときのゴールは、$4(n+1)$ となることですよね。書いてみましょう。

〔証明〕 連続する3つの整数は、整数 n を使って、$n-1$, n, $n+1$ と表される。 ← 文字でおきます

最大の整数の2乗から最小の整数の2乗をひいた差は、 ← 条件文

$(n+1)^2-(n-1)^2$ ← 条件を式にします

$=n^2+2n+1-(n^2-2n+1)$ ← 途中式

$=n^2+2n+1-n^2+2n-1$ ← 結論を書きます

$=4n$ したがって、連続する3つの整数について、最大の整数の2乗から最小の整数の2乗をひいた差は、まん中の整数の4倍に等しい。

式による証明②（図形の性質）

図形への応用を学びます。難しく感じるかもしれませんが大丈夫ですよ。

例題 25

> 右の図のように，半径 r m の円形の土地の
> まわりに，幅 a m の道がある。この道の面積を
> S m²，道のまん中を通る円周の長さを l m と
> するとき，$S=al$ となることを証明しなさい。

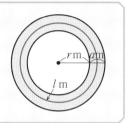

この種の問題は，まず，**左辺と右辺に分けます**。

左辺の S つまり道の面積を計算します。　　$S=\cdots=\cdots \blacktriangleright =$ 〔同じ〕

次に，右辺の al を計算します。　　　　　$al=\cdots=\cdots \blacktriangleright =$

そして，**計算結果が同じであることを示す**のです。

> 別々に計算して，答えが同じになればいいんですね。

はい，同じゴールにたどり着ければよいわけです。計算してみましょう。

道の面積 S は，半径 $(r+a)$ m の円から半径 r m の円をひくので，

　　$S=\pi(r+a)^2-\pi r^2$ で，計算すると $2\pi ar+\pi a^2\cdots$①

右辺の al は，簡単には求まりません。ひとまず，l を出しましょう。

l は，半径 $\left(r+\dfrac{a}{2}\right)$m の円周なので，$l=2\pi\left(r+\dfrac{a}{2}\right)=2\pi r+\pi a$

これで，$al=2\pi ar+\pi a^2\cdots$②となります。

①と②は同じになりましたね。これで $S=al$ がいえます。証明します。

〔証明〕 道の面積について，

$$S=\pi(r+a)^2-\pi r^2$$
$$=\pi(r^2+2ar+a^2)-\pi r^2$$
$$=2\pi ar+\pi a^2\cdots①$$

l は半径 $\left(r+\dfrac{a}{2}\right)$m の円周より，$l=2\pi\left(r+\dfrac{a}{2}\right)=2\pi r+\pi a$

よって，$al=2\pi ar+\pi a^2\cdots$②

①，②より，$S=al$

▶解答：p.223

1. 次の計算をしなさい。

(1) $3a(a+2b-4c)$　　　　　(2) $(2xy^2-4y^2)\div 2y^2$

(3) $\dfrac{1}{3}x(6x-15y+3)$　　　(4) $(4x^2-2xy)\div \dfrac{2}{3}x$

2. 次の式を展開しなさい。

(1) $(x+3)(y-2)$　　　　　(2) $(a-2b)(3c+2d)$

(3) $(x-3)(x-5)$　　　　　(4) $(a-9)^2$

(5) $(x+3y)(x-3y)$　　　　(6) $(x-5y)^2$

3. 次の計算をしなさい。

(1) $(x+3)^2-3x(x+1)$

(2) $(x-2)(x+8)+(x+4)^2$

(3) $(x+5)(x-5)-2(x-3)^2$

(4) $(x+6y)^2-(x-3y)(x+2y)$

4. 次の式を因数分解しなさい。

(1) $xy+xz$　　　　　　　(2) x^2y-3xy

(3) x^2+5x+4　　　　　(4) x^2-x-6

(5) x^2-6x+5　　　　　(6) a^2-6a+9

(7) x^2-4y^2　　　　　(8) $9x^2-16$

5. 次の式を因数分解しなさい。

(1) $(x+6)^2 - 7x - 50$　　　　(2) $2(x+4)(x-4) - (x+1)(x-7) - 2$

(3) $2x^2 - 14x + 12$　　　　(4) $3x^2y + 12xy - 15y$

6. 次の式の値を求めなさい。

(1) $x = 16$ のとき，$x^2 - 2x - 24$ の値

(2) $x = 45$，$y = 35$ のとき，$x^2 - 2xy + y^2$ の値

7. くふうして次の計算をした。□ をうめなさい。

(1) 51×49　　　　　　　　(2) $25^2 - 24^2$

$= (50 + \boxed{}) \times (50 - \boxed{})$　　　$= (25 + \boxed{}) \times (25 - \boxed{})$

$= \boxed{}^2 - \boxed{}^2$　　　　　　　$= \boxed{} \times \boxed{}$

$= \boxed{} - \boxed{}$　　　　　　　　$= \boxed{}$

$= \boxed{}$

8. 連続する 3 つの整数について，大きい方の 2 数の積から小さい方の 2 数の積をひくと，中央の数の 2 倍になる。

　このことを次のように証明した。□ をうめて証明を完成させなさい。

〔証明〕 連続する 3 つの整数は，整数 n を使って，

$\boxed{}$，n，$\boxed{}$ と表される。

　大きい方の 2 数の積から小さい方の 2 数の積をひくと，

$n(\boxed{}) - n(\boxed{})$

$= \boxed{} - n^2 + \boxed{}$

$= \boxed{}$

したがって，連続する 3 つの整数について，

▶解答：p.224

1. 次の計算をしなさい。

   (1) $(x+2y)^2-(x-y)(x+5y)$

   (2) $(x+6)(x-6)-(x-4)(x+3)$

   (3) $(3x-2y)^2-(x-7y)(x+3y)$

2. 次の式を展開しなさい。

   (1) $(a-b+2)(a-b-2)$

   (2) $(a-2b+3)^2$

   (3) $(a+b-5)(a+b+4)$

3. 次の式を因数分解しなさい。

   (1) $(x-7)(x-5)-2(x-5)+3$

   (2) $(x-3)(2x+1)-(x+2)(x-2)-25$

4. 次の式を因数分解しなさい。

   (1) $x(a+b)-y(a+b)$

   (2) $(x-y)^2-3(x-y)-10$

   (3) $(x+y)^2-4(x+y)+4$

   (4) $xy+3x-2y-6$

5. 次の式の値をそれぞれ求めなさい。

(1) $x = -\dfrac{2}{3}$ のとき，$(x+2)^2 - (x+4)(x-3)$

(2) $x = 1.7$，$y = 0.1$ のとき，$x^2 + 6xy + 9y^2$

(3) $x = 57$，$y = 43$ のとき，$x^2 - y^2$

6. 連続する3つの整数のそれぞれの2乗の和から2をひくと，3の倍数になる。これを証明しなさい。

7. 連続する2つの奇数について，2つの奇数の積から小さい方の奇数の2倍をひいた差は，小さい方の奇数の2乗に等しくなる。このことを証明しなさい。

8. 右の図のように，一辺 xm の正方形の土地のまわりに，幅 am の道がついている。

道の面積を Sm^2，道の真ん中を通る線の長さを lm とするとき，$S = al$ が成り立つことを，次のように証明した。□ をうめて証明を完成させなさい。

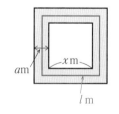

〔証明〕 道の面積について，

$$S = (x + \boxed{})^2 - x^2$$
$$= x^2 + \boxed{} + \boxed{} - x^2$$
$$= \boxed{} \quad \cdots①$$

l は一辺 $x + \boxed{}$（m）の正方形の周の長さだから，

$$l = 4(x + \boxed{}) = \boxed{}$$

よって，$al = \boxed{} \quad \cdots②$

①，②より，$S = al$

テーマ **1** 平方根

イントロダクション

◆ 平方根とは ➡ 平方根の意味を知る
◆ 平方根の大小 ➡ 2乗して比較する
◆ 有理数と無理数 ➡ それぞれの数の意味を知る

平方根とは

2乗のことを平方といいます。

平方根とは，「2乗のもと」つまり，「2乗してその数になるもとの数」を表します。

2乗して a になるもとの数のことを，a の平方根というのです。

9の平方根は3と−3です。

3を2乗しても，−3を2乗しても9だからです。

例題 26

次の数の平方根を答えなさい。

(1)　16　　　(2)　36　　　(3)　$\dfrac{9}{25}$　　　(4)　0.09

何を2乗するとその数になるかを考えます。負の数もあります。

(1)　$4^2=16$，$(-4)^2=16$ なので，**4と−4**　㊟

(2)　$6^2=36$，$(-6)^2=36$ なので，**6と−6**　㊟

(3)　$\left(\dfrac{3}{5}\right)^2=\dfrac{9}{25}$，$\left(-\dfrac{3}{5}\right)^2=\dfrac{9}{25}$ なので，$\dfrac{3}{5}$ と $-\dfrac{3}{5}$　㊟

(4)　**0.3と−0.3**　㊟　です。

このように，**正の数の平方根は，正のものと負のものの2つがあります。0の平方根は，0だけです。**では，−1の平方根は何でしょうか？

> どんな数を2乗しても負の数にはならないと思いますが。

そうですよね。**負の数の平方根はないんです。**意地悪な質問でしたね。

たとえば，25 の平方根は 5 と −5 ですが，それらを合わせて ±5 と書いてもよい決まりがあります。そして「プラスマイナス 5」と読みます。

例題 **26** で扱った数の平方根は，数が言えたからよかったですが，3 の平方根を問われたらどうしましょうか。

2 乗して 3 になるもとの数は，正確に言えません。1.5 ではありません。そんなとき，正の方を $\sqrt{3}$，負の方を $-\sqrt{3}$ と表すことになっています。

$\sqrt{3}$ は「ルート 3」と読み，記号 $\sqrt{}$ を根号といいます。

> 正の数 a の平方根は
> $\sqrt{a}$ と $-\sqrt{a}$ （合わせて ±$\sqrt{a}$ ）

例題 27

次の問に答えなさい。

(1) 次の数の平方根を，根号を使って表しなさい。
　　① 5　　② 13　　③ 0.7

(2) 次の数を，根号を使わずに表しなさい。
　　① $\sqrt{49}$　　② $-\sqrt{81}$　　③ $\sqrt{(-3)^2}$

---

(1) ① 5 の平方根は $\sqrt{5}$ と $-\sqrt{5}$ 　答　です。±$\sqrt{5}$ とも表せますね。
　　② 答　±$\sqrt{13}$　　③ 答　±$\sqrt{0.7}$

(2) ① $\sqrt{49}$ とは，49 の平方根のうちの，正の方を表しています。
　49 の平方根は 7 と −7 なので，正の方は 7 です。　答　7
　　② 2 乗して 81 になるもとの数は 9 と −9 で，$-\sqrt{81}$ はそのうちの負の方を表しています。　答　−9
　　③ $\sqrt{(-3)^2}$ は，根号の中を計算すれば $\sqrt{9}$ となります。
　2 乗して 9 になるもとの数のうち，正の方なので，3　答

平方根の考え方や表し方がわかったでしょうか。

> どういうときに±がつくのかがわかりづらいです。

そうかもしれません。では，こう考えてください。

「平方根を求めなさい」のときは，正のものと負のものがあるので，±$\sqrt{a}$ となります。

そして，$\sqrt{a}$ と書かれたものは

> a の平方根は，±$\sqrt{a}$ の 2 つ。$\sqrt{a}$ は，そのうちの正の方，$-\sqrt{a}$ は，そのうちの負の方を表している。

正の方だけ，$-\sqrt{a}$ と書かれたものは負の方だけを指しているのです。

確認問題 18

次の問に答えなさい。

(1) 次の数の平方根を，根号を使って表しなさい。

① 7　　　　　② 10　　　　　③ $\dfrac{3}{5}$

(2) 次の数を，根号を使わずに表しなさい。

① $\sqrt{36}$　　　② $-\sqrt{0.16}$　　　③ $-\sqrt{(-5)^2}$

次に，平方根を 2 乗するとどうなるか，考えてみます。

たとえば，$(\sqrt{5})^2 = \sqrt{25} = 5$　となります。つまり，$(\sqrt{5})^2 = 5$ です。また，$(-\sqrt{5})^2 = \sqrt{25} = 5$　ですから，$(-\sqrt{5})^2 = 5$ となります。

$\sqrt{a}$ を 2 乗すると a になり，$-\sqrt{a}$ を 2 乗しても a になります。**2 乗すると根号がはずれる**ということですね。

a が正の数のとき $(\sqrt{a})^2 = a$ $(-\sqrt{a})^2 = a$	2 乗で $\sqrt{}$ がとれる

確認問題 19

次の数を求めなさい。

(1) $(\sqrt{6})^2$　　　(2) $(-\sqrt{10})^2$　　　(3) $(\sqrt{0.2})^2$

平方根の大小

面積が 3 の正方形の一辺は $\sqrt{3}$ です。一辺は，2 乗して 3 になるもとの数のうち，正の方だからです。面積が 5 の正方形の一辺は

$\sqrt{5}$ ですね。ここでわかることは，明らかに $\sqrt{3}$ より $\sqrt{5}$ の方が大きいことです。a，b が正の数で，$a < b$ ならば $\sqrt{a} < \sqrt{b}$ といえます。

例題 28

次の各組の数の大小を，不等号を使って表しなさい。

(1) $\sqrt{10}$，$\sqrt{13}$　　(2) 5，$\sqrt{23}$　　(3) $-\sqrt{7}$，$-\sqrt{10}$，-3

(1) $10 < 13$ なので，$\sqrt{10} < \sqrt{13}$ **答**　すぐわかりますね。

(2) 両方が根号の中ではありません。どちらも 2 乗すると解決します。

5^2　　　$(\sqrt{23})^2$　　　2 乗した数の大小と，もとの数の大小は一致

$=25$　　$=23$　　　します。$25 > 23$ なので，$5 > \sqrt{23}$ **答**

平方根の大小は，**2 乗して比較**しましょう。

(3) 負の数どうしの比較です。まず，$\sqrt{7}$ と $\sqrt{10}$ と 3 の大小を比較します。

それぞれ 2 乗して，$(\sqrt{7})^2$　　$(\sqrt{10})^2$　　3^2

$$=7\qquad\quad =10\qquad\quad =9$$

$7 < 9 < 10$ なので，$\sqrt{7} < 3 < \sqrt{10}$ とわかります。

そして，すべて負の符号をつけるのですが，**マイナスをつけると，大小が逆になるのです。**したがって，$-\sqrt{10} < -3 < -\sqrt{7}$　**(答)**

―――――（**平方根の大小の比較のしかた**）―――――
- それぞれ 2 乗し，その結果の大小で判断する
- 負の数のとき➡正の数にかえて大小を決める
　　　　　➡負の数に戻すときに大小関係を逆にする

$$\boxed{a < b}$$
$$\Downarrow$$
$$\boxed{-b < -a}$$

確認問題 20

次の各組の数の大小を，不等号を使って表しなさい。

(1)　$\sqrt{19}$，$\sqrt{14}$　　(2)　4，5，$\sqrt{17}$　　(3)　-7，$-\sqrt{43}$，$-\sqrt{51}$

例題 29

次の式をみたす自然数 n を，すべて求めなさい。

(1)　$\sqrt{5} < \sqrt{n} < 3$　　　　(2)　$7 < \sqrt{n} < 7.5$

どうやって解くか，わかりますか？

これも，それぞれ 2 乗したらどうでしょうか。

それでいいんです。やってみましょう。

(1)　それぞれ 2 乗します。$(\sqrt{5})^2 = 5$，$(\sqrt{n})^2 = n$，$3^2 = 9$ なので，

$5 < n < 9$　自然数 n は，**$n = 6,\ 7,\ 8$**　**(答)**

(2)　それぞれ 2 乗して，$7^2 < (\sqrt{n})^2 < 7.5^2$ より，

$$49 < n < 56.25$$

自然数 n は，**$n = 50,\ 51,\ 52,\ 53,\ 54,\ 55,\ 56$**　**(答)**

このように，**根号を含む不等式では，それぞれ 2 乗する**のがコツです。

$\boxed{\sqrt{a} < \sqrt{n} < \sqrt{b}\ \Rightarrow\ 2\text{乗して，}a < n < b}$

確認問題 21

次の式をみたす自然数 n を，すべて求めなさい。

(1)　$\sqrt{10} < \sqrt{n} < 4$　　　　(2)　$5 < \sqrt{n} < 5.5$

有理数と無理数

数を分類することを学びます。

$\dfrac{整数}{整数}$ の形の分数で表すことのできる数を**有理数**といいます。たとえば，

3 は $\dfrac{3}{1}$，0.2 は $\dfrac{1}{5}$，$-1\dfrac{1}{2}$ は $\dfrac{-3}{2}$ と表せるので，有理数です。

一方，$\dfrac{整数}{整数}$ の形で表すことのできない数を**無理数**といいます。

たとえば，$\sqrt{2}$，$-\sqrt{5}$ などは無理数です。円周率 π も無理数です。

数は，有理数と無理数に分類できるのです。

> 根号がついた数は全部無理数ですか？

根号をはずすことができないとき，無理数といえます。

たとえば $\sqrt{25}=5$，$\sqrt{100}=10$，$\sqrt{0.16}=0.4$ のように，根号をはずすことができるものは，有理数です。これの見きわめが大切です。

数 $\begin{cases} 有理数 \cdots \dfrac{整数}{整数}\ の形で表すことができる数 \left(2,\ \dfrac{5}{7},\ 0.3\cdots\right) \\[2mm] 無理数 \cdots \dfrac{整数}{整数}\ の形で表すことができない数 \left(\sqrt{3},\ -\sqrt{5},\ \pi,\ \cdots\right) \end{cases}$

例題 30

次の数の中から有理数をすべて選び，記号で答えなさい。
ア $\sqrt{10}$　イ $\sqrt{36}$　ウ 1.7　エ $\sqrt{0.3}$　オ $-\sqrt{49}$　カ 0

ア　$\sqrt{10}$ は根号がはずせないので無理数です。

イ　$\sqrt{36}=6=\dfrac{6}{1}$ と表せるので有理数です。

ウ　$1.7=\dfrac{17}{10}$ と表せるので有理数です。

エ　$\sqrt{0.3}$ は根号がはずせません。無理数です。

オ　$-\sqrt{49}=-7=\dfrac{-7}{1}$ となり，有理数。　カ　$0=\dfrac{0}{1}$ より，有理数です。

答 イ，ウ，オ，カ

次の数の中から有理数をすべて選び，記号で答えなさい。

ア $\sqrt{\dfrac{9}{25}}$　　イ $\sqrt{7}$　　ウ $-\sqrt{1.3}$　　エ -0.3　　オ $-\dfrac{3}{2}$

有理数を小数で表してみます。有理数には，$\dfrac{3}{20}=0.15$，$\dfrac{5}{8}=0.625$

のように，小数第何位かで終わる有限小数になる場合があります。

また，$\dfrac{2}{11}=0.181818\cdots$ のように無限小数になることもありますが，

必ずいくつかの数字が決まった順にくり返され，循環小数となります。

> 有理数を小数で表すと
> → 有限小数
> → 無限小数…循環小数

> どんな有理数のときに有限小数になるんですか？

分母を素因数分解したとき，素因数に 2 や 5 しかないとき，有限小
数になります。 分子は関係ありません。たとえば，

$\dfrac{11}{40}$ は，分母の 40 が $2^3 \times 5$ と素因数分解されるので，有限小数です。

次に，無理数を小数で表した結果をみてみましょう。

$\pi = 3.1415926\cdots$　　　くり返しのない無限小数になります。

$\sqrt{3} = 1.7320508\cdots$

無理数を小数で表すと➡循環しない無限小数

例題 31

次の数を小数で表すとき，それぞれ，⑦有限小数，⑦循環小数，
⑦循環しない無限小数のどれになるか，分類しなさい。

$$\sqrt{6}, \quad \dfrac{3}{25}, \quad \sqrt{\dfrac{4}{9}}, \quad \dfrac{11}{30}$$

$\sqrt{6}$ は無理数なので，⑦です。

$\dfrac{3}{25}$ は $25=5^2$ より⑦，$\sqrt{\dfrac{4}{9}}=\dfrac{2}{3}$ より⑦，$\dfrac{11}{30}$ は $30=2\times3\times5$ より⑦

2 平方根の乗法と除法

■■ イントロダクション ■■

◆ 根号のついた数の積と商 ➡ 計算法則を知り，正確に計算する
◆ 根号の中を簡単にする ➡ 2乗の数を根号の外に出す
◆ 分母の有理化 ➡ どのようにして分母を有理数にするか

平方根の積と商

平方根の積と商について，次の式が成り立ちます。

──（平方根の積と商）──

a，b を正の数とするとき， 例を書いておきます。

① $\sqrt{a} \times \sqrt{b} = \sqrt{a \times b}$ ➡ $\sqrt{3} \times \sqrt{5} = \sqrt{15}$ です。

② $\sqrt{a} \div \sqrt{b} = \dfrac{\sqrt{a}}{\sqrt{b}} = \sqrt{\dfrac{a}{b}}$ ➡ $\sqrt{26} \div \sqrt{2} = \dfrac{\sqrt{26}}{\sqrt{2}} = \sqrt{13}$ です。

例題 32

次の計算をしなさい。

(1) $\sqrt{3} \times \sqrt{2}$ (2) $\sqrt{5} \times (-\sqrt{7})$ (3) $\sqrt{12} \times \sqrt{3}$

(4) $\sqrt{15} \div \sqrt{3}$ (5) $\sqrt{14} \div (-\sqrt{2})$ (6) $\sqrt{63} \div \sqrt{7}$

(1) $\sqrt{3} \times \sqrt{2} = \sqrt{6}$ 答   (2) $\sqrt{5} \times (-\sqrt{7}) = -\sqrt{35}$ 答

(3) $\sqrt{12} \times \sqrt{3} = \sqrt{36}$ これは答えではありません。なぜでしょうか？

$\sqrt{36}$ は 36 の平方根のうちの正の方なので，6 です。

そうなんです。**根号の中がある自然数の2乗（平方数）になっていると
きは，根号がはずれて整数になります。** 答 6

(4) $\sqrt{15} \div \sqrt{3} = \dfrac{\sqrt{15}}{\sqrt{3}} = \sqrt{5}$ 答   (5) $-\dfrac{\sqrt{14}}{\sqrt{2}} = -\sqrt{7}$ 答

(6) $\sqrt{9}$ になり，根号の中が平方数なので，$\sqrt{9} = 3$ です。 答 3

〈注意しよう〉	$\sqrt{1} = 1,\ \sqrt{4} = 2,\ \sqrt{9} = 3,\ \sqrt{16} = 4,$
根号の中が平方数のとき	$\sqrt{25} = 5,\ \sqrt{36} = 6,\ \sqrt{49} = 7,\ \cdots$

確認問題 23

次の計算をしなさい。

(1) $\sqrt{5} \times \sqrt{6}$　　　(2) $-\sqrt{3} \times \sqrt{7}$　　　(3) $\sqrt{5} \times \sqrt{20}$

(4) $\sqrt{10} \div \sqrt{2}$　　　(5) $\sqrt{45} \div (-\sqrt{5})$　　　(6) $\sqrt{75} \div \sqrt{3}$

根号の中を簡単にする

$a \times \sqrt{b}$ は，$a\sqrt{b}$ と書きます。たとえば，$\sqrt{2} \times 3 = 3\sqrt{2}$ です。

さて，ここでは，根号を含む数の変形について学びます。

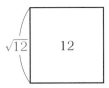 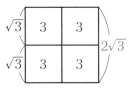

面積 12 の正方形の一辺は $\sqrt{12}$ ですね。これを 4 等分すると，面積 3 の正方形となり，それぞれの一辺は $\sqrt{3}$ で

す。したがって，もとの正方形の一辺は $2\sqrt{3}$ ともいえます。このことから，$\sqrt{12} = 2\sqrt{3}$ であることがわかります。

そして，**根号の中はできるだけ小さい自然数にしなければならない**ことになっています。では，そのやり方を説明しましょう。毎回正方形の図で考えるわけにはいかないですね。12 は，$2^2 \times 3$ です。このように **2 乗があったら，2 乗がとれて根号の外に出る**のです。

根号の中を簡単にする（できるだけ小さい自然数にする）方法

$\sqrt{\overset{\text{出}}{\overset{\text{る}}{\leftarrow}}a^2 b} = a\sqrt{b}$　　　（例）　$\sqrt{12} = \sqrt{\overset{\text{出}}{\overset{\text{る}}{\leftarrow}}2^2 \times 3} = 2\sqrt{3}$

例題 33

次の数を $a\sqrt{b}$ の形に表しなさい。

(1) $\sqrt{18}$　　　(2) $\sqrt{20}$　　　(3) $\sqrt{63}$　　　(4) $\sqrt{108}$

(1)　$18 = 3^2 \times 2$ なので，$\sqrt{18} = \sqrt{3^2 \times 2} = 3\sqrt{2}$　**答**　となります。

(2)　$\sqrt{20} = \sqrt{2^2 \times 5} = 2\sqrt{5}$　**答**　　　(3)　$\sqrt{63} = \sqrt{3^2 \times 7} = 3\sqrt{7}$　**答**

(4)　$\sqrt{108} = \sqrt{6^2 \times 3} = 6\sqrt{3}$　**答**

2 乗の数を見つけるコツはありませんか？

4，9，16，25，36，…でわれないかを考えると，見つけやすいです。

また，根号の中の数を素因数分解すると，根号の外に出す数が見つけやすくなります。

たとえば，$\sqrt{180}$ であれば，180 を右のように素因数分解して，$\sqrt{180} = \sqrt{\textcircled{2}^2 \times \textcircled{3}^2 \times 5} = 6\sqrt{5}$ とできます。見つけにくいときは，こうやってください。

$$
\begin{array}{r}
\textcircled{2}\,)\,180 \\
\textcircled{2}\,)\,\underline{90} \\
\textcircled{3}\,)\,\underline{45} \\
\textcircled{3}\,)\,\underline{15} \\
5
\end{array}
$$

確認問題 24

次の数を $a\sqrt{b}$ の形に表しなさい。

(1) $\sqrt{28}$　　(2) $\sqrt{45}$　　(3) $\sqrt{54}$　　(4) $\sqrt{72}$

(5) $\sqrt{75}$　　(6) $\sqrt{48}$　　(7) $\sqrt{27}$　　(8) $\sqrt{96}$

例題 34

次の計算をしなさい。

(1) $2\sqrt{5} \times 3\sqrt{2}$　　(2) $4\sqrt{5} \times 5\sqrt{10}$　　(3) $\sqrt{12} \times \sqrt{18}$

(4) $\sqrt{54} \times \sqrt{32}$　　(5) $(5\sqrt{2})^2$

$\boxed{a\sqrt{b} \times c\sqrt{d} = ac\sqrt{bd}}$ となります。根号の外どうし，中どうしは同じ世界なので，かけ算ができると考えてください。

根号の外と中は別世界なので，かけてはいけないんです。

(1) $6\sqrt{10}$ 答

(2) $4\sqrt{5} \times 5\sqrt{10} = 20\sqrt{50}$ となりますが，$\sqrt{50} = 5\sqrt{2}$ です。

$\qquad\qquad = 20 \times 5\sqrt{2}$

$\qquad\qquad = 100\sqrt{2}$ 答　根号の中は小さくします。

(3) そのままかけると，根号の中の数が大きくなりますね。

$\sqrt{12} = 2\sqrt{3}$, $\sqrt{18} = 3\sqrt{2}$ としてから計算します。

$\sqrt{12} \times \sqrt{18} = 2\sqrt{3} \times 3\sqrt{2}$

$\qquad\qquad = 6\sqrt{6}$ 答

(4) これも，初めに $\sqrt{54} = 3\sqrt{6}$, $\sqrt{32} = 4\sqrt{2}$ にして計算します。

$\sqrt{54} \times \sqrt{32} = 3\sqrt{6} \times 4\sqrt{2}$

$\qquad\qquad = 12\sqrt{12}$

$\qquad\qquad = 12 \times 2\sqrt{3} = 24\sqrt{3}$ 答　$\sqrt{12} = 2\sqrt{3}$ なので，

このように，**根号の中をできるだけ小さい自然数にしていく**のです。

(5) $(5\sqrt{2})^2 = 5^2 \times (\sqrt{2})^2$　$(\sqrt{2})^2 = 2$ なので，

$\qquad\qquad = 25 \times 2 = 50$ 答

確認問題 25

次の計算をしなさい。

(1) $4\sqrt{3} \times 3\sqrt{2}$　　(2) $2\sqrt{6} \times 5\sqrt{3}$　　(3) $(2\sqrt{6})^2$

(4) $\sqrt{20} \times \sqrt{28}$　　(5) $\sqrt{45} \times 2\sqrt{15}$

平方根の近似値

たとえば，$\sqrt{3} = 1.7320508\cdots$ と無限に続く小数ですが，$\sqrt{3} = 1.732$ のように，ほんとうの値に近い値のことを近似値といいます。

例題 35

$\sqrt{3} = 1.732$，$\sqrt{30} = 5.477$ として，次の値を求めなさい。

(1) $\sqrt{300}$　　(2) $\sqrt{3000}$　　(3) $\sqrt{0.3}$　　(4) $\sqrt{0.03}$

(1) 根号の中の数が，与えられたものより大きいです。

こういうときは，**根号の中に 10^2 を入れる**のです。

$\sqrt{300} = \sqrt{\underbrace{10^2}_{100} \times 3} = 10\sqrt{3}$ です。したがって，$10 \times 1.732 = \mathbf{17.32}$ 　答

(2) 同じように考えます。

$\sqrt{3000} = \sqrt{\underbrace{10^2}_{} \times 30} = 10\sqrt{30}$ なので，$10 \times 5.477 = \mathbf{54.77}$ 　答

$\sqrt{30000}$ のように数がもっと大きいときは，どうしますか？

よい質問ですね。根号の中に 10^2 を入れてもできません。

そういうときは，100^2 を入れてみてください。やってみます。

$\sqrt{30000} = \sqrt{\underbrace{100^2}_{10000} \times 3} = 100\sqrt{3}$ なので，$100 \times 1.732 = 173.2$ と求めることができます。

(3) **根号の中が小さいときは** $\left(\dfrac{1}{10}\right)^2$，$\left(\dfrac{1}{100}\right)^2$ **などを入れます。**

$\sqrt{0.3} = \sqrt{\underbrace{\left(\dfrac{1}{10}\right)^2}_{0.01} \times 30} = \dfrac{1}{10} \times \sqrt{30}$ なので，$\dfrac{1}{10} \times 5.477 = \mathbf{0.5477}$ 　答

(4) $\sqrt{0.03} = \sqrt{\left(\dfrac{1}{10}\right)^2 \times 3} = \dfrac{1}{10} \times \sqrt{3}$ なので，$\dfrac{1}{10} \times 1.732 = \mathbf{0.1732}$ 　答

$\sqrt{7}=2.646$, $\sqrt{70}=8.367$ として，次の値を求めなさい。

(1) $\sqrt{700}$　　(2) $\sqrt{7000}$　　(3) $\sqrt{0.7}$　　(4) $\sqrt{0.07}$

分母の有理化

たとえば，$\dfrac{1}{\sqrt{2}}=\dfrac{1}{1.414\cdots}$ ですが，どれくらいかわかりづらいですね。

では，$\dfrac{\sqrt{2}}{2}=\dfrac{1.414\cdots}{2}$ は，だいたいどれくらいの数かわかりますか？

これなら，$0.707\cdots$くらいだとわかります。

そうですよね。実はこの2つの数は同じ値なのです。

分母に根号があると，どれくらいの値かわかりづらいですね。

そこで，**分母に根号がない形に表す**ことになっているのです。

そのことを，**分母を有理化する**といいます。

では，分母の有理化のしかたを説明しましょう。

分母を有理化するために，ある数をかけます。その数とは1です。

それ以外の数をかけてしまうと，値が変わってしまうからです。

$\dfrac{1}{\sqrt{2}}\times\dfrac{\sqrt{2}}{\sqrt{2}}=\dfrac{\sqrt{2}}{(\sqrt{2})^2}=\dfrac{\sqrt{2}}{2}$　　これで分母の有理化ができました。

これは1です。

有理化したい分母の根号部分と同じものを分母と分子にかけるのです。

分母の有理化
$\dfrac{1}{\sqrt{a}}\times\dfrac{\sqrt{a}}{\sqrt{a}}=\dfrac{\sqrt{a}}{(\sqrt{a})^2}=\dfrac{\sqrt{a}}{a}$

例題 36

次の数の分母を有理化しなさい。

(1) $\dfrac{1}{\sqrt{5}}$　　　(2) $\dfrac{\sqrt{2}}{\sqrt{3}}$　　　(3) $\dfrac{\sqrt{3}}{2\sqrt{5}}$

(1) $\dfrac{1}{\sqrt{5}}\times\dfrac{\sqrt{5}}{\sqrt{5}}=\dfrac{\sqrt{5}}{(\sqrt{5})^2}=\dfrac{\sqrt{5}}{5}$　答

(2) $\dfrac{\sqrt{3}}{\sqrt{3}}$ をかけます。分子は関係ありません。$\dfrac{\sqrt{2}}{\sqrt{3}}\times\dfrac{\sqrt{3}}{\sqrt{3}}=\dfrac{\sqrt{6}}{3}$　答

(3) $\dfrac{\sqrt{5}}{\sqrt{5}}$ をかけて, $\dfrac{\sqrt{3}}{2\sqrt{5}} \times \dfrac{\sqrt{5}}{\sqrt{5}} = \dfrac{\sqrt{3} \times \sqrt{5}}{2 \times (\sqrt{5})^2} = \dfrac{\sqrt{15}}{10}$ 答

分母と同じものなら, $\dfrac{2\sqrt{5}}{2\sqrt{5}}$ をかけないんですか？

はい, 分母の根号部分だけをかければ十分なのです。

確認問題 27

次の数の分母を有理化しなさい。

(1) $\dfrac{2}{\sqrt{7}}$ (2) $\dfrac{5\sqrt{2}}{\sqrt{5}}$ (3) $\dfrac{\sqrt{5}}{4\sqrt{3}}$

例題 37

次の計算をしなさい。
(1) $8\sqrt{6} \div 4\sqrt{2}$ (2) $\sqrt{5} \div \sqrt{28}$ (3) $\sqrt{50} \div \sqrt{27}$
(4) $\sqrt{54} \div (-\sqrt{12})$ (5) $\sqrt{5} \times \sqrt{15} \div 10\sqrt{2}$

$$a\sqrt{b} \div c\sqrt{d} = \dfrac{a}{c}\sqrt{\dfrac{b}{d}}$$

根号の外どうしのわり算, 根号の中どうしのわり算をそれぞれ行います。

(1) $\dfrac{\overset{2}{\cancel{8}}\sqrt{\overset{3}{\cancel{6}}}}{\underset{1}{\cancel{4}}\sqrt{\underset{1}{\cancel{2}}}}$ 根号の外どうし, 根号の中どうしを約分して, $2\sqrt{3}$ 答

(2) $\sqrt{28} = 2\sqrt{7}$ なので, $\sqrt{5} \div 2\sqrt{7} = \dfrac{\sqrt{5}}{2\sqrt{7}}$ まだ答えではありません。

分母を有理化します。$\dfrac{\sqrt{5}}{2\sqrt{7}} \times \dfrac{\sqrt{7}}{\sqrt{7}} = \dfrac{\sqrt{35}}{14}$ 答

(3) $\sqrt{50} = 5\sqrt{2}$, $\sqrt{27} = 3\sqrt{3}$ より, $\dfrac{5\sqrt{2}}{3\sqrt{3}} \times \dfrac{\sqrt{3}}{\sqrt{3}} = \dfrac{5\sqrt{6}}{9}$ 答

(4) $-\dfrac{\overset{}{\cancel{3}}\sqrt{\overset{2}{\cancel{6}}}}{2\sqrt{\underset{1}{\cancel{3}}}} = -\dfrac{3\sqrt{2}}{2}$ 答

(5) $\dfrac{\sqrt{5} \times \sqrt{15}}{10\sqrt{2}} = \dfrac{1}{2}\dfrac{\overset{}{\cancel{5}}\sqrt{3}}{\underset{10}{\cancel{10}}\sqrt{2}} \times \dfrac{\sqrt{2}}{\sqrt{2}} = \dfrac{\sqrt{6}}{4}$ 答

平方根の乗法・除法〈ポイント〉	・根号の中を小さい自然数にしていく。 ・根号の外どうし, 中どうしを計算, 約分する。 ・分母に根号があったら有理化する。

次の計算をしなさい。

(1) $\sqrt{72} \div 2\sqrt{5}$ (2) $\sqrt{12} \div \sqrt{50}$

(3) $\sqrt{6} \times \sqrt{10} \div \sqrt{180}$ (4) $\sqrt{28} \times \sqrt{48} \div (-\sqrt{150})$

トレーニング 4

次の問に答えなさい。 ▶解答：p.227

1. 次の数を $a\sqrt{b}$ の形に表しなさい。

(1) $\sqrt{8}$ (2) $\sqrt{12}$ (3) $\sqrt{18}$

(4) $\sqrt{20}$ (5) $\sqrt{24}$ (6) $\sqrt{27}$

(7) $\sqrt{28}$ (8) $\sqrt{32}$ (9) $\sqrt{45}$

(10) $\sqrt{48}$ (11) $\sqrt{52}$ (12) $\sqrt{54}$

(13) $\sqrt{72}$ (14) $\sqrt{80}$ (15) $\sqrt{96}$

(16) $\sqrt{98}$ (17) $\sqrt{108}$ (18) $\sqrt{125}$

2. 次の数を $\sqrt{a}$ の形に表しなさい。

(1) $5\sqrt{2}$ (2) $4\sqrt{3}$ (3) $2\sqrt{15}$

(4) $6\sqrt{5}$ (5) $5\sqrt{6}$ (6) $10\sqrt{3}$

3. 次の計算をしなさい。

(1) $3\sqrt{5} \times 6\sqrt{2}$ (2) $5\sqrt{3} \times (-2\sqrt{2})$

(3) $2\sqrt{13} \times 7\sqrt{2}$ (4) $\sqrt{50} \times 2\sqrt{3} \div (-\sqrt{2})$

(5) $5\sqrt{2} \times 4\sqrt{3} \div \sqrt{6}$ (6) $\sqrt{20} \times 3\sqrt{3} \div (-4\sqrt{5})$

次の問に答えなさい。　　　　　　　　　　　　　▶解答：p.227

1. 次の数の分母を有理化しなさい。

(1) $\dfrac{1}{\sqrt{5}}$ (2) $\dfrac{4}{\sqrt{3}}$ (3) $\dfrac{7}{\sqrt{7}}$

(4) $\dfrac{\sqrt{3}}{\sqrt{2}}$ (5) $\dfrac{\sqrt{5}}{\sqrt{6}}$ (6) $\dfrac{1}{2\sqrt{3}}$

(7) $\dfrac{2}{3\sqrt{5}}$ (8) $\dfrac{\sqrt{3}}{4\sqrt{7}}$ (9) $\dfrac{3\sqrt{5}}{2\sqrt{3}}$

(10) $\dfrac{1}{\sqrt{27}}$ (11) $\dfrac{\sqrt{5}}{\sqrt{48}}$ (12) $\dfrac{5\sqrt{7}}{\sqrt{20}}$

2. 次の計算をしなさい。

(1) $\sqrt{50} \div 2\sqrt{3}$ (2) $\sqrt{56} \div \sqrt{7}$

(3) $\sqrt{2} \div \sqrt{12}$ (4) $5\sqrt{3} \div 10\sqrt{6}$

(5) $\sqrt{45} \times \sqrt{75}$ (6) $(\sqrt{2})^2 \times 3\sqrt{48}$

(7) $\sqrt{8} \times \sqrt{12} \div \sqrt{72}$ (8) $2\sqrt{6} \times \sqrt{75} \div \sqrt{80}$

(9) $\sqrt{6} \times \sqrt{18} \div \sqrt{12}$ (10) $\sqrt{63} \div \sqrt{32} \times \sqrt{54}$

③ 平方根の加法と減法

■■ イントロダクション ■■

◆ 平方根の加法，減法のしくみ ➡ 計算のしかたを知る
◆ 根号の中が同じ平方根 ➡ まとめ方を知る
◆ 根号の中が異なる平方根 ➡ 根号の中を小さくして計算する

平方根の加法，減法のしかた

平方根の加法，減法のしかたについて学びます。

乗法では $\sqrt{a} \times \sqrt{b} = \sqrt{ab}$ ですが，加法の $\sqrt{a} + \sqrt{b}$ は，$\sqrt{a+b}$ ではありません。次のようになります。

―――――(平方根の加法，減法)―――――

たとえば

$$a\sqrt{m} + b\sqrt{m} = (a+b)\sqrt{m} \quad \cdots \quad 2\sqrt{5} + 4\sqrt{5} = 6\sqrt{5}$$

$$a\sqrt{m} - b\sqrt{m} = (a-b)\sqrt{m} \quad \cdots \quad 7\sqrt{2} - 3\sqrt{2} = 4\sqrt{2} \quad となります。$$

加法や減法では，根号の中の数が同じでないと計算できないのです。

> 文字式の計算で，同類項をまとめるのに似ています。

はい，$2\sqrt{5} + 4\sqrt{5} = 6\sqrt{5}$ は，$2x+4x=6x$ のイメージですね。

$2\sqrt{3} + 4\sqrt{5}$ は計算できません。$2x+4y$ が計算できないのと同じです。

例題 38

次の計算をしなさい。

(1) $4\sqrt{5} + 3\sqrt{5}$ 　　　(2) $\sqrt{2} + 5\sqrt{2}$

(3) $8\sqrt{5} - 6\sqrt{5}$ 　　　(4) $2\sqrt{7} + \sqrt{5} + 3\sqrt{7} - 8\sqrt{5}$

(5) $4\sqrt{2} - 2\sqrt{7} - 9\sqrt{2} + 3\sqrt{7}$ 　　(6) $5\sqrt{3} + 1 - 8\sqrt{3} - 5$

(1) $7\sqrt{5}$ 　答　　(2) $\sqrt{2}$ は $1 \times \sqrt{2}$ と考えて，$1 \times \sqrt{2} + 5\sqrt{2} = 6\sqrt{2}$ 　答

(3) $2\sqrt{5}$ 　答　　ここまでは簡単ですね。

(4) $\sqrt{7}$ どうし，$\sqrt{5}$ どうしを同類項のようにそれぞれまとめます。

　$2\sqrt{7} + 3\sqrt{7} + \sqrt{5} - 8\sqrt{5} = 5\sqrt{7} - 7\sqrt{5}$ 　答　　となります。

(5) $\sqrt{2}$ どうし，$\sqrt{7}$ どうしをまとめて，$-5\sqrt{2}+\sqrt{7}$ 答

(6) $\sqrt{3}$ どうし，整数どうしをまとめて，$-3\sqrt{3}-4$ 答 となります。

確認問題 29

次の計算をしなさい。
(1) $5\sqrt{2}+3\sqrt{2}$ (2) $\sqrt{5}-3\sqrt{5}$
(3) $6\sqrt{5}+2\sqrt{5}-7\sqrt{5}$ (4) $2\sqrt{6}+4\sqrt{3}+8\sqrt{6}-7\sqrt{3}$

いろいろな平方根の加法と減法

たとえば，$\sqrt{18}+\sqrt{8}$ という計算を考えます。$\sqrt{26}$ ではないです。
一見，根号の中の数がちがうので計算できないように思いますね。
ところが，根号の中を小さくすると，計算できることがあります。
$\sqrt{18}=3\sqrt{2}$，$\sqrt{8}=2\sqrt{2}$ です。したがって，$5\sqrt{2}$ となります。

例題 39

次の計算をしなさい。
(1) $\sqrt{27}+\sqrt{12}$ (2) $\sqrt{96}-\sqrt{24}$
(3) $\sqrt{75}-\sqrt{18}+\sqrt{12}-\sqrt{50}$ (4) $\sqrt{24}-2\sqrt{20}-2\sqrt{6}+3\sqrt{45}$

(1) $\sqrt{27}=3\sqrt{3}$，$\sqrt{12}=2\sqrt{3}$ なので，$3\sqrt{3}+2\sqrt{3}=5\sqrt{3}$ 答

(2) $\sqrt{96}=4\sqrt{6}$，$\sqrt{24}=2\sqrt{6}$ なので，$4\sqrt{6}-2\sqrt{6}=2\sqrt{6}$ 答

(3) $\sqrt{75}-\sqrt{18}+\sqrt{12}-\sqrt{50}$
$=5\sqrt{3}-3\sqrt{2}+2\sqrt{3}-5\sqrt{2}$ ⎱ それぞれ，根号の中を小さくして
$=7\sqrt{3}-8\sqrt{2}$ 答 ⎰ 根号の中が同じものをまとめて

(4) $\sqrt{24}-2\sqrt{20}-2\sqrt{6}+3\sqrt{45}$
$=2\sqrt{6}-2\times2\sqrt{5}-2\sqrt{6}+3\times3\sqrt{5}$ ⎱ $\sqrt{20}=2\sqrt{5}$，$\sqrt{45}=3\sqrt{5}$ なので
$=2\sqrt{6}-4\sqrt{5}-2\sqrt{6}+9\sqrt{5}$
$=5\sqrt{5}$ 答 コツは，つかめてきたでしょうか。

確認問題 30

次の計算をしなさい。
(1) $\sqrt{18}+\sqrt{50}$ (2) $\sqrt{75}-\sqrt{27}$
(3) $\sqrt{72}+2\sqrt{28}-5\sqrt{8}-\sqrt{63}$
(4) $\sqrt{36}-5\sqrt{6}+\sqrt{25}+\sqrt{24}$

第1章 式の計算

第2章 平方根

第3章 2次方程式

第4章 関数 $y=ax^2$

次に，やや複雑な平方根の加法や減法について学びましょう。

$\dfrac{10}{\sqrt{5}} + \sqrt{45}$ は，どのようにしたら計算できるでしょうか。

分母の有理化をしてから計算すればできそうです。

はい，その通りです。やってみます。

$\dfrac{10}{\sqrt{5}}$ の分母を有理化し，$\sqrt{45} = 3\sqrt{5}$ にして

計算します。

右のようにできますね。

分数の形の加法や減法では，このように分母の有理化を組み合わせて解くものがあります。

$$\dfrac{10}{\sqrt{5}} \times \dfrac{\sqrt{5}}{\sqrt{5}} + 3\sqrt{5}$$
$$= \dfrac{\overset{2}{\cancel{10}}\sqrt{5}}{\underset{1}{\cancel{5}}} + 3\sqrt{5}$$
$$= 2\sqrt{5} + 3\sqrt{5}$$
$$= 5\sqrt{5}$$

また，$\sqrt{\dfrac{2}{3}}$ のように，根号の中に分数が入っていることがあります。

根号の中は，必ず整数にしなければなりません。
では，どうやって根号の中を整数に変えるかを，
この例でやってみましょう。

$\sqrt{}$ の中は必ず整数にする。

$\sqrt{\dfrac{2}{3}} = \dfrac{\sqrt{2}}{\sqrt{3}}$ とするだけです。そして，分母を有理化するのです。

$\dfrac{\sqrt{2}}{\sqrt{3}} \times \dfrac{\sqrt{3}}{\sqrt{3}} = \dfrac{\sqrt{6}}{3}$　これでいいのです。練習しておきましょう。

例題 40

次の計算をしなさい。

(1) $\dfrac{8}{\sqrt{2}} - \sqrt{18}$　　　(2) $\sqrt{27} - \dfrac{15}{\sqrt{3}}$

(3) $\dfrac{5}{\sqrt{10}} + \dfrac{\sqrt{90}}{2}$　　　(4) $\sqrt{\dfrac{3}{2}} + \sqrt{6}$

---

(1) $\dfrac{8}{\sqrt{2}} \times \dfrac{\sqrt{2}}{\sqrt{2}} - 3\sqrt{2} = \dfrac{\overset{4}{\cancel{8}}\sqrt{2}}{\underset{1}{\cancel{2}}} - 3\sqrt{2}$　約分します

分母の有理化　$\sqrt{18}$

$= 4\sqrt{2} - 3\sqrt{2}$
$= \sqrt{2}$　**答**

(2) $3\sqrt{3} - \dfrac{15}{\sqrt{3}} \times \dfrac{\sqrt{3}}{\sqrt{3}}$

$= 3\sqrt{3} - \dfrac{\overset{5}{\cancel{15}}\sqrt{3}}{\cancel{3}_{1}}$

$= -2\sqrt{3}$ 圏

(3) $\dfrac{5}{\sqrt{10}} \times \dfrac{\sqrt{10}}{\sqrt{10}} + \dfrac{3\sqrt{10}}{2}$

$= \dfrac{\overset{1}{\cancel{5}}\sqrt{10}}{2\cancel{10}} + \dfrac{3\sqrt{10}}{2}$

$= 2\sqrt{10}$ 圏

(4) $\dfrac{\sqrt{3}}{\sqrt{2}} + \sqrt{6} = \dfrac{\sqrt{3}}{\sqrt{2}} \times \dfrac{\sqrt{2}}{\sqrt{2}} + \sqrt{6}$

$= \dfrac{\sqrt{6}}{2} + \sqrt{6}$

$= \dfrac{3\sqrt{6}}{2}$ 圏

$\boxed{\sqrt{6} = \dfrac{2\sqrt{6}}{2} \text{と考えます}}$

トレーニング❻

次の計算をしなさい。　　　　　　　　▶解答：p.228

(1) $3\sqrt{7} + 5\sqrt{5} - \sqrt{7} + 4\sqrt{5}$　　(2) $9\sqrt{2} - 8\sqrt{3} - 5\sqrt{2} + 10\sqrt{3}$

(3) $\sqrt{63} - \sqrt{28}$　　　　　　　　(4) $\sqrt{8} + \sqrt{50} - \sqrt{18}$

(5) $\sqrt{54} - \sqrt{96} - \sqrt{24}$　　　　(6) $\sqrt{80} + 2\sqrt{5} - \sqrt{45}$

(7) $\sqrt{45} - 3\sqrt{8} - 5\sqrt{5} + \sqrt{32}$

(8) $2\sqrt{27} - \sqrt{96} - \sqrt{300} + \sqrt{150}$

(9) $\sqrt{48} - \sqrt{8} - \sqrt{72} - 2\sqrt{75}$

(10) $\sqrt{98} - \sqrt{80} - \sqrt{180} + 2\sqrt{50}$

(11) $\dfrac{20}{\sqrt{5}} + \sqrt{45}$　　　　　　(12) $5\sqrt{3} - \dfrac{12}{\sqrt{3}}$

(13) $\sqrt{48} - \dfrac{9}{\sqrt{3}} + \sqrt{27}$　　　(14) $\sqrt{\dfrac{2}{3}} + \sqrt{\dfrac{3}{2}}$

④ いろいろな平方根の計算

■■■ **イントロダクション** ■■■

◆ 乗法公式を用いた平方根の計算 ⇒ 平方根を乗法公式にあてはめる

◆ 式の値を求める ⇒ 式の計算と平方根を組み合わせる

◆ 平方根の性質の利用 ⇒ 条件をみたすものを考える

分配法則や乗法公式を用いた平方根の計算

分配法則 $\boxed{a(b+c)=ab+ac}$ を用いて，平方根の計算をすることができます。この練習をしましょう。

例題 41

次の計算をしなさい。

(1) $\sqrt{3}(\sqrt{3}-2)$ (2) $\sqrt{2}(2\sqrt{3}-3\sqrt{2})$

(3) $\sqrt{6}(\sqrt{3}+3\sqrt{2})$ (4) $(\sqrt{6}-3)\div\sqrt{3}$

(1)

$$\sqrt{3}(\sqrt{3}-2)$$
$$=(\sqrt{3})^2-2\sqrt{3}$$
$$=3-2\sqrt{3} \quad \text{答}$$

分配法則
$(\sqrt{3})^2=3$ です

(2)

$$\sqrt{2}(2\sqrt{3}-3\sqrt{2})$$
$$=2\sqrt{6}-3\times(\sqrt{2})^2$$
$$=2\sqrt{6}-6 \quad \text{答}$$

$(\sqrt{2})^2=2$

(3)

$$\sqrt{6}(\sqrt{3}+3\sqrt{2})$$
$$=\sqrt{18}+3\sqrt{12}$$
$$=3\sqrt{2}+6\sqrt{3} \quad \text{答}$$

(4) $(\sqrt{6}-3)\div\sqrt{3}$　別々の分数に

$$=\frac{\sqrt{6}\,2}{\sqrt{3}\,1}-\frac{3}{\sqrt{3}}$$　約分や，分母の有理化をします

$$=\sqrt{2}-\frac{3}{\sqrt{3}}\times\frac{\sqrt{3}}{\sqrt{3}}$$

$$=\sqrt{2}-\frac{1}{1}\frac{3\sqrt{3}}{3}$$

$$=\sqrt{2}-\sqrt{3} \quad \text{答}$$

確認問題 31

次の計算をしなさい。

(1) $\sqrt{3}(\sqrt{2}+\sqrt{5})$ (2) $\sqrt{2}(3-\sqrt{2})$

(3) $2\sqrt{6}(3\sqrt{2}+\sqrt{3})$ (4) $(2\sqrt{10}-5)\div\sqrt{5}$

では，$(\sqrt{3}+\sqrt{2})^2$ を計算してみます。$(\sqrt{3})^2+(\sqrt{2})^2$ ではありません。$\sqrt{3}$ を x，$\sqrt{2}$ を y におきかえると，$(x+y)^2$ の形をしていますね。

$(x+y)^2=x^2+2xy+y^2$ の乗法公式にあてはめて計算することができます。

$(\sqrt{3}+\sqrt{2})^2$

$=(\sqrt{3})^2+2\times\sqrt{3}\times\sqrt{2}+(\sqrt{2})^2$ ○○○ $\boxed{(x+y)^2=x^2+2xy+y^2}$

$=3+2\sqrt{6}+2$

$=5+2\sqrt{6}$ となるのです。

> 平方根も，乗法公式に従って計算するんですね。

はい，初めは平方根を x や y におきかえて考えてください。

例題 42

次の計算をしなさい。

(1) $(\sqrt{2}+\sqrt{3})(\sqrt{5}-1)$ (2) $(\sqrt{5}+1)(\sqrt{5}-3)$

(3) $(2\sqrt{3}-\sqrt{5})^2$ (4) $(\sqrt{7}+\sqrt{2})(\sqrt{7}-\sqrt{2})$

(5) $(3\sqrt{2}+\sqrt{3})^2-(\sqrt{6}+2)(\sqrt{6}-5)$

---

(1)

$(\sqrt{2}+\sqrt{3})(\sqrt{5}-1)=\sqrt{10}-\sqrt{2}+\sqrt{15}-\sqrt{3}$ 答

総あたり戦ではずしました。長いですが，これ以上計算できません。

(2) $\sqrt{5}=x$ と考えると，$(x+1)(x-3)$ です。

$(\sqrt{5}+1)(\sqrt{5}-3)$

$=(\sqrt{5})^2-2\sqrt{5}-3$ ○○○ $\boxed{x^2-2x-3\text{ の }x\text{ に }\sqrt{5}\text{ を入れます}}$

$=5-2\sqrt{5}-3$

$=2-2\sqrt{5}$ 答   最後まで計算します

(3) $2\sqrt{3}=x$，$\sqrt{5}=y$ と考えると，$(x-y)^2$ です。

$(2\sqrt{3}-\sqrt{5})^2$

$=(2\sqrt{3})^2-2\times2\sqrt{3}\times\sqrt{5}+(\sqrt{5})^2$ ○○○ $\boxed{x^2-2xy+y^2}$

$=12-4\sqrt{15}+5$ 符号に注意

$=17-4\sqrt{15}$ 答

(4) $\sqrt{7}=x$，$\sqrt{2}=y$ と考えると，$(x+y)(x-y)$ です。 $\boxed{x^2-y^2}$

$(\sqrt{7}+\sqrt{2})(\sqrt{7}-\sqrt{2})=(\sqrt{7})^2-(\sqrt{2})^2$ ○○○

$=7-2=5$ 答

(5)　$(3\sqrt{2}+\sqrt{3})^2\diagup-(\sqrt{6}+2)(\sqrt{6}-5)$　2つに分けて計算します。

$=(3\sqrt{2})^2+6\sqrt{6}+(\sqrt{3})^2-\{(\sqrt{6})^2-3\sqrt{6}-10\}$

$=18+6\sqrt{6}+3-(6-3\sqrt{6}-10)$　　ひき算の後ろはカッコの中

$=21+6\sqrt{6}-(-4-3\sqrt{6})$　　まとめる

$=21+6\sqrt{6}+4+3\sqrt{6}$　　カッコをはずす

$=25+9\sqrt{6}$　㊤

トレーニング7

次の計算をしなさい。　　　　　　　　　　▶解答：p.229

(1)　$\sqrt{3}(\sqrt{2}+1)$　　　　　(2)　$\sqrt{6}(\sqrt{3}-\sqrt{2})$

(3)　$\sqrt{5}(2\sqrt{5}-\sqrt{3})$　　　　(4)　$2\sqrt{2}(4\sqrt{2}+\sqrt{6})$

(5)　$(2\sqrt{6}-3\sqrt{3})\div\sqrt{3}$　　　(6)　$(\sqrt{2}+4\sqrt{3})\div\sqrt{2}$

(7)　$(\sqrt{3}+1)(\sqrt{2}-3)$　　　(8)　$(2\sqrt{3}-\sqrt{2})(3\sqrt{2}+\sqrt{3})$

(9)　$(\sqrt{5}+\sqrt{2})^2$　　　　(10)　$(\sqrt{6}-\sqrt{2})^2$

(11)　$(3\sqrt{2}-2\sqrt{3})^2$　　　(12)　$(\sqrt{5}+2)(\sqrt{5}-7)$

(13)　$(\sqrt{6}-3)(\sqrt{6}-6)$　　(14)　$(\sqrt{5}+\sqrt{2})(\sqrt{5}-\sqrt{2})$

(15)　$(2\sqrt{3}+1)(2\sqrt{3}-1)$　　(16)　$(3\sqrt{3}-2\sqrt{2})(3\sqrt{3}+2\sqrt{2})$

(17)　$(2\sqrt{3}-1)^2+\sqrt{3}(4-5\sqrt{3})$

(18)　$(\sqrt{3}-\sqrt{2})^2-(\sqrt{3}+\sqrt{2})^2$

(19)　$(\sqrt{6}+1)(\sqrt{6}-2)-(\sqrt{3}-2\sqrt{2})^2$

(20)　$(2\sqrt{2}-\sqrt{6})^2-(\sqrt{3}+2)(\sqrt{3}-6)$

式の値

文字に平方根の値を代入して，式の値を求めることを学びます。

例題 43

次の式の値を求めなさい。

(1) $x=\sqrt{3}$ のとき，$(x-3)^2+(x+4)(x+2)$ の値

(2) $x=\sqrt{6}+2$ のとき，x^2-4x の値

(3) $x=\sqrt{7}+\sqrt{3}$，$y=\sqrt{7}-\sqrt{3}$ のとき，$x^2-2xy+y^2$ の値

(1) 平方根の値を代入するときも，式を簡単にしてからです。

$(x-3)^2+(x+4)(x+2)$

$=x^2-6x+9+x^2+6x+8$

$=2x^2+17$　　式が簡単になりました。この式に $x=\sqrt{3}$ を代入します。

$2\times(\sqrt{3})^2+17=23$ 答

(2) このまま代入しても求められますが，よい方法はありませんか？

> 因数分解できます。それから代入するとよさそうです。

$x^2-4x=x(x-4)$ ですね。これに $x=\sqrt{6}+2$ を代入します。

$(\sqrt{6}+2)(\sqrt{6}+2-4)$

$=(\sqrt{6}+2)(\sqrt{6}-2)$　○○○ $(x+y)(x-y)=x^2-y^2$ が使えます

$=(\sqrt{6})^2-2^2$

$=6-4$　　　　このように，平方根の値を代入する問題では，

$=2$ 答　　　　因数分解してから代入すると楽なことがあります。

(3) $x^2-2xy+y^2=(x-y)^2$ です。

ここで，$x-y=(\sqrt{7}+\sqrt{3})-(\sqrt{7}-\sqrt{3})$

$=\sqrt{7}+\sqrt{3}-\sqrt{7}+\sqrt{3}$

$=2\sqrt{3}$　なので，$(x-y)^2=(2\sqrt{3})^2=12$ 答

確認問題 32

次の式の値を求めなさい。

(1) $x=2\sqrt{3}$ のとき，$(x-2)(x+3)-x$ の値

(2) $x=3\sqrt{5}+1$ のとき，x^2-2x-3 の値

(3) $x=\sqrt{5}+\sqrt{3}$，$y=\sqrt{5}-\sqrt{3}$ のとき，x^2-y^2 の値

整数部分と小数部分

たとえば，$\sqrt{10}$ を小数で表すことを考えてみます。

$\sqrt{10}$ は無理数なので，循環しない無限小数になることは学びましたね。

$$\sqrt{10} = \boxed{} . \bigcirc\bigcirc\bigcirc \cdots \quad となるとします。$$

整数部分　　　小数部分

小数点より前の□を整数部分，小数点以下の部分を小数部分といいます。

$\sqrt{10}$ を正確に小数で書くことはできませんが，整数部分の数を求めることはできるのです。やってみます。

まず，根号の中の数 10 を，平方数（自然数を 2 乗した数）ではさみます。

$$9 < 10 < 16 \quad このようになります。$$

そして，それぞれに $\sqrt{}$ をかぶせます。

$$\sqrt{9} < \sqrt{10} < \sqrt{16} \quad より 3 < \sqrt{10} < 4 となります。$$

このことから，$\sqrt{10}$ は 3 と 4 の間の数とわかり，整数部分は 3 です。

次に小数部分を求めます。

$$\sqrt{10}$$

これ全体が $\sqrt{10}$ なので，小数部分は，

$$\sqrt{10} = \boxed{3 . \bigcirc\bigcirc\bigcirc \cdots}$$

$\sqrt{10}$ から 3 をひいた残りです。

つまり，小数部分は $\sqrt{10} - 3$ と求められるのです。まとめます。

整数部分の求め方 **根号の中の数を平方数ではさむ** →それぞれに $\sqrt{}$ をかぶせる	小数部分の求め方 〔もとの数〕－〔整数部分〕が 小数部分となる。

例題 44

$\sqrt{17}$ の小数部分を a とするとき，$a^2 + 8a + 16$ の値を求めなさい。

17 を平方数ではさみます。

$$16 < 17 < 25 \quad \sqrt{} をそれぞれにかぶせます \qquad \sqrt{17}$$
$$4 < \sqrt{17} < 5 \quad 整数部分は 4 です。 \qquad \sqrt{17} = \boxed{4 . \bigcirc\bigcirc\bigcirc \cdots}$$

小数部分は〔もとの数〕－〔整数部分〕なので，$a = \sqrt{17} - 4$ です。

$a^2 + 8a + 16 = (a+4)^2$ に $a = \sqrt{17} - 4$ を代入して，$(\sqrt{17})^2 = 17$ **答**

確認問題 33

$\sqrt{7}$ の整数部分を a，小数部分を b とするとき，$a^2 + b^2$ の値を求めなさい。

根号がはずれる条件

$\sqrt{10}$ や $\sqrt{15}$ の根号をはずすことはできませんが，$\sqrt{16}$ は 4，$\sqrt{25}$ は 5 となって，根号がはずれますね。どんな数のときに根号がはずれますか？

> 根号の中の数が平方数のときに，根号がはずれています。

はい，その通りです。平方数つまりある自然数を 2 乗した数が根号の中にあると，根号がはずれて整数となります。そのことを利用する問題をやってみましょう。

$$a > 0 \text{ のとき} \\ \sqrt{a^2} = a$$

例題 45

次の問に答えなさい。
(1) $\sqrt{10-a}$ が自然数となる自然数 a をすべて求めなさい。
(2) $\sqrt{40n}$ が自然数となる最小の自然数 n を求めなさい。

(1) 根号の中 $10-a$ が平方数のとき，根号がはずれて自然数になります。
a が自然数なので，$10-a$ は 10 より小さい平方数です。
よって，$10-a=1$，4，9 のいずれかです。
それぞれ，$a=9$，6，1 と求まります。 **答** $a = 1$，6，9

(2) 根号の中が積の形のときは，素因数分解して考えます。
根号の中を平方数にすればいいんです。
ところで，いろいろな平方数を素因数分解してみると，あることがわかります。$16=2^4$，$25=5^2$，$36=2^2 \times 3^2$，$144=2^4 \times 3^2$ どうですか？

> 素因数分解したとき，指数が全部偶数になっています！

そうなんです。1 より大きい平方数では，指数がすべて偶数なのです。
$40=2^3 \times 5$ ですから，指数をすべて偶数にするには，2 と 5 が 1 つずつ必要となります。$n=2 \times 5=10$ **答** と求まります。

確認問題 34

次の問に答えなさい。
(1) $\sqrt{20-a}$ が自然数となるような自然数 a をすべて求めなさい。
(2) $\sqrt{54n}$ が整数となるような最小の自然数 n を求めなさい。

▶解答：p.229

1. 次の数の平方根を求めなさい。必要であれば根号 $\sqrt{}$ を用いなさい。

   (1) 36 　　　　　 (2) 0.01 　　　　　 (3) 6

   (4) 0.16 　　　　 (5) 10 　　　　　 (6) $\dfrac{16}{49}$

2. 次の文で正しいものには○をつけ，誤っているものは 〜〜 部を正しく直しなさい。

   (1) 25 の平方根は $\underline{5}$ である。 　　 (2) $\underline{6}$ は 36 の平方根である。

   (3) $\sqrt{0.09}$ は $\underline{\pm\,0.3}$ である。 　　 (4) $\sqrt{(-3)^2}$ は $\underline{-3}$ である。

   (5) $(-\sqrt{2})^2$ は $\underline{2}$ である。

3. 次の 2 つの数の大小を，不等号を使って表しなさい。

   (1) $\sqrt{6}$，2 　　　 (2) $\sqrt{0.3}$，0.5 　　　 (3) $-\sqrt{10}$，-3

4. 次の計算をしなさい。

   (1) $(-\sqrt{7})^2$ 　　　　　 (2) $\sqrt{5}\times\sqrt{3}$

   (3) $3\sqrt{7}\times5\sqrt{2}$ 　　　　 (4) $\sqrt{30}\div\sqrt{5}$

   (5) $6\sqrt{6}\div3\sqrt{2}$ 　　　　 (6) $\sqrt{80}\div\sqrt{5}$

5. 次の数を $a\sqrt{b}$ の形に変形しなさい。

   (1) $\sqrt{68}$ 　　　　 (2) $\sqrt{180}$ 　　　　 (3) $\sqrt{84}$

6. 次の数の分母を有理化しなさい。

   (1) $\dfrac{5}{\sqrt{3}}$ 　　　　 (2) $\dfrac{9}{2\sqrt{3}}$ 　　　　 (3) $\dfrac{6\sqrt{2}}{5\sqrt{6}}$

7. 次の数の中から無理数をすべて選びなさい。

$$\sqrt{3}, \quad \sqrt{16}, \quad \sqrt{0.81}, \quad \pi, \quad -\sqrt{10}, \quad -\sqrt{\dfrac{4}{9}}$$

8. 次の計算をしなさい。
(1) $3\sqrt{10} \times 5\sqrt{5}$ (2) $4\sqrt{6} \times 2\sqrt{15}$

(3) $\sqrt{54} \times (-\sqrt{18})$ (4) $\sqrt{27} \div \sqrt{2}$

9. 次の計算をしなさい。
(1) $4\sqrt{3} + 5\sqrt{3}$ (2) $7\sqrt{2} - \sqrt{2}$

(3) $5\sqrt{2} - 9\sqrt{2} + 3\sqrt{2}$ (4) $\sqrt{5} - 6\sqrt{2} + 4\sqrt{5} + 3\sqrt{2}$

(5) $2\sqrt{20} + \sqrt{27} - \sqrt{5} - \sqrt{48}$

(6) $5\sqrt{6} + \sqrt{12} + 2\sqrt{24} - 3\sqrt{48}$

10. 次の計算をしなさい。
(1) $\sqrt{2}(\sqrt{2} - \sqrt{7})$ (2) $\sqrt{3}(5 - \sqrt{5})$

(3) $2\sqrt{3}(3\sqrt{3} + \sqrt{6})$ (4) $(\sqrt{3} - 1)(\sqrt{3} + 5)$

(5) $(\sqrt{5} - 1)^2$ (6) $(2\sqrt{3} + \sqrt{2})^2$

(7) $(\sqrt{5} + 2)(\sqrt{5} - 2)$ (8) $(\sqrt{3} + 2\sqrt{2})(2\sqrt{3} - \sqrt{2})$

11. $x = 2\sqrt{3} - 1$ のとき，$x^2 + x$ の値を求めなさい。

▶解答：p.230

1.　次の 3 つの数を，小さい方から順に並べ，不等号で表しなさい。

(1) $\sqrt{15}$，$2\sqrt{3}$，$3\sqrt{2}$　　　　　(2) $-5\sqrt{2}$，$-4\sqrt{3}$，-7

2.　次の問に答えなさい。

(1) $3 < \sqrt{a} < 4$ を満たす自然数 a をすべて求めなさい。

(2) $3\sqrt{2} < \sqrt{a} < 4.5$ を満たす自然数 a をすべて求めなさい。

(3) $5 < \sqrt{3n} < 6$ を満たす自然数 n をすべて求めなさい。

3.　次の計算をしなさい。

(1) $\sqrt{32} - \dfrac{6}{\sqrt{2}}$　　　　　(2) $\dfrac{12}{\sqrt{3}} + \sqrt{48}$

(3) $\sqrt{\dfrac{3}{2}} - \dfrac{\sqrt{96}}{2}$　　　　(4) $\sqrt{50} - \dfrac{\sqrt{98}}{7} + \sqrt{32}$

4.　次の計算をしなさい。

(1) $(3\sqrt{3} + \sqrt{5})(2\sqrt{5} - \sqrt{3})$　　(2) $(3\sqrt{5} - 2\sqrt{7})^2$

(3) $\sqrt{3}(2 - \sqrt{2}) + \sqrt{6}(\sqrt{2} + 1)$　　(4) $(2\sqrt{3} - 3\sqrt{2})(2\sqrt{3} + 3\sqrt{2})$

(5) $\sqrt{12} - \dfrac{12}{\sqrt{3}} + \sqrt{27}$　　　(6) $\sqrt{\dfrac{27}{2}} \times \sqrt{18} - \dfrac{6}{\sqrt{3}}$

5. 次の問に答えなさい。
   (1) $x = 2\sqrt{3} + 3$ のとき，$x^2 - 6x - 7$ の値を求めなさい。

   (2) $x = \sqrt{3} + 1$，$y = \sqrt{3} - 1$ のとき，$x^2 + 2xy + y^2$ の値を求めなさい。

   (3) $x = \sqrt{5} + \sqrt{3}$，$y = \sqrt{5} - \sqrt{3}$ のとき，次の式の値を求めなさい。
   ① xy ② $x^2 - y^2$

6. 次の問に答えなさい。
   (1) $\sqrt{30 - n}$ が整数となるような，自然数 n をすべて求めなさい。

   (2) $\sqrt{140n}$ が自然数となるような自然数 n のうち，最小のものを求めなさい。

7. 次の問に答えなさい。
   (1) $\sqrt{30}$ の整数部分と小数部分をそれぞれ求めなさい。

   (2) $\sqrt{14}$ の整数部分を a，小数部分を b とするとき，$a^2 + b^2$ の値を求めなさい。

8. 次の計算をしなさい。
   (1) $\sqrt{18}\,(\sqrt{32} + \sqrt{50}\,) - \sqrt{12}\,(\sqrt{27} + \sqrt{48}\,)$

   (2) $\dfrac{18}{\sqrt{12}} - \dfrac{6}{\sqrt{18}} - (\sqrt{3} - 1)(\sqrt{2} + 3)$

テーマ **①** 2次方程式の解き方①

■■ イントロダクション ■■

◆ 「$x^2=$数」の形の 2 次方程式 ➡ 解の基本を理解する

◆ 「$(x+○)^2=$数」の形の 2 次方程式 ➡ 平方根の考え方で解く

◆ 平方完成による解き方 ➡ 「$(x+○)^2=$数」の形に変形する

　すべての項を左辺に移項して整理したとき，$ax^2+bx+c=0\,(a \neq 0)$ となる方程式を 2 次方程式といいます。$2x^2-x-3=0$ などです。

■ 平方根の考えを使った解き方

　一番簡単な 2 次方程式は，「$x^2=$数」の形をした 2 次方程式です。$x^2=9$ などです。x^2 があるので，これでも立派な 2 次方程式なのです。

　x を 2 乗したら 9 になるということは，x は 9 の平方根ですね。

　したがって，$x=\pm 3$ と求まります。このように，解はふつう 2 つです。

例題 46

　次の 2 次方程式を解きなさい。

(1)　$x^2=4$ 　　　　(2)　$x^2=100$ 　　　　(3)　$x^2=18$

(4)　$x^2-20=0$ 　　　(5)　$x^2-\dfrac{9}{4}=0$

---

(1)　x を 2 乗して 4 になるので，x は 4 の平方根です。**$x=\pm 2$** 答

(2)　**$x=\pm 10$** 答

(3)　x は 18 の平方根なので，**$x=\pm 3\sqrt{2}$** 答　となります。

(4)　$x^2=20$ と式変形して，**$x=\pm 2\sqrt{5}$** 答

(5)　$x^2=\dfrac{9}{4}$ と式変形します。**$x=\pm \dfrac{3}{2}$** 答　と求まります。

　次に，「$(x+○)^2=$数」の形をした 2 次方程式を解いてみます。

　$(x+1)^2=9$ は，$(x+1)$ を 2 乗すると 9 なので，$x+1$ が ± 3 です。

　$x+1=\pm 3$ とは，$x+1=3$ と $x+1=-3$ を表しています。

　それぞれ，$x=2$，$x=-4$ と求められます。これが解です。

次の 2 次方程式を解きなさい。

(1) $(x+2)^2=25$　　(2) $(x-3)^2=16$

(3) $(x-1)^2=12$　　(4) $(x+1)^2-48=0$

(1) $(x+2)$ というかたまりを 2 乗すると 25 になります。

ということは，$(x+2)$ は 25 の平方根，つまり 5 か -5 です。

$x+2=\pm5$　という式に変形できます。

2 を右辺に移項します。

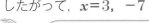
$x \boxed{+2} = \pm5$

$x=-2\pm5$　-2 に 5 をたした数と -2 から 5 をひいた数が解です。

したがって，$\boldsymbol{x=3, -7}$　答　流れはわかりましたか？

> **2 乗がなくなったところで±が現れるんですね。**

はい，±の書き忘れや，平方根にし忘れるミスが多いので，注意しよう。

(2) $(x-3)$ を 2 乗すると 16 なので，$(x-3)$ は 16 の平方根です。

$x-3=\pm4$　◁ 右辺に注意

-3 を右辺に移項すると，$x=3\pm4$ となります。

3 に 4 をたすと 7，ひくと -1 です。したがって，$\boldsymbol{x=7, -1}$　答

(3) $(x-1)$ を 2 乗すると 12 なので，$(x-1)$ は 12 の平方根です。

$x-1=\pm2\sqrt{3}$　⌐ -1 を右辺に移項します

$\boldsymbol{x=1\pm2\sqrt{3}}$　答　これ以上計算できませんね。

(4) $(x+1)^2=48$ のように，「$(x+○)^2=$数」の形にします。

$(x+1)$ は 48 の平方根なので，

$x+1=\pm4\sqrt{3}$　⌐ 1 を右辺に移項します

$\boldsymbol{x=-1\pm4\sqrt{3}}$　答

「$x^2=$数」の形と，「$(x+○)^2=$数」の形を解く練習をしましょう。

次の 2 次方程式を解きなさい。

(1) $x^2=36$　　(2) $x^2=28$　　(3) $x^2-32=0$

(4) $(x-1)^2=49$　(5) $(x+3)^2=64$　(6) $(x-2)^2=54$

(7) $(x-3)^2-72=0$

平方完成による解き方

前ページまでの学習で，「$(x+○)^2=$数」の形の2次方程式は解けるようになりましたね。ところが，2次方程式には，いろいろな形があります。$(x+3)^2=10$ は解けるようになりましたが，$x^2+6x-1=0$ と与えられたら困っちゃいますね。この2つの方程式は，実は同じなんです。

であれば，$x^2+6x-1=0$ を自力で $(x+3)^2=10$ にできれば解けますね。その方法を学びましょう。次のステップでやります。

ステップ1　定数項(数だけの項)を 　　　　　　右辺に移項します。

$x^2+6x-1=0$
$x^2+6x=1$

次に，「x の係数の半分の2乗」はどんな数かを考えてください。

> x の係数は6なので，その半分は3。その2乗は9です。

その通りです。9を両辺にたします。

ステップ2　「x の係数の半分の2乗」 　　　　　　を両辺に加えます。	$x^2+6x+9=1+9$
ステップ3　「$(x+○)^2=$数」の形に 　　　　　　します。	$(x+3)^2=10$ できました！

この形になれば，後は解けます。$x=-3\pm\sqrt{10}$ と求まります。
このようにして解く方法を，**平方完成による解き方**といいます。

例題 48

次の2次方程式を，$(x+a)^2=b$ の形にして解きなさい。

(1) $x^2-6x+3=0$ 　　(2) $x^2-8x+6=0$

(3) $x^2+4x-5=0$ 　　(4) $x^2-10x+25=0$

---

(1) まず，定数項を右辺に移項します。　　　$\rightarrow x^2-6x=-3$
　　x の係数-6 の半分の2乗は9です。　　$\rightarrow x^2-6x+9=-3+9$
　　9を両辺にたします。　　　　　　　　　　┌─────────┐
　　　　　　　　　　　　　　　　　　　　　　│ 右辺にもたす │
　　「$(x+○)^2=$数」の形にします。　　　　　$\rightarrow (x-3)^2=6$
　　あとは，平方根の考え方で解きます。　　　　$x-3=\pm\sqrt{6}$
　　　　　　　　　　　　　　　　　　　　　　$x=3\pm\sqrt{6}$ 答

(2) $x^2-8x=-6$

-8 の半分の 2 乗は 16 です。16 を両辺にたします。

$x^2-8x+16=-6+16$

$(x-4)^2=10$

$x-4=\pm\sqrt{10}$　　$x=4\pm\sqrt{10}$ 答

(3) $x^2+4x=5$　　4 の半分の 2 乗は 4。4 を両辺にたして，

$x^2+4x+4=5+4$

$(x+2)^2=9$

$x+2=\pm3$

$x=-2\pm3$　　したがって，$x=1$，-5 答

(4) $x^2-10x=-25$　　-10 の半分の 2 乗は 25。25 を両辺にたして，

$x^2-10x+25=-25+25$

$(x-5)^2=0$

$(x-5)$ は 0 の平方根なので，0 ですね。

$x-5=0$　$x=5$ 答

2次方程式の解は 2 つあるんじゃないんですか？

はい，ふつう 2 つあるんですが，このように 1 つになることもあります。このようなとき，数学では 2 つの解が重なって 1 つになったと考えて，**重解**といいます。

x の係数が奇数のときは複雑になります。　　$x^2+3x-1=0$

右の例でやってみますね。　　　　　　　　　　$x^2+3x=1$

x の係数の半分は $\dfrac{3}{2}$ で，その 2 乗は $\dfrac{9}{4}$ です。　$x^2+3x+\dfrac{9}{4}=1+\dfrac{9}{4}$

そして，右のようにできます。　　　　　　　　$\left(x+\dfrac{3}{2}\right)^2=\dfrac{13}{4}$

$x+\dfrac{3}{2}=\pm\dfrac{\sqrt{13}}{2}$ となって，$x=-\dfrac{3}{2}\pm\dfrac{\sqrt{13}}{2}$　と求められます。

確認問題 36

次の 2 次方程式を，$(x+a)^2=b$ の形にして解きなさい。

(1) $x^2+6x-4=0$　　　　(2) $x^2-10x+8=0$

(3) $x^2-8x+12=0$　　　　(4) $x^2-6x+9=0$

2次方程式の解き方②

■■◀ **イントロダクション** ▶■■

◆ 解の公式とは ⇒ 2次方程式の平方完成との関係を知る
◆ 解の公式の利用 ⇒ 解の公式を使って2次方程式を解く
◆ 式の処理 ⇒ 根号がはずれるとき，約分するときの注意点を知る

2次方程式の解の公式

2次方程式 $ax^2+bx+c=0$ を，平方完成を使って解いてみます。
やや複雑になってしまいますが，がんばってついてきてくださいね。

$ax^2+bx+c=0$ これを $(x+○)^2=$ 数 の形にしていきます。

$x^2+\dfrac{b}{a}x+\dfrac{c}{a}=0$ x^2 の係数を1にするため, a でわります。

$x^2+\dfrac{b}{a}x=-\dfrac{c}{a}$ 定数項 $\dfrac{c}{a}$ を右辺に移項します。

    x の係数 $\dfrac{b}{a}$ の半分 $\dfrac{b}{2a}$ の2乗 $\dfrac{b^2}{4a^2}$ を両辺にたします。

$x^2+\dfrac{b}{a}x+\dfrac{b^2}{4a^2}=-\dfrac{c}{a}+\dfrac{b^2}{4a^2}$

$\left(x+\dfrac{b}{2a}\right)^2=\dfrac{b^2-4ac}{4a^2}$ $(x+○)^2=$ 数 の形にします。

$x+\dfrac{b}{2a}=\pm\dfrac{\sqrt{b^2-4ac}}{2a}$ 2乗をとります。

$x=\dfrac{-b\pm\sqrt{b^2-4ac}}{2a}$ 「$x=$ 」の形に整理します。

これが，平方完成して解き終わった解で，**解の公式**といいます。これにあてはめれば，毎回平方完成する手間が省けるのです。

> 覚えよう
>
> **2次方程式の解の公式**
> $ax^2+bx+c=0$ の解は，
> $$x=\dfrac{-b\pm\sqrt{b^2-4ac}}{2a}$$

左を何かで隠して，言ってみたり書いてみたりして，きちんと覚えてください。

解の公式が正確に覚えられたら，これを使って解いてみましょう。

例題 49

次の 2 次方程式を，解の公式を利用して解きなさい。

(1) $2x^2+3x-1=0$　　　(2) $3x^2+9x+2=0$

(3) $2x^2-x-6=0$　　　(4) $3x^2-4x-1=0$

---

(1) x^2 の係数が a，x の係数が b，定数項が c です。

$\underset{a}{②}x^2\underset{b}{\boxed{+3}}x\underset{c}{\boxed{-1}}=0$　　　$a=2$，$b=3$，$c=-1$　となります。

これを解の公式に代入します。

$x=\dfrac{-3\pm\sqrt{3^2-4\times2\times(-1)}}{2\times2}$　　　複雑になりますが，正確に。

$=\dfrac{-3\pm\sqrt{17}}{4}$　㊈

(2) $a=3$，$b=9$，$c=2$ を，解の公式に代入します。

$x=\dfrac{-9\pm\sqrt{9^2-4\times3\times2}}{2\times3}$

$=\dfrac{-9\pm\sqrt{57}}{6}$　㊈　○○○

> **注意**　これは，約分できません。分子に $\pm$（和と差）があって，6 と $\sqrt{57}$ が約分できないからです。

(3) $a=2$，$b=-1$，$c=-6$ を，解の公式に代入して，

$x=\dfrac{-(-1)\pm\sqrt{(-1)^2-4\times2\times(-6)}}{2\times2}$

$=\dfrac{1\pm\sqrt{49}}{4}$　　　$\sqrt{49}=7$ なので，根号がはずれます。

$=\dfrac{1\pm7}{4}$　　$\dfrac{1+7}{4}=2$，$\dfrac{1-7}{4}=-\dfrac{3}{2}$ より，$\boldsymbol{x=2}$，$-\dfrac{3}{2}$　㊈

(4) $a=3$，$b=-4$，$c=-1$ を，解の公式に代入して，

$x=\dfrac{-(-4)\pm\sqrt{(-4)^2-4\times3\times(-1)}}{2\times3}$

$=\dfrac{\overset{4}{\cancel{2}4}\pm\overset{2}{\cancel{12}}\sqrt{7}}{\underset{3}{\cancel{6}}}$

$=\dfrac{2\pm\sqrt{7}}{3}$　㊈　　　2 で約分

> 根号の外の数がすべてある数でわれるときは，約分が必要です。約分するとき，**根号の外の数をすべて同じ数でわります。**

根号の外がすべてわれるときだけ，約分するんですね。

はい，その通りです。

$x = \dfrac{6 \pm 2\sqrt{3}}{3}$ は約分できませんが，$x = \dfrac{3 \pm 3\sqrt{6}}{6}$ なら $x = \dfrac{1 \pm \sqrt{6}}{2}$

と約分します。

　そして，約分ができるかどうかは，実は式を見ただけでわかります。前ページの 例題 **49** で，(4)は約分できましたね。

(4)だけが，2次方程式の x の係数が偶数になっていたんです。

　つまり，$ax^2 + bx + c = 0$ の x の係数 b が偶数(正でも負でも)のとき，約分が必要となります。知っていると便利ですね。

確認問題 37

　次の2次方程式を，解の公式を利用して解きなさい。

(1) $x^2 - 3x - 5 = 0$　　　(2) $2x^2 - 5x + 1 = 0$

(3) $2x^2 - 7x - 4 = 0$　　　(4) $3x^2 + 6x + 1 = 0$

式を整理して解の公式を用いる

例題 50

　次の2次方程式を，解の公式を利用して解きなさい。

(1) $-2x^2 + 5x - 1 = 0$　　(2) $x^2 = 4x - 2$　　(3) $x^2 + \dfrac{1}{6}x - \dfrac{1}{3} = 0$

(1)　このまま解の公式にあてはめると，分母が負になってしまいます。

　　そうすると，符号の処理が面倒です。2次方程式は方程式なので，両辺に何をかけてもいいですね。そこで両辺に -1 をかけてみます。

　　$2x^2 - 5x + 1 = 0$ となります。

$$x = \dfrac{-(-5) \pm \sqrt{(-5)^2 - 4 \times 2 \times 1}}{2 \times 2}$$

$$= \dfrac{5 \pm \sqrt{17}}{4} \quad 答$$

> x^2 の係数が負の2次方程式
> ➡ 両辺に -1 をかけて，x^2 の係数を正にしてから解の公式へ

(2)　解の公式は，$ax^2 + bx + c = 0$ の形にしてから代入します。

　　左辺に全部移項します。

$x^2-4x+2=0$ となります。

x の係数が偶数なので，約分することになりそうですね。

$$x=\frac{-(-4)\pm\sqrt{(-4)^2-4\times1\times2}}{2\times1}$$

$$=\frac{2\cancel{4}\pm1\cancel{2}\sqrt{2}}{\cancel{2}\,1}\qquad \text{根号の外を 2 で約分します}$$

$$=2\pm\sqrt{2}\ \text{答}$$

(3) このまま解の公式に代入すると，複雑になりそうです。

> 方程式なので，6 をかけて分母をはらってはどうですか？

そうです，それでいいんです。両辺に 6 をかけてみましょう。

$6x^2+x-2=0$ となります。これを解の公式で解きます。

$$x=\frac{-1\pm\sqrt{1^2-4\times6\times(-2)}}{2\times6}$$

$$=\frac{-1\pm\sqrt{49}}{12}$$

$$=\frac{-1\pm7}{12}\qquad \text{したがって，}\ \boldsymbol{x=\dfrac{1}{2}\,,\ -\dfrac{2}{3}}\ \text{答}$$

> 分数をふくむ 2 次方程式
> ➡両辺に分母の最小公倍数をかけて，分母をはらってから解の公式

トレーニング 8

次の 2 次方程式を，解の公式を利用して解きなさい。

▶解答：p.232

(1) $x^2+x-3=0$

(2) $x^2-7x+1=0$

(3) $5x^2-7x+2=0$

(4) $5x^2-3x-1=0$

(5) $2x^2-8x+1=0$

(6) $3x^2-2x-3=0$

(7) $-3x^2+x+2=0$

(8) $\dfrac{1}{6}x^2+\dfrac{1}{3}x-1=0$

(9) $x^2=8x-8$

(10) $4x^2-12x+9=0$

テーマ 3 2次方程式の解き方③

イントロダクション

◆ 因数分解による解き方の原理 ➡ なぜ解が求まるのか
◆ 因数分解を利用して解く ➡ 解き方をマスターする
◆ 共通因数でてくる因数分解の利用 ➡ 注意ポイントを知る

因数分解による解き方

2次方程式を因数分解を用いて解く方法を学びます。

$x^2-5x-6=0$ という2次方程式は，左辺が因数分解できますね。

$(x-6)(x+1)=0$ となります。ここまでいいですか？

さて，ここで質問です。

ここに2つの数 A と B があったとします。どんな数かはわかりません。ただ，A と B をかけると0であることがわかっているとします。そのとき，数 A と数 B について，どんなことがいえるでしょうか？

> かけて0なら，どちらかは0です！

その通りです。A と B のどちらかは必ず0のはずですよね。

では，さっきの問題の，$(x-6)(x+1)=0$ に戻ります。

$(x-6)$ と $(x+1)$ をかけて0になっていませんか？

ということは，どちらかは0なのです。$x-6=0$ か $x+1=0$ です。

それぞれの x の値を求めれば，$x=6$ か $x=-1$ となりますね。

これが解です。まとめておきます。

2次方程式の因数分解による解き方

① 右辺を0にする ○。○ | $A \times B=0$ の形を作ります

② 左辺を因数分解する

③ カッコの中が0になる x の値を求める ○。○ | $A=0$ か $B=0$ です

> この解き方は，すごく楽です。速く解けそうです。

そうなんです。試しにこれを解の公式で解くと，右のようになります。

もちろん，同じ解が得られますが，因数分解を利用した解き方の方がずっと楽ですね。

しかし，因数分解による解き方は，楽なんですが，1つだけ欠点があります。

$$x^2-5x-6=0 \text{ を解の公式で解くと}$$
$$x=\frac{-(-5)\pm\sqrt{(-5)^2-4\times 1\times(-6)}}{2\times 1}$$
$$=\frac{5\pm\sqrt{49}}{2}$$
$$=\frac{5\pm 7}{2} \qquad x=6, \ -1$$

$x^2-5x-7=0$ だったらどうでしょう。左辺が因数分解できません。
つまり，**左辺が因数分解できるときにしか，この方法で解けません。**
一方，解の公式による解き方は，どんな2次方程式でも解けるのです。
では練習しましょう。

例題 51

次の2次方程式を解きなさい。

(1) $(x+3)(x-2)=0$ 　　　(2) $(x-1)(x-8)=0$

(3) $x^2-2x-8=0$ 　　　　(4) $x^2+7x+10=0$

(5) $x^2-6x+9=0$ 　　　　(6) $x^2=4x+21$

---

(1) $x+3=0$ か $x-2=0$
なので，$x=-3, \ x=2$ 答

(2) $x-1=0$ か $x-8=0$
なので，$x=1, \ x=8$ 答

(3) $(x-4)(x+2)=0$ と
左辺が因数分解できます。
$x-4=0$ か $x+2=0$ なので，
$x=4, \ -2$ 答 ◁ このように書いていいです

(4) $(x+2)(x+5)=0$
$x+2=0$ か $x+5=0$ より，
$x=-2, \ -5$ 答

 因数分解したカッコの中の符号をかえたのが解ですね。

はい，そうなりますね。そのコツがわかるとスムーズになります。

(5) $(x-3)^2=0$
この場合，$x-3=0$ のときしか
成り立たないので，$x=3$ 答
解はこの1つです。重解ですね。

(6) **右辺を0にします。**
$x^2-4x-21=0$
$(x-7)(x+3)=0$ より，
$x=7, \ -3$ 答

次の2次方程式を解きなさい。

(1) $(x-2)(x+1)=0$　　　(2) $x^2-3x-10=0$

(3) $x^2-9x+14=0$　　　(4) $x^2+10x+25=0$

(5) $x^2=-12x-35$

例題 **52**

次の2次方程式を解きなさい。

(1) $x^2+4x=0$　　　(2) $x^2=3x$

(3) $x^2-25=0$　　　(4) $2x^2+3x=0$

(1) 左辺を，共通因数 x でくくって因数分解します。

$x(x+4)=0$

これは，$x\times(x+4)=0$ ということなので，

$x=0$ または $x+4=0$ です。　**答** $x=0,\ -4$

(2) 右辺を 0 にして，$x^2-3x=0$

x でくくって，$x(x-3)=0$

これも，$x\times(x-3)=0$ と考えて，$x=0$ または $x-3=0$　**答** $x=0,\ 3$

> 両辺を x でわるとすぐに $x=3$ と出ます。ダメですか？

残念ながら，それは正解ではありません。

方程式はどんな数でわってもいいんですが，唯一，0 でわることだけは数学では許されていません。x でわってしまうと，x はどんな数かわかりませんよね。つまり，x が 0 である可能性もあるわけです。

方程式は，文字ではわらないよう，注意してください。

ただし，その文字が 0 でないことがはっきりわかっている場合は，その文字でわってもかまいません。

(3) $(x+5)(x-5)=0$ より，$x=-5,\ 5$　**答**

この方程式は，定数項を右辺に移項すると，$x^2=25$ となります。

平方根の考え方を用いて，$x=\pm5$ と求めることもできますね。

どちらで解いてもかまいません。

(4) x でくくります。$x(2x+3)=0$

$x\times(2x+3)=0$ と考えて，$x=0$ または $2x+3=0$

$x=0,\ -\dfrac{3}{2}$ 答 と求まります。

$x=-\dfrac{3}{2}$ は，暗算ではちょっとつらいです。

そうですか。では，右のようにやってください。
1次方程式を解けばよいのです。
無理せず，このようにやると必ずできます。
慣れてきたら暗算でやりましょう。

$$2x+3=0$$
$$2x=-3$$
$$x=-\dfrac{3}{2}$$

確認問題 39

次の2次方程式を解きなさい。

(1) $x^2+8x=0$ (2) $x^2=5x$

(3) $x^2-100=0$ (4) $3x^2-4x=0$

トレーニング 9

次の2次方程式を解きなさい。　　　　　　　▶解答：p.233

(1) $(x-4)(x+5)=0$ (2) $(x+6)(x+7)=0$

(3) $x^2+3x-28=0$ (4) $x^2+10x+24=0$

(5) $x^2-14x+48=0$ (6) $x^2+x-56=0$

(7) $x^2-8x+7=0$ (8) $x^2-2x-120=0$

(9) $x^2-4x+4=0$ (10) $x^2+14x+49=0$

(11) $x^2+5x=0$ (12) $x^2=7x$

(13) $x^2-16=0$ (14) $2x^2+x=0$

(15) $3x^2+2x=0$ (16) $5x^2-3x=0$

④ いろいろな2次方程式

◆ 2 次方程式の解き方の決定 ⇒ どの方法で解くのがよいか
◆ やや複雑な 2 次方程式 ⇒ 式を整理してから解く
◆ 2 次方程式の定数と解 ⇒ 解の性質を理解する

▶ いろいろな 2 次方程式

　いろいろな 2 次方程式を，適する解き方を選び，効率的に解くことを考えてみましょう。もう一度解き方を整理します。

　右の 3 つがありましたね。

　やってみてわかったでしょうが①の方法が一番楽でした。ですから，右辺を 0 にしてみて，左辺が因数分解できないかを，トライしてみることにしましょう。

┌─（**2次方程式の解き方**）─┐
① 因数分解を利用して解く方法
② $x^2 =$ 数，$(x+○)^2 =$ 数の形にして解く方法
③ 解の公式を使って解く方法
└─────────────────┘

例題 53

　次の 2 次方程式を解きなさい。

(1) $x^2 - x - 6 = 0$ 　　(2) $x^2 + 3x - 10 = 0$

(3) $x^2 - 18 = 0$ 　　(4) $(x-1)^2 - 9 = 0$

(5) $x^2 + 3x - 5 = 0$ 　　(6) $2x^2 + 8x + 3 = 0$

(1) 左辺が因数分解できます。
$(x-3)(x+2)=0$ より，
$x = 3, \ -2$ （答）

(2) 左辺が因数分解できます。
$(x+5)(x-2)=0$ より，
$x = -5, \ 2$ （答）

(3) これは，簡単に $x^2 = 18$ とできます。　〔$x^2 =$ 数〕
$x = \pm 3\sqrt{2}$ （答）

(4) $(x-1)^2 = 9$ となります。
$x - 1 = \pm 3$ 　〔$(x+○)^2 =$ 数〕
$x = 1 \pm 3$ より，
$x = 4, \ -2$ （答）

(5) 左辺が因数分解できません。解の公式で解きます。
$$x = \frac{-3 \pm \sqrt{3^2 - 4 \times 1 \times (-5)}}{2 \times 1}$$ より，$x = \dfrac{-3 \pm \sqrt{29}}{2}$ （答）

(6) これも左辺が因数分解できません。解の公式で解きます。

$$x = \frac{-8 \pm \sqrt{8^2 - 4 \times 2 \times 3}}{2 \times 2}$$

x の係数が偶数なので、約分することになります。

$$= \frac{-48 \pm 12\sqrt{10}}{42} = \frac{-4 \pm \sqrt{10}}{2} \quad \text{答}$$

確認問題 40

次の2次方程式を解きなさい。

(1) $x^2 - 10x + 21 = 0$　　(2) $x^2 + 4x + 4 = 0$

(3) $x^2 - 45 = 0$　　(4) $(x-3)^2 - 64 = 0$

(5) $2x^2 - 3x + 1 = 0$　　(6) $3x^2 + 2x - 4 = 0$

例題 54

次の2次方程式を解きなさい。

(1) $(x-1)(x+2) = 4$　　(2) $(x-1)^2 = 6x + 10$

(3) $(x+2)^2 - 5(x+2) + 6 = 0$

(1) カッコをはずし、式を整理して、右辺を0にしてみます。

$x^2 + x - 2 = 4$

$x^2 + x - 6 = 0$　これで整理できました。

左辺を因数分解します。

$(x+3)(x-2) = 0$　　$x = -3, 2$　答

> **ポイント**
>
> カッコをはずし、式を整理して、右辺を0にする

(2) これも、式を整理し、右辺を0にしましょう。

$x^2 - 2x + 1 = 6x + 10$

$x^2 - 8x - 9 = 0$　左辺は因数分解できます。

$(x-9)(x+1) = 0$　　$x = 9, -1$　答

(3) カッコをはずしてもできそうですが、よい方法はありませんか?

> $x+2$ を文字におきかえるとよさそうです。

その通りです。$x+2 = A$ とおきます。

$A^2 - 5A + 6 = 0$

$(A-2)(A-3) = 0$　因数分解できました。

$A = 2, 3$　A をもとに戻します。

$x+2 = 2,\ x+2 = 3$　よって、$x = 0, 1$　答

> 同じかたまりがあったら、文字でおく
> ➡ 因数分解

次の2次方程式を解きなさい。

(1) $(x-3)(x-4)=30$　　　　(2) $(x+3)(x-3)=5x-2$

(3) $(x+1)^2-5(x+1)-14=0$

2次方程式の定数と解

例題 55

次の問に答えなさい。

(1) 2次方程式 $x^2+ax-15=0$ の1つの解が -3 であるとき，a の値ともう1つの解を求めなさい。

(2) 2次方程式 $x^2+ax+b=0$ の解が2と-5であるとき，a, b の値を求めなさい。

(1) 2つある解のうちの，1つがわかっています。どうしますか？

> 解がわかっていたら，代入できると思います。

　その通りです。中1で習った1次方程式のときも，中2で習った連立方程式のときもそうでした。2次方程式でも，やることは同じなんです。「方程式」と名がつくものは，解を代入すると必ず成り立つのです。

　では，$x=-3$ を代入してみましょう。

$$(-3)^2-3a-15=0$$
$$9-3a-15=0$$
$$-3a=6$$

> 解は，x の値なので x に代入します。a に代入しないよう，注意。

$$a=-2 \qquad a の値が求まりました。$$

これで，2次方程式の正体がわかりましたね。

$x^2-2x-15=0$　だったわけです。これを実際に解きます。

　$(x-5)(x+3)=0$ より，$x=5$, -3

与えられた解は-3でしたから，もう1つの解は5とわかります。

答 $a=-2$, もう1つの解は5　流れを整理します。

わかっている解を代入 ➡ 定数の値が求まり，2次方程式の正体がわかる
➡ その2次方程式を解く

---

(2) 解が2つともわかっています。それぞれ代入します。

$x=2$ を代入すると, $\qquad\qquad$ $x=-5$ を代入すると,

$4+2a+b=0$ $\qquad\qquad\qquad$ $25-5a+b=0$

$\qquad 2a+b=-4\cdots①$ $\qquad\qquad$ $-5a+b=-25\cdots②$

そして, できた①, ②を連立方程式にして解きます。

$$\begin{cases} 2a+b=-4 & \cdots① \\ -5a+b=-25 & \cdots② \end{cases}$$

これを解いて, $a=3,\ b=-10$ 　答

確認問題 42

次の問に答えなさい。

(1) 2次方程式 $x^2-ax-4a=0$ の1つの解が4であるとき, a の値ともう1つの解を求めなさい。

(2) 2次方程式 $x^2+ax+b=0$ の解が3と-4 であるとき, a, b の値を求めなさい。

トレーニング 10

次の2次方程式を解きなさい。　　　　　　　　▶解答：p.234

(1) $(x+5)^2-12=0$ $\qquad\qquad$ (2) $\dfrac{1}{2}x^2-10=0$

(3) $4x^2-32x=-48$ $\qquad\qquad$ (4) $(x-3)(x+5)=9$

(5) $x(x-2)=35$ $\qquad\qquad$ (6) $(x-9)(x+4)=4x$

(7) $(x+3)^2+(x-1)^2=8$ $\qquad\qquad$ (8) $x(x+4)=-x+2$

(9) $(x-1)(x+2)=x(3x-1)-4$

(10) $(x-8)(x-1)=-2(x-4)$

(11) $(x-2)^2-8(x-2)+7=0$

(12) $(x+3)^2+12(x+3)-45=0$

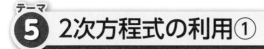

テーマ ⑤ 2次方程式の利用①

┣┣ イントロダクション ┣┣

◆ 文章題への応用 ➡ 2次方程式にする方法を知る
◆ 数の問題 ➡ 条件を2次方程式にして解き，問題文にあう数を考える
◆ 公式を用いる問題 ➡ 与えられた式の意味にそった式を立てる

数の問題

2次方程式を用いて，文章題を解いてみよう。まずは数の問題から。

例題 56

次の問に答えなさい。

(1) ある正の数の2乗に，もとの数の3倍を加えたら28になった。もとの数を求めなさい。

(2) 大小2つの数がある。その差は2で，積は24である。この2つの数を求めなさい。

(3) 連続する2つの自然数がある。それぞれを2乗した数の和が85であるとき，これら2つの自然数を求めなさい。

(1) ある正の数を x とする。 ＜ これを必ず書きます

「x の2乗に，x の3倍を加えたら28」です。式にしましょう。

$x^2+3x=28$ できました。できた2次方程式を解きます。

$x^2+3x-28=0$

$(x+7)(x-4)=0$

$x=-7, 4$ 2つの解が求まりました。どちらも OK ですか？

> 問題文で「ある正の数」とあるので，4の方です。

その通りです。2次方程式は，ふつう解が2つ求まりますよね。

いったん問題文に戻って確認し，問題に合っている方を選ぶのです。

＜ このように書きます

$x>0$ より，$x=4$ 答 4 ＜ 問われている形で答えます

(2) どのように文字でおいたらよいでしょうか？

大きい方を x, 小さい方を y ですか？　自信がないです。

　連立方程式のときはそれでよいのですが，2次方程式では，文字が2つあると解けないのです。

　つまり，y は使わずに，**文字は1つにする**のが基本です。

　やってみましょう。

　小さい方の数を x とする。　　◁ 大きい方を x にしてもかまいません

　差が2なので，大きい方の数は $(x+2)$ と表せますね。

　残った条件，積が24より，次の式ができます。

小	大
x	$x+2$

$$x(x+2)=24 \quad 解いていきます。$$
$$x^2+2x-24=0$$
$$(x+6)(x-4)=0$$
$$x=-6,\ 4 \quad さて，問題文に戻ります。$$

今回は，どこにも「正の数」とは書かれていません。

したがって，どちらも適しています。

x は小さい方の数なので，$x=-6$ のとき，大きい方は -4

$\qquad\qquad\qquad x=4$ のとき，大きい方は6となります。

　⑳　−6と−4，4と6

(3)　小さい方の自然数を x とする。

連続する2つの自然数	
x,	$x+1$

$$x^2+(x+1)^2=85$$
$$x^2+x^2+2x+1=85$$
$$2x^2+2x-84=0 \quad \}2でわる$$
$$x^2+x-42=0$$
$$(x+7)(x-6)=0$$
$$x=-7,\ 6$$

x は自然数なので，

$\qquad x>0$ より，$x=6$

　⑳　6，7

　文章題を2次方程式で解く手順を，右にまとめておきます。

文章題を2次方程式で解く手順

① **文字でおく**

　　何を x にしたか必ず書きます

　　文字は1つにします

② **2次方程式を立てる**

③ **2次方程式を解く**

④ **問題文に戻り，適する解を選ぶ**

⑤ **問われている形で答える**

次の問に答えなさい。

(1) ある正の数を 2 乗すると，もとの数の 2 倍より 35 大きくなる。もとの数を求めなさい。

(2) 連続する 2 つの自然数がある。それぞれを 2 乗した数の和が 221 であるとき，これら 2 つの自然数を求めなさい。

公式を用いる問題

例題 57

ボールを，地上から毎秒 30m の速さで真上に投げ上げたとき，t 秒後のボールの地上からの高さは，およそ $(30t-5t^2)$ m で表される。

(1) 投げ上げてから 1 秒後のボールの高さを求めなさい。

(2) ボールの高さが 40m になるのは，投げ上げてから何秒後か。

(3) ボールが地上にもどってくるのは，投げ上げてから何秒後か。

何だか，得体の知れない公式が出てきましたが，t のところに，投げてからの秒数を代入すれば，そのときのボールの高さが求められる式です。

(1) 1 秒後ということは，$t=1$ です。

$30t-5t^2$ に $t=1$ を代入すれば高さが求まります。

$t=1$ を代入すると，$30-5=25$ (m) とわかります。　　🟢 **25m**

(2) 今度は，高さの方が指定されました。

t 秒後の高さ $(30t-5t^2)$ m が，40m になるので，

$30t-5t^2=40$　という方程式を解けば，秒数の t が求まります。

$$-5t^2+30t-40=0$$
$$t^2-6t+8=0 \quad \text{⟵} (-5) \text{でわって}$$
$$(t-2)(t-4)=0$$

$t=2, 4$ と求まりました。

右の図で考えてください。最初に 40m に到達するのが 2 秒後で，さらに上まで上がって，その後に下がって 40m になるのが 4 秒後ということですね。ということは，どちらも適しています。

🟢 **2 秒後，4 秒後**

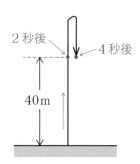

(3) ボールが地上に戻ってくるときとは，高さがどうなったときでしょうか。

> 地上の高さになるときなので，高さが 0m のときです。

はい，その通りです。高さが 0m のとき，ボールは地上にありますね。
$30t-5t^2=0$　という方程式ができます。

$$t^2-6t=0$$
$$t(t-6)=0 \quad t=0,\ 6$$

$t=0$ とは，0 秒後なので，投げ上げた瞬間のことです。
地上にもどってくるのは $t=6$ つまり，6 秒後です。　　㊤　**6 秒後**

確認問題 **44**

物体を地上から毎秒 50m の速さで真上に打ち上げたとき，t 秒後の地上からの高さを hm とすると，$h=50t-5t^2$ の関係が成り立つ。
(1) 打ち上げてから 3 秒後の物体の高さを求めなさい。
(2) 物体の高さが 80m になるのは，打ち上げてから何秒後か。
(3) 物体の高さが 125m になるのは，打ち上げてから何秒後か。
(4) 物体が地上にもどってくるのは，打ち上げてから何秒後か。

例題 **58**

n 角形の対角線は $\dfrac{n(n-3)}{2}$ 本ひくことができる。対角線が 35 本ひける多角形は何角形か，求めなさい。

n 角形とする。$\dfrac{n(n-3)}{2}=35$　という方程式ができます。

両辺 2 倍して，$n(n-3)=70$
$$n^2-3n-70=0$$
$$(n-10)(n+7)=0 \quad n=10,\ -7$$

多角形なので，$n \geqq 3$ です。よって，$n=10$　㊤　**十角形**

確認問題 **45**

1 から n までの連続する自然数の和は $\dfrac{n(n+1)}{2}$ で求められる。1 からいくつまでの連続する自然数の和が 45 になるか，求めなさい。

6 2次方程式の利用②

■■■ イントロダクション ■■■

◆ 図形の形に関する問題 ⇒ 条件にあった式を立てる
◆ 図形の面積，体積の問題 ⇒ 効率よく求める方法を知る
◆ 動点の問題 ⇒ 線分の長さを正確に表す

図形の問題

　2次方程式を用いて解く図形の問題は，よく出題されます。コツをつかんでいってください。

例題 59

　次の問に答えなさい。

(1)　ある正方形の1辺の長さを2cm短くし，他の1辺の長さを3cm長くして長方形をつくったら，面積が36cm²になった。もとの正方形の1辺の長さを求めなさい。

(2)　周の長さが32cmで，面積が60cm²の長方形をつくりたい。ただし，縦の長さは横の長さより短いものとする。縦と横の長さを求めなさい。

(1)　もとの正方形の1辺の長さを$x$cmとする。

　できる長方形の辺の長さは，$(x-2)$cmと$(x+3)$cmになります。

　それらをかけて面積です。それが36cm²より，

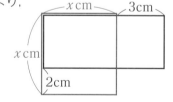

$(x-2)(x+3)=36$　これを解きます。

$$x^2+x-6=36$$
$$x^2+x-42=0$$
$$(x+7)(x-6)=0 \qquad x=-7,\ 6$$

xは，何cmより長くないとダメですか？

> **2cm短くして長方形ができるので，2cmより長いです。**

そうなんです。$x>2$といえますね。したがって，$x=6$　答　6cm
このように，問題の条件が成り立つxの範囲は，よく考えましょう。

(2) 縦の長さを x cm とする。

　横の長さを，何とか x を用いて表してみたいと思います。

　周の長さとは，縦の長さと横の長さの和の 2 倍ですね。

　ということは，周の長さを半分にすると

縦＋横になるわけです。

　この問題では，（縦）＋（横）＝16cm なのです。

したがって，横の長さは $(16-x)$ cm です。

　これで，方程式を立てる準備ができました。

　この長方形の面積が 60cm² なので，$x(16-x)=60$ となります。

$$16x-x^2=60$$
$$x^2-16x+60=0$$
$$(x-10)(x-6)=0 \qquad x=10, 6 \quad どちらが答えでしょう？$$

> 縦が横より短いと書いてあるので，6cm の方です。

　はい，その通りです。（縦）＋（横）＝16cm で，縦の方が短いなら，縦は 8cm より短いですよね。つまり，$0<x<8$ で，$x=6$ と求まります。

🅐 **縦 6cm，横 10cm**

　どうでしたか？　慣れると難しくはないのですが，初めは式を立てづらいですよね。特に(2)のタイプは，文字を x 1 つで式を立てるところが，ハードルになっています。練習しておきましょう。

確認問題 46

　次の問に答えなさい。

(1)　縦よりも横が 3cm 長い長方形がある。この長方形の面積が 108cm² であるとき，この長方形の縦と横の長さを，それぞれ求めなさい。

(2)　ある正方形の 1 辺の長さを 3cm 短くし，他の 1 辺の長さを 2cm 長くして長方形をつくったら，面積が 50cm² になった。もとの正方形の 1 辺の長さを求めなさい。

(3)　周の長さが 36cm で，面積が 72cm² である長方形をつくりたい。縦の長さよりも横の長さの方が長いとき，長方形の縦と横の長さをそれぞれ求めなさい。

　縦 12m，横 18m の長方形の土地に，右の
図のように幅が一定の道をつくり，残りの土
地を花だんにした。花だんの面積が $160m^2$
になるようにするとき，道の幅を求めなさい。

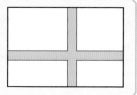

道の幅を xm とする。

　この問題がつらいのは，花だんが道によって 4 つに分割されてしまっ
ていることです。

　よい方法を教えま
しょう。右の図のよ
うに，道をはじに寄
せてしまうのです。
すると，分割されて

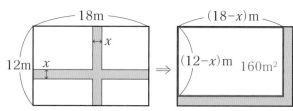

いた花だんが，1 つの長方形にまとまります。

　縦 $(12-x)$m，横 $(18-x)$m の長方形が，花だんの面積になるのです。

$$(12-x)(18-x)=160$$

整理して，$x^2-30x+56=0$

$$(x-2)(x-28)=0 \qquad x=2,\ 28$$

道幅の x は，短い辺 12m より短いですね。$0 < x < 12$ より，$x=2$

答 **2m** 　　コツはわかりましたか？

> 道をはじに寄せて，花だんを 1 つの長方形にするんですね。

はい，その通りです。このようにすると解きやすくなります。

　縦よりも横が 5m 長い長方形の土地が
ある。この土地に，右の図のように幅が
3m の道をつくり，残りを畑にしたところ，
畑の面積は $204m^2$ となった。

　この長方形の土地の，縦と横の長さを
それぞれ求めなさい。

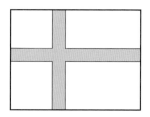

　横が縦より 4cm 長い長方形の厚紙がある。この 4 すみから 1 辺 3cm の正方形を切り取り，ふたのない直方体の容器をつくると，その容積は 420cm³ になった。もとの長方形の厚紙の縦と横の長さを求めなさい。

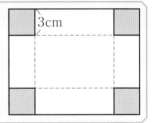

どんな容器ができるかわかりますか。

　右の図のような，ふたのない直方体です。もとの長方形の縦の長さを x cm とする。この長方形の横の長さは $(x+4)$ cm です。正方形を切り取って点線で折ると，底面の縦は $(x-6)$ cm で，横は $(x+4)-6=x-2$ (cm) です。

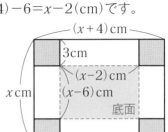

　そして，この直方体の高さは 3cm ですね。容積は(縦)×(横)×(高さ)で求められますから，それが 420cm³ であることから，$3(x-6)(x-2)=420$ という方程式ができます。

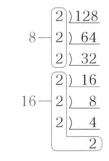

　この方程式は，初めに両辺を 3 でわると楽です。

　　$(x-6)(x-2)=140$

整理して，$x^2-8x-128=0$

この因数分解は，つらいですね。

右のように 128 を素因数分解すると見つかります。

　　$(x-16)(x+8)=0$　　$x=16,\ -8$

x は 6cm より長くないとダメですね。

$x>6$ より，$x=16$　**答** **縦 16cm，横 20cm**

128 を素因数分解：
$8-\begin{cases}2)128\\2)\ 64\\2)\ 32\end{cases}$
$16-\begin{cases}2)\ 16\\2)\ \ 8\\2)\ \ 4\\\ \ \ \ \ 2\end{cases}$

　横が縦より 2cm 長い長方形の厚紙がある。この 4 すみから 1 辺 4cm の正方形を切り取り，ふたのない直方体の容器をつくると，その容積は 480cm³ になった。もとの厚紙の縦と横の長さを求めなさい。

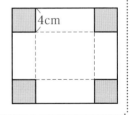

動点の問題

　図形の辺上を点が動く問題を扱っていきます。苦手な人が多いテーマです。皆さんは苦手にならないよう，次の訓練から始めましょう。

　右の図で，PB の長さは $(10-x)$cm ですね。

　では，点 P が A から毎秒 1cm の速さで，右に向かって進んでいくと考えてください。

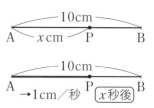

　たとえば，3 秒後には，AP＝3cm です。

　では，点 P が A を出発して x 秒後の AP や PB の長さについて考えてみます。AP＝$x$cm になり，PB＝$(10-x)$cm となります。

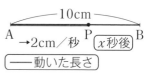

　つまり，スタートしてからの時間 x 秒を使って長さを表したわけです。今度は速さをかえます。点 P が A から毎秒 2cm の速さで，右に向かって進んでいくとき，x 秒後には，AP＝$2x$cm，PB＝$(10-2x)$cm となりますね。

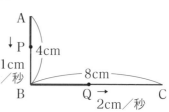

　では，最後に，動く点が 2 つに挑戦です。

　点 P は初め A にいて，点 Q は B にいます。点 P と Q が同時に矢印の方向に P は毎秒 1cm で，Q は毎秒 2cm で進むと

き，x 秒後の PB，BQ の長さは，それぞれどのように表せるでしょうか？

> **AP＝$x$cm なので PB＝$(4-x)$cm，BQ は $2x$cm です。**

　はい，よくできました。訓練終了です。また，CQ＝$(8-2x)$cm ですね。

例題 62

　AB＝6cm，BC＝12cm，∠B＝90° の直角三角形がある。点 P は辺 AB 上を毎秒 1cm の速さで A から B まで動き，点 Q は辺 BC 上を毎秒 2cm の速さで B から C まで動く。P，Q が同時に出発するとき，△BPQ の面積が 8cm² となるのは何秒後か求めなさい。

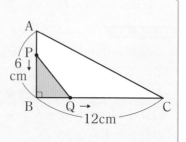

x 秒後とする。

　P や Q が動いた部分を赤の線で示す
と，右のようになります。

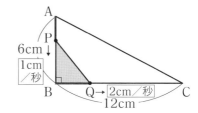

　△BPQ の面積は，$BQ×PB×\dfrac{1}{2}$ で

求められます。ということは，BQ と PB の長さを，x を用いて表す必要
がありますね。そこで，さっきの訓練を思い出してください。

AP＝$x$cm なので，**PB＝$(6-x)$cm** です。

また，**BQ＝$2x$cm** と表せます。では，面積についての方程式です。

$2x×(6-x)×\dfrac{1}{2}=8$　あとは，これを解くだけとなります。

2 が約分できます。$x(6-x)=8$
整理して，$x^2-6x+8=0$
$(x-2)(x-4)=0$
$x=2,\ 4$

さて，最後の関門です。どちらを答えにすべきか考えます。

このとき，x の変域を考えなければなりません。

x というのは時間なので，何秒後から何秒後までかを考えてください。

> 出発 0 秒後から，6 秒後までです。それより後はダメです。

そうですね。**x の変域は $0 \leqq x \leqq 6$** となります。

すると，$x=2,\ 4$ は，どちらも適しています。　🅐 **2 秒後，4 秒後**

確認問題 49

　AC＝16cm，BC＝8cm，∠C＝90° の直角
三角形 ABC がある。

　点 P は辺 BC 上を毎秒 1cm の速さで B か
ら C まで動き，点 Q は辺 CA 上を毎秒 2cm
の速さで C から A まで動く。P，Q が同時に
出発するとき，△PCQ の面積が 12cm² とな
るのは何秒後か求めなさい。

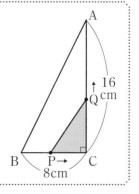

2次方程式まとめ

▶解答：p.237

1. 次の2次方程式を解きなさい。

(1) $x^2 + 3x - 10 = 0$

(2) $x^2 - 3x = 0$

(3) $x^2 - 4x + 4 = 0$

(4) $(x-1)^2 = 9$

(5) $(x+2)^2 - 5 = 0$

(6) $(x-1)(x+4) = 36$

(7) $2x^2 - 5x - 1 = 0$

(8) $x^2 - 6x + 3 = 0$

(9) $2x^2 - 3x + 1 = 0$

(10) $(x-5)(x+3) = -x + 5$

(11) $x(2x+5) = 5(x+2)$

(12) $2(x+3)(x-7) = (x-2)^2 - 34$

2. 2次方程式 $x^2 + 2x + a = 0$ の1つの解が-6であるとき，a の値ともう1つの解を求めなさい。

3. 2次方程式 $x^2 + ax + b = 0$ の解が2，-7 であるとき，定数 a, b の値を求めなさい。

4. ある自然数から2をひいて2乗すると，もとの自然数より10大きくなった。ある自然数を求めなさい。

5. 連続した2つの自然数がある。それぞれの2乗の和が61であるとき，この2つの自然数を求めなさい。

6. 右の図のような正方形 ABCD において，辺 AB を 2cm 長くし，辺 AD を 3cm 長くして長方形 AEFG をつくったところ，面積が正方形 ABCD の 2 倍になった。正方形 ABCD の 1 辺の長さを求めなさい。

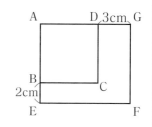

7. 縦が 12m，横が 20m の長方形の土地がある。右の図のように，縦，横に同じ幅の道をつくったところ，残りの土地の面積が 180m² になった。道の幅を求めなさい。

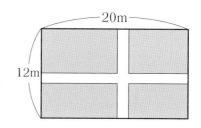

8. 1 枚の正方形の厚紙がある。この 4 すみから，1 辺が 4cm の正方形を切り取り，直方体の容器をつくったら，容積が 144cm³ になった。もとの正方形の厚紙の 1 辺の長さを求めなさい。

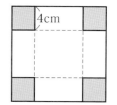

9. 1 辺が 8cm の正方形 ABCD がある。点 P は頂点 A を出発して，辺 AB 上を秒速 1cm で点 B まで動く。また，点 Q は P と同時に頂点 B を出発して，辺 BC 上を秒速 1cm で点 C まで動く。次の問に答えなさい。

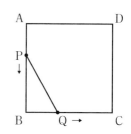

(1) 点 P が A を出発して x 秒たったとき，PB の長さを，x を用いて表しなさい。

(2) △PBQ の面積が 6cm² になるのは，P が A を出発してから何秒後か求めなさい。

2次方程式まとめ

▶解答：p.238

1. 次の2次方程式を解きなさい。

   (1) $\dfrac{1}{2}x^2 = x + 24$

   (2) $x^2 = -3(2x+3)$

   (3) $2x(x+2) = -x-3$

   (4) $2x^2 = (x+1)^2 + 2$

   (5) $(x-3)^2 - 2(x-3) - 24 = 0$

   (6) $3x(x-10) = (2x-5)^2$

2. 2次方程式 $x^2 + ax + b = 0$ の2つの解が，2次方程式 $x^2 - 2x - 8 = 0$ の2つの解よりそれぞれ3だけ大きいとき，a，b の値を求めなさい。

3. 連続した3つの自然数がある。もっとも小さい数とまん中の数の積が，もっとも大きい数の7倍より2だけ大きいとき，この3つの自然数を求めなさい。

4. ある正の数を2乗して5ひくところを，誤って2倍して5をひいたために，正しい答えより24だけ小さくなった。ある数を求めなさい。

5. 右の図のように，縦6m，横10mの長方形の庭の外側に同じ幅の道をつくると，道の面積が80m^{2}になる。このとき，道の幅を求めなさい。

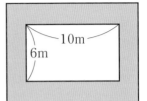

6. 幅 30cm の金属板を，右の図のように，両端から同じ長さずつ折り曲げて雨どいを作った。切り口の長方形 ABCD の面積を 88cm^2 にするには，端から何 cm ずつ折り曲げればよいか求めなさい。

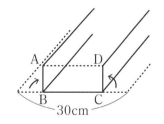

30cm

7. 右の図の△ABC は，AB＝BC＝10cm，∠B ＝90°の直角二等辺三角形である。点 P は頂点 A を出発して辺 AB 上を毎秒 2cm の速さで B まで動く。点 Q は頂点 C を出発して辺 CB 上を毎秒 1cm で動き，点 P が B に着いたとき，止まる。点 P，Q が同時に出発したとき，四角形 APQC の面積が 26cm^2 となるのは，出発してから何秒後か求めなさい。

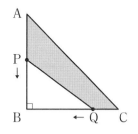

8. 原価 1000 円の品物に x 割の利益を見込んで定価をつけたが，売れないので定価の x 割引きで売ったところ，90 円の損失となった。x の値を求めなさい。

9. 右の図は，直線 $y＝x＋4$ 上の $x＞0$ の部分に点 P をとり，点 P から x 軸に垂線 PQ をひいたものである。直線 $y＝x＋4$ と y 軸との交点を A として，次の問に答えなさい。

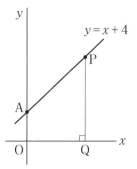

(1) 点 Q の座標を $(a, 0)$ とするとき，点 P の座標を，a を用いて表しなさい。

(2) 四角形 OAPQ の面積が 42 になるときの，点 P の座標を求めなさい。

第4章

関数 $y=ax^2$

■ イントロダクション ■

◆ 2乗に比例する関数 ➡ 特徴や式を知る

◆ 2乗に比例する関数の式 ➡ 条件を代入して式を求める

◆ $y=ax^2$ のグラフ ➡ グラフの特徴を知り，グラフをかく

▶ 2乗に比例する関数

　右のような，1辺が x cm の立方体の表面積を y cm^2 とすれば，$y=x \times x \times 6$ より，$y=6x^2$ となりますね。

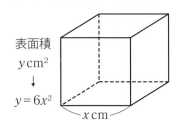

表面積
y cm^2
↓
$y=6x^2$

x cm

　このように，$y=○ \times x^2$ の形の式で表されるとき，y は x の2乗に比例するといいます。○を a とすれば，$y=ax^2$ と表され，この a を，比例定数といいます。この例では，比例定数は 6 です。

> $y=ax^2$ と表されるとき，y は x の 2 乗に比例するという。
> 　　　a を比例定数という。$(a \neq 0)$

$y=2x^2$，$y=-3x^2$，$y=\dfrac{1}{2}x^2$ など，いろいろな式があります。

$y=6x^2$ について，x と y の値の関係をみてみましょう。

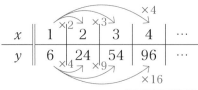

x	1	2	3	4	$\cdots$
y	6	24	54	96	$\cdots$

この表のようになります。

x が2倍，3倍，4倍，…となると，y は4倍，9倍，16倍，…となります。これは，$y=ax^2$ に共通していえることです。

ポイント

> 関数 $y=ax^2$ では，x の値が2倍，3倍，4倍，…，n 倍となると，y の値は4倍，9倍，16倍，…，n^2 倍となる。

$y=ax^2+bx+c\,(a \neq 0)$ で表される関数を2次関数といい，高校で学びます。$y=ax^2$ は，このうち，b と c が 0 の場合ですね。

> y が x の 2 乗に比例し，$x=-2$ のとき $y=8$ である。
> (1) y を x の式で表しなさい。
> (2) $x=4$ のときの y の値を求めなさい。
> (3) $y=18$ のときの x の値を求めなさい。

(1) y が x の 2 乗に比例するということは，$y=ax^2$ の形です。
そこで，$y=ax^2$ とおきます。$x=-2$，$y=8$ を代入します。
$8=a\times(-2)^2$
$4a=8$ より，$a=2$　これが比例定数です。よって，$\boldsymbol{y=2x^2}$　㊜

(2) $y=2x^2$ に，$x=4$ を代入します。
$y=2\times4^2=32$　㊜

(3) $y=2x^2$ に，$y=18$ を代入します。
$18=2x^2$
$x^2=9$　　x の値を求めてください。

> **2 次方程式なので，$x=\pm3$ です。2 つあるんですか？**

そうなんです。$y=ax^2$ では，(2)のように x の値が 1 つに決まると y の値も 1 つに決まるのですが，(3)のように y の値が 1 つに決まっても x の値は 2 つあります。注意してください。
$y=0$ のときだけ $x=0$ の 1 つです。

$y=ax^2$ では，	x の値が 1 つに決まると y の値も 1 つに決まる。
	y の値が 0 以外の 1 つに決まると，x の値は 2 つある。

確認問題 **50**

> y が x の 2 乗に比例し，$x=2$ のとき $y=-1$ である。
> (1) 比例定数を求めなさい。
> (2) y を x の式で表しなさい。
> (3) $x=-8$ のときの y の値を求めなさい。
> (4) $y=-\dfrac{25}{4}$ のときの x の値を求めなさい。
> (5) x の値が 3 倍になると，y の値は何倍になるか求めなさい。

関数 $y=ax^2$ のグラフ

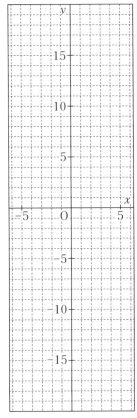

例題 64

次の表をうめることにより，グラフを左にかきなさい。

(1) $y=x^2$

x	-4	-3	-2	-1	0
y					

x	1	2	3	4
y				

(2) $y=-2x^2$

x	-3	-2	-1	0
y				

x	1	2	3
y			

(3) $y=\dfrac{1}{2}x^2$

x	-6	-4	-2	0
y				

x	2	4	6
y			

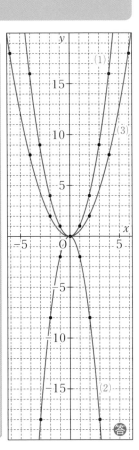

なめらかに結ぶと右上の通りです。グラフの特徴をまとめます。

〈$y=ax^2$ のグラフの特徴〉

- 原点を頂点とし，y 軸について対称な曲線となる。この曲線を**放物線**という。
- $a>0$ のとき，グラフは上に開く。
  $a<0$ のとき，グラフは下に開く。
- a の絶対値が大きいほどグラフの開きは小さく，a の絶対値が小さいほどグラフの開きは大きい。a の絶対値が等しい2つのグラフは，x 軸について対称。

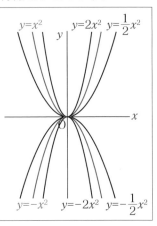

この曲線は，なぜ放物線というんですか？

物を放ったときに描く線だからです。

キャッチボールでフライを投げてみるとよくわかりますよ。

グラフの特徴について，確認しましょう。

例題 65

次のア～オの関数のグラフについて，あとの問に答えなさい。

ア $y=2x^2$　イ $y=-\dfrac{1}{2}x^2$　ウ $y=-x^2$　エ $y=\dfrac{1}{3}x^2$　オ $y=\dfrac{1}{2}x^2$

(1)　グラフが下に開いているものをすべて選びなさい。

(2)　グラフの開きがもっとも大きいものはどれか。

(3)　グラフの開きがもっとも小さいものはどれか。

(4)　x軸について対称なものは，どれとどれか。

(1)　比例定数が負のものです。　**答 イ，ウ**

(2)　比例定数の絶対値が一番小さいものを選びます。　**答 エ**

(3)　比例定数の絶対値が一番大きいものなので，**ア　答**

(4)　比例定数の絶対値が等しくて，符号が異なるものです。**答 イとオ**

例題 66

関数 $y=ax^2$ のグラフが点$(4,\ 8)$を通るとき，aの値を求めなさい。

通る点がわかったら，代入できます。$y=ax^2$ に $x=4$，$y=8$ を代入します。$8=16a$ より，**$a=\dfrac{1}{2}$　答**　代入する文字に注意しましょう。

確認問題 51

次の関数(ア)～(エ)のグラフは，右の①～④のいずれかである。それぞれのグラフはどれになるかを答えなさい。

(ア)　$y=x^2$　　　　(イ)　$y=\dfrac{1}{3}x^2$

(ウ)　$y=-x^2$　　　(エ)　$y=-3x^2$

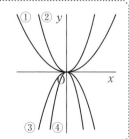

テーマ ② 変域と変化の割合

■■■ イントロダクション ■■■

◆ **変域** ➡ グラフで考え，原点に注意する
◆ **変化の割合** ➡ 効率的な求め方を知る
◆ **平均の速さ** ➡ なぜ変化の割合と等しくなるか

◢ 変域

　関数における，x の変域と y の変域について考えてみます。

　たとえば，$y=x+3$ という関数で，x の変域が $2 \leqq x \leqq 4$ であるとき，y の変域を求めてみます。

　$y=x+3$ に $x=2$ を代入して，$y=5$，$x=4$ を代入して，$y=7$

　したがって，y の変域は $5 \leqq y \leqq 7$ と求まります。これをグラフで考えてみましょう。

　右のように，x の変域が $2 \leqq x \leqq 4$ のとき，x 座標が 2 の点から 4 の点までグラフがあると考えます。点 $(2,\ 5)$ から点 $(4,\ 7)$ まで。

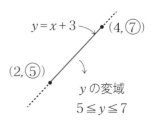

　y 座標は 5 から 7 までなので，y の変域は $5 \leqq y \leqq 7$ となります。グラフで考えることが，重要です。

　では次に，関数 $y=ax^2$ について，変域を求める問題をやってみましょう。

例題 67

　関数 $y=x^2$ について，x の変域が次のときの y の変域を求めなさい。
　(1)　$1 \leqq x \leqq 3$ 　　　　　　(2)　$-2 \leqq x \leqq 4$

(1)　グラフで考えます。

　$x=1$ のとき $y=1$，$x=3$ のとき $y=9$ なので，右の図のように，点 $(1,\ 1)$ から点 $(3,\ 9)$ までグラフがあります。

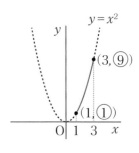

　グラフの一番低い点の y 座標 1 から，グラフの一番高い点の y 座標 9 までが y の変域です。

　したがって，$1 \leqq y \leqq 9$ 🅐　となります。

　考え方はわかったでしょうか。

(2) x 座標が -2 の点から 4 の点までのグラフです。$x=-2$ のとき $y=4$, $x=4$ のとき $y=16$ なので, 点 $(-2, 4)$ から点 $(4, 16)$ までのグラフということになります。**y の変域は $4 \leqq y \leqq 16$ ではありません。**

右のグラフをよく見てください。グラフ上で y 座標が一番小さい点(一番低い点)は, 原点つまり $(0, 0)$ なのです。

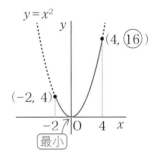

したがって, 正しい y の変域は, $0 \leqq y \leqq 16$ ㊥ です。

> グラフに原点がふくまれる場合に注意するんですね。

はい, それがたいへん重要です。つまり, グラフが原点をまたぐときに注意が必要です。

> $y=ax^2$ の変域は,
> ・グラフで考えること
> ・「原点またぎ」に注意

> ジェットコースターみたいです。

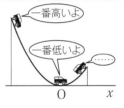

そうですね。グラフをそのレールだと思えば, 「原点またぎ」がよくわかりますね。

少し練習します。次の y の変域を考えてください。

(1) $y=\dfrac{1}{2}x^2$ で, x の変域 $-4 \leqq x \leqq -2$

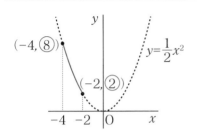

y の変域 $2 \leqq y \leqq 8$

(2) $y=-x^2$ で, x の変域 $-2 \leqq x \leqq 3$

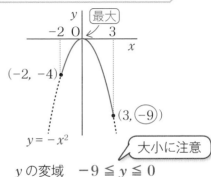

y の変域 $-9 \leqq y \leqq 0$

原点またぎ

次の問に答えなさい。

(1) 関数 $y=2x^2$ について，x の変域が次のときの y の変域を求めなさい。

① $1 \leqq x \leqq 3$ ② $-1 \leqq x \leqq 2$

(2) 関数 $y=-\dfrac{1}{2}x^2$ について，x の変域が次のときの y の変域を求めなさい。

① $-4 \leqq x \leqq -2$ ② $-4 \leqq x \leqq 2$

変化の割合

変化の割合とは何だったか覚えていますか？

確か，変化の割合 $= \dfrac{y \text{ の増加量}}{x \text{ の増加量}}$ だったと思います。

はい，その通りです。これは，どんな関数でも共通なのです。

1次関数の変化の割合は一定だったはずで，$y=ax+b$ の a でした。たとえば，$y=2x-1$ であれば，x が -3 から 4 まで増加したときも，x が 5 から 7 まで増加したときも，いつも一定で，2 になるんでした。

> 1次関数 $y=ax+b$ の変化の割合は一定で，a

ところが，$y=ax^2$ の変化の割合は一定ではありません。

例題 **68**

関数 $y=2x^2$ について，x の値が次のように増加するときの変化の割合を求めなさい。

(1) 1から4まで   (2) -1 から3まで

(1) 次のように表を作って求めてみます。

x	1	4
y	2	32

ひく

x の増加量は $4-1=3$，y の増加量は $32-2=30$

（変化の割合）$= \dfrac{(y \text{ の増加量})}{(x \text{ の増加量})} = \dfrac{30}{3} = 10$ **答**

(2)

x	-1	3
y	2	18

（変化の割合）$= \dfrac{18-2}{3-(-1)} = \dfrac{16}{4} = 4$ **答**

求め方はわかりましたか？　(1)と(2)で答えがちがいますね。

このように，関数 $y=ax^2$ の変化の割合は，一定ではないのです。

実は，$y=ax^2$ の変化の割合をもっと簡単に求める方法があります。

紹介します。文字が多くてちょっとつらいかもしれませんが，ついてきてください。

$y=ax^2$ で，x が p から q まで増加するときの変化の割合を求めます。表をつくります。

x	p	q
y	ap^2	aq^2

$y=ax^2$ に $x=p$ を代入すると $y=ap^2$，$x=q$ を代入すると $y=aq^2$ となるので，左の表ができます。

$(変化の割合)=\dfrac{(y \text{の増加量})}{(x \text{の増加量})}$ にあてはめて，$\dfrac{aq^2-ap^2}{q-p}$ となります。

式を変形すると，$\dfrac{aq^2-ap^2}{q-p}=\dfrac{a(q^2-p^2)}{q-p}$ 　）分子を因数分解

$\qquad\qquad\qquad = \dfrac{a(q+p)(q-p)}{q-p}$ 　）$q-p$ で約分

$\qquad\qquad\qquad =a(p+q)$

たいへんでしたが，結果は短くなりましたね。まとめておきます。

覚えよう！

$y=ax^2$ において，x の値が p から q まで増加するときの変化の割合は，$a(p+q)$ で求められる。

では，これを使って， 例題 **68** をもう一度解いてみましょう。

$y=2x^2$ で，(1)は x が 1 から 4 まで増加しています。

$a=2$，$p=1$，$q=4$ と考えて，あてはめます。

　$(変化の割合)=2\times(1+4)=10$

(2)は x が -1 から 3 まで増加しています。

　$(変化の割合)=2\times(-1+3)=4$

同じ答えが楽に求まりますね。

この方法で解くと，すごく楽に求められます！

そうなんです。$y=ax^2$ の変化の割合は，これを使って求めましょう。

　関数 $y=-\dfrac{1}{2}x^2$ について，x の値が次のように増加するときの，変化の割合を求めなさい。

(1) 0 から 4 まで　　　　　　(2) −4 から 2 まで

例題 69

次の問に答えなさい。

(1) $y=ax^2$ について，x の値が −1 から 4 まで増加するときの変化の割合が 6 である。a の値を求めなさい。

(2) 2 つの関数 $y=ax^2$ と $y=-2x+7$ について，x の値が 3 から 5 まで増加したときの変化の割合が等しいという。a の値を求めなさい。

(1) （変化の割合）＝$a(p+q)$ の公式を用います。

　　$y=ax^2$ で x が $-1 \to 4$ の変化の割合は $a\times(-1+4)$ です。

　　それが 6 なので，$a\times(-1+4)=6$

　　　$3a=6$　　$\boldsymbol{a=2}$ 答　　$a(p+q)$ の威力ですね。

(2) $y=ax^2$ で x が $3 \to 5$ の変化の割合は $a\times(3+5)$ です。

　　一方，$y=-2x+7$ は 1 次関数なので，変化の割合は一定で -2。

　　これらが等しいので，$a\times(3+5)=-2$

> 1 次関数の変化の割合は一定

　　　$8a=-2$　　$\boldsymbol{a=-\dfrac{1}{4}}$ 答

確認問題 54

次の問に答えなさい。

(1) $y=ax^2$ について，x の値が −2 から 6 まで増加するときの変化の割合が 2 である。a の値を求めなさい。

(2) $y=2x^2$ について，x の値が p から $p+3$ まで増加するときの変化の割合が 10 である。p の値を求めなさい。

平均の速さ

　ある人が片道 12km の道のりを，行きは時速 6km，帰りは時速 4km で往復したとします。

　平均の速さは時速何 km でしょうか？

行きが 6km／時，帰りが 4km／時なら，平均 5km／時
ですか？

残念ながら，そうではないんです。平均の速さを求めるときは，速さど
うしをたして 2 でわってはいけないのです。

次のように考えます。

$$(平均の速さ)=\frac{(進んだ距離)}{(かかった時間)}\quad です。$$

往復 24km
往復 5 時間

$\frac{24}{5}$ km／時ですね。

この考え方を利用した問題をやってみます。

例題 **70**

球がある斜面を転がるとき，転がり始めてから x 秒後の進んだ
距離を ym とするとき，$y=2x^2$ という関係
が成り立つという。転がり始めて 1 秒後か
ら 4 秒後までの球の平均の速さを求めなさい。

$(平均の速さ)$ とは，$\dfrac{(進んだ距離)}{(かかった時間)}$ でしたね。

時間が x なので，かかった時間とは，いいかえれば x の増加量です。
距離が y なので，進んだ距離とは，いいかえれば y の増加量です。

あっ，$\dfrac{y \text{の増加量}}{x \text{の増加量}}$ ということは，変化の割合です！

そうなんです。よく気づきました。$\boxed{(平均の速さ)＝(変化の割合)}$ です。
であれば，$y=2x^2$ で x が 1 から 4 まで増加したときの変化の割合を求
めればよい，とわかります。このことがわかってしまえば，難しくありま
せんね。$a(p+q)$ の登場です。

$2×(1+4)=10(\text{m／秒})$ 　答　**秒速 10m**

確認問題 **55**

高い所から物を自然に落とすとき，x 秒後までに
落ちる距離を ym とすると，$y=4.9x^2$ という関係
がある。

このとき，物を落として 3 秒後から 7 秒後までの，
物の平均の速さを求めなさい。

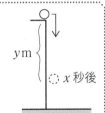

③ 放物線と直線

◆ 放物線と直線の交点の座標 ➡ 連立方程式を解く

◆ 放物線と交わる直線の式 ➡ 交わる 2 点から直線の式を求める

◆ 直線の式の求め方 ➡ 傾きと変化の割合との関係を知る

放物線と直線の交点

　右の図で，交点 P の座標の求め方は，中 2 で

学びましたね。連立方程式 $\begin{cases} y=x+2 \\ y=-x+8 \end{cases}$ を

解けば求まるんでした。

　そして，その解き方は，右辺どうしを結んで，

$x+2=-x+8$ とします。それを解いて，$x=3$，

$y=5$ より，P$(3,\ 5)$ と求まります。覚えていますね？

　こうやって連立方程式を解くと交点の座標が求まるというのは，1 次関数特有のものではないんです。

　関数のグラフの交点は，いつも連立方程式の解で求めることができます。

たとえば，右のグラフの交点 A，B の座標は，

　連立方程式 $\begin{cases} y=x^2 \\ y=2x+3 \end{cases}$ の解で求められます。

やってみます。右辺どうしを等号で結びます。

　$x^2=2x+3$　　2 次方程式ができました。

　$x^2-2x-3=0$

　$(x-3)(x+1)=0$

$x=3,\ -1$　この結果から，交点の x 座標が 3 と -1 とわかります。

　点 A の x 座標の方が 3 で，点 B の x 座標の方が -1 ですね。

　点 A は，$x=3$ をどちらかの式に代入

して，$y=9$ ですから，A$(3,\ 9)$ です。

同じようにして，B$(-1,\ 1)$ です。

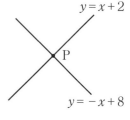

> 放物線 $y=ax^2$ と
> 直線 $y=mx+n$ の交点の座標は，
> 連立方程式
> $\begin{cases} y=ax^2 \\ y=mx+n \end{cases}$ の解で求められる。

例題 71

次の放物線と直線の交点 A, B の座標をそれぞれ求めなさい。

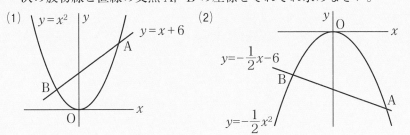

(1)　連立方程式 $\begin{cases} y=x^2 \\ y=x+6 \end{cases}$ を解きます。右辺どうしを等号でつないで,

$x^2=x+6$

$x^2-x-6=0$

$(x-3)(x+2)=0$

$x=3,\ -2$　　交点の x 座標は 3 と -2 です。A の x 座標が 3 です。

A：$y=x^2$ に $x=3$ を代入して $y=9$ より, A$(3,\ 9)$

B：$y=x^2$ に $x=-2$ を代入して $y=4$ より, B$(-2,\ 4)$

　答　A$(3,\ 9)$, B$(-2,\ 4)$

(2)　$\begin{cases} y=-\dfrac{1}{2}x^2 \\[2mm] y=-\dfrac{1}{2}x-6 \end{cases}$ を解きます。

$-\dfrac{1}{2}x^2=-\dfrac{1}{2}x-6$

$x^2-x-12=0$

$(x-4)(x+3)=0$　　$x=4,\ -3$

A$(4,\ -8)$, B$\left(-3,\ -\dfrac{9}{2}\right)$　**答**

確認問題 56

次の放物線と直線の交点 A, B の座標をそれぞれ求めなさい。

(1)
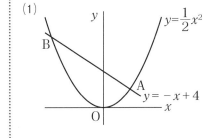

(2)
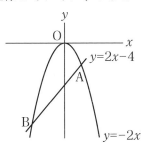

放物線と交わる直線の式

　今度は, 今までと逆のことをやってみましょう。右のように, 放物線と直線の交点がわかっているとき, 直線の式を求めていきます。

　点 A は$(3, 9)$, 点 B は$(-2, 4)$とわかります。

　どうやって直線の式を求めますか？

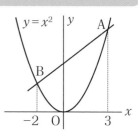

> 中2でやりました。$y=ax+b$ とおいて, 代入します。

そうですね。2通りの方法を習いました。おさらいしましょう。

$\boxed{\text{解法 1}}$　　$y=ax+b$ とおきます　　$\boxed{\text{解法 2}}$

A$(3, 9)$を通るから,
$$9=3a+b$$
$$3a+b=9\cdots①$$
B$(-2, 4)$を通るから,
$$4=-2a+b$$
$$-2a+b=4\cdots②$$
①, ②を連立して, $a=1$, $b=6$

A$(3, 9)$, B$(-2, 4)$より,
（ひく）

（傾き）$=\dfrac{4-9}{-2-3}=1$

$y=x+b$
A$(3, 9)$を通るから,
$9=3+b$ より, $b=6$

よって, $y=x+6$　　どちらで解いてもかまいません。

例題 72

　右の図の, 直線 AB の式を求めなさい。

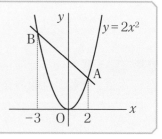

A$(2, 8)$, B$(-3, 18)$となります。$y=ax+b$ とおきます。

傾きを先に求めてみます。（傾き）$=\dfrac{18-8}{-3-2}=-2$

$y=-2x+b$ が A$(2, 8)$を通るから,

$8=-4+b$ より, $b=12$　🈡 $y=-2x+12$

ここで，直線の傾きを速く求める方法を考えます。右の図で，直線 PQ の傾きは，点 P，Q の座標がわからないと求められませんか？

この傾きとは，$y=ax^2$ において，x が p から q まで増加したときの変化の割合です。

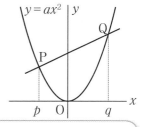

それなら，$a(p+q)$ で求められるはずです。

そうなんです。よく気づきましたね。

これが使えると，傾きがすぐにわかるので，直線の式も楽に求まるのです。

例題 72 でも，傾きは

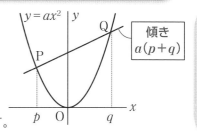

$2×(-3+2)=-2$ とすぐにわかりますね。

これを使って，直線の式を求める練習です。

例題 73

右の図の，直線 AB の式を求めなさい。

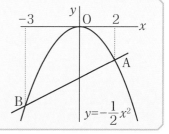

$a(p+q)$ を用います。（傾き）$=-\dfrac{1}{2}×(-3+2)=\dfrac{1}{2}$ です。

$y=\dfrac{1}{2}x+b$ とおく。 | A$(2, -2)$を通るので，代入して $b=-3$ となります。 | 答 $y=\dfrac{1}{2}x-3$

確認問題 57

下の図の，直線 AB の式をそれぞれ求めなさい。

(1)

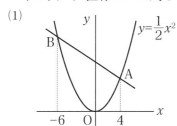

(2)

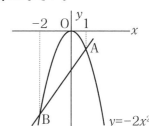

④ 放物線と図形

■ イントロダクション ■

◆ 放物線と三角形の面積 ➡ 効率よく面積を求める

◆ 三角形の面積を二等分する直線 ➡ どこを通ればよいか

◆ 面積が等しい三角形 ➡ 平行線を利用する

放物線と三角形

　皆さんは，右の四角形 ABCD の面積を，暗算で求められますか？

　△ABC や△ACD の面積は，暗算では求めづらいでしょうが，実は，四角形 ABCD の面積なら，すぐに求まります。それぞれの三角形の高さに注目してください。

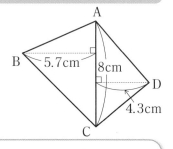

> 高さの和がちょうど 10cm なので $8 \times 10 \times \dfrac{1}{2} = 40\text{cm}^2$ です。

　はい，ひらめきましたね。△ABC と△ACD の共通な底辺が 8cm で，それぞれの三角形の高さの和が 10cm なので，そのように求まります。

　この考え方は大切です。

　右の図の△AOB の面積を求める問題では，△AOB を OC で切ったとして考えます。△AOC の高さは AH で，△BOC の高さは BK，そしてその和が A′B′ です。

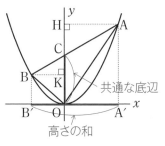

したがって，$\triangle \text{AOB} = \text{OC} \times \text{A}'\text{B}' \times \dfrac{1}{2}$ で求められます。

例題 74

　$y = x^2$ のグラフ上に 2 点 A，B があり，点 A の x 座標は 3，点 B の x 座標は -2 である。△AOB の面積を求めなさい。

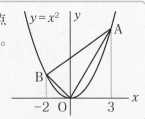

右のように点を定めます。

$\triangle \text{AOB} = \text{OC} \times \text{A}'\text{B}' \times \dfrac{1}{2}$ で求めましょう。

A′B′＝5 とわかりますが，OC がわかりません。
どうやったら求められますか？

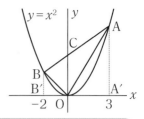

直線 AB の式がわかれば，C の座標がわかるはずです。

その通りです。直線 AB の式の切片が C の y 座標ですね。
直線 AB の式を求めます。傾きは $a(p+q)$ を用いて，$1 \times (-2+3) = 1$
$y = x + b$ とおきます。$\text{A}(3, 9)$ を通っているので，
$9 = 3 + b$ より，$b = 6$　これで直線 AB の式が $y = x + 6$ と求まります。
したがって，切片 6 より，$\text{C}(0, 6)$ とわかりました。

$\triangle \text{AOB} = \text{OC} \times \text{A}'\text{B}' \times \dfrac{1}{2} = 6 \times 5 \times \dfrac{1}{2} = 15$ 答

確認問題 58

$y = \dfrac{1}{2}x^2$ のグラフ上に 2 点 A，B があり，

点 A の x 座標は 4，点 B の x 座標は-2
である。$\triangle \text{AOB}$ の面積を求めなさい。

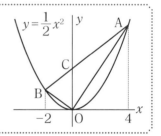

例題 75

$y = x^2$ と $y = -2x + 8$ のグラフが，右の図
のように 2 点 A，B で交わっている。
　$\triangle \text{AOB}$ の面積を求めなさい。

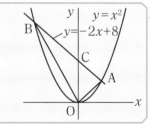

AB と y 軸との交点 $\text{C}(0, 8)$ です。今度は A，B の座標が必要です。

$\begin{cases} y = x^2 \\ y = -2x + 8 \end{cases}$ を解けば求まりますね。

$x^2 = -2x + 8$ を解くと，
$x = -4, 2$ と求まります。

$\text{A}(2, 4)$，$\text{B}(-4, 16)$ より，$\triangle \text{AOB} = 8 \times 6 \times \dfrac{1}{2} = 24$ 答

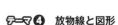

$y=-2x^2$ と $y=2x-12$ のグラフが，右の図のように2点 A，B で交わっている。△ AOB の面積を求めなさい。

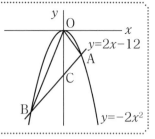

次に，三角形の面積を二等分する直線を求めていきます。

例題 76

$y=x^2$ と $y=2x+3$ のグラフが右の図のように2点 A，B で交わっている。原点 O を通り，△ AOB の面積を二等分する直線の式を求めなさい。

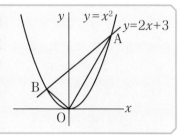

まず，ある頂点を通って三角形の面積を二等分する直線は，その頂点と向かい合う辺の中点を通ります。右の図を見てください。

辺 BC の中点を M とすると，△ ABM と △ACM は，底辺 BM と CM が等しく，高さは共通ですから，面積が等しくなりますね。

この問題でいえば，AB の中点を通る直線です。では，中点の座標はどうやって求めるか覚えていますか？

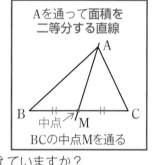

Aを通って面積を二等分する直線

BCの中点Mを通る

確か，両端の点の座標の平均だったと思います。

その通りです。もう一度整理しておきましょう。右の図の線分 PQ の中点は，両端の点 P と Q の(**x 座標の平均，y 座標の平均**)で求められるのです。

この2つのことがわかっていれば，三角形の面積を二等分する直線の式を求めることができます。

中点の座標

$\left(\dfrac{a+c}{2}, \dfrac{b+d}{2} \right)$

Q (c, d)
P (a, b)

説明が長くなりましたが，実際に解きながら，確認してみましょう。

まず，点 A，B の座標が必要です。

$\begin{cases} y=x^2 \\ y=2x+3 \end{cases}$ を解きます。

$x^2=2x+3$
$x^2-2x-3=0$
$(x-3)(x+1)=0 \quad x=3,\ -1$

これで，A$(3,\ 9)$，B$(-1,\ 1)$ とわかりました。

AB の中点を通る直線なので，中点の座標を求めます。

$\left(\dfrac{-1+3}{2},\ \dfrac{1+9}{2} \right)$ で $(1,\ 5)$ です。

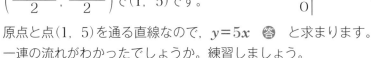

原点と点$(1,\ 5)$を通る直線なので，**$y=5x$** 🏅 と求まります。

一連の流れがわかったでしょうか。練習しましょう。

確認問題 60

$y=\dfrac{1}{2}x^2$ と $y=x+12$ のグラフが，右の図のように 2 点 A，B で交わっている。原点 O を通り，△AOB の面積を二等分する直線の式を求めなさい。

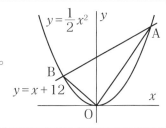

平行線を利用して面積の等しい三角形をつくる

皆さんは，中学 2 年で「平行線と面積」を学びました。このおさらいからします。

右の図で，$l /\!/ AB$ ならば，△PAB$=$△QAB でした。底辺 AB は変わらず，高さが等しいからです。そこまでいいでしょうか。

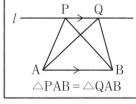

△PAB $=$ △QAB

ここでは，それを逆にして考えていきます。右の図で，△PAB$=$△QAB であるとき，PQ$/\!/$AB となるということです。頂点を結んだ直線は，共通な底辺と平行 と考えてください。これを利用して，面積が等しい三角形をつくります。

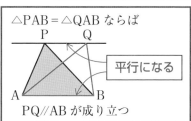

△PAB$=$△QAB ならば

平行になる

PQ$/\!/$AB が成り立つ

$y=x^2$ と $y=x+6$ のグラフが，右の図のように2点A，Bで交わっている。点Aの x 座標が正であるとき，次の問に答えなさい。

(1) 2点A，Bの座標を求めなさい。

(2) 放物線上の点OとAの間に点Pをとり，△PAB＝△OABとするとき，点Pの座標を求めなさい。

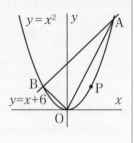

(1) $\begin{cases} y=x^2 \\ y=x+6 \end{cases}$ を解きます。

$x^2=x+6$

$x^2-x-6=0$

$(x-3)(x+2)=0 \quad x=3, \ -2$

点Aの x 座標は正とあるので，**A(3，9)，B(−2，4)** 答

(2) 前のページの説明を思い出してください。

△PAB＝△OAB ということはPO∥AB です。わかりますか？

> どれとどれが平行だか，よくわかりません。

この2つの三角形に共通な辺はどこかと考えるのです。すると，辺 AB が共通とわかります。その辺が底辺です！

辺 AB を底辺ととらえ，2つの頂点O，Pを結び，PO∥AB となるのです。

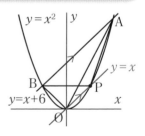

直線 AB の傾きは1なので，直線 PO の傾きも1となりますね。

そして，原点を通っているので，直線 PO の式は $y=x$ です。

点Pは，放物線 $y=x^2$ と直線 $y=x$ の交点です。

> それなら，連立方程式で点Pの座標がわかります。

その通りです。$\begin{cases} y=x^2 \\ y=x \end{cases}$ を解きます。

$x^2=x$

$x^2-x=0$

$x(x-1)=0$ より，$x=0$，1

点Pは O と A の間といっているので，$0 < x < 3$ です。

$x=1$ の方ですね。　🅐　P $(1, 1)$

$y=\dfrac{1}{2}x^2$ のグラフ上に2点A，Bがあり，

点Aの x 座標は4，点Bの x 座標は -3 で

ある。次の問に答えなさい。

(1)　直線 AB の式を求めなさい。

(2)　放物線上の点Oと A の間に点Pをとり，

　　　△PAB＝△OAB とするとき，点P の座標を求めなさい。

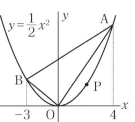

トレーニング⑪

次の問に答えなさい。　　　　　　　　　　　　　▶解答：p.242

1.　下の図の△ AOB の面積をそれぞれ求めなさい。

① 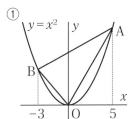　　② 　　③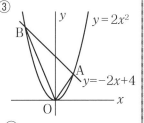

2.　右の図で，原点 O
を通って△ AOB の
面積を二等分する直
線の式を，それぞれ
求めなさい。

①
②

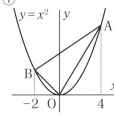

3.　右の図で，放物線
上の点Oと A の間に
点 P をとり，△ PAB
＝△ OAB とすると
き，点P の座標を，
それぞれ求めなさい。

①
②

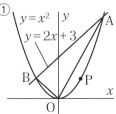
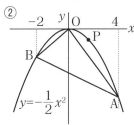

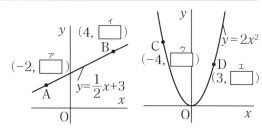

テーマ 5 文字の利用

◆ イントロダクション ◆

◆ 座標を文字でおく ➡ グラフ上の点を文字で表す

◆ 線分の長さを文字で表す ➡ 縦の長さ，横の長さはどう表すか

◆ 条件を満たす点の座標を求める ➡ どうやって方程式を立てるか

グラフ上の点を文字で表す

右の点 A 〜 D の座標について，空らんをうめてみてください。グラフの式に代入するだけで求められますね。答えはア 2，イ 5，ウ 32，エ 18 です。

では，たとえば，一方の座標が文字で与えられたらどうでしょうか。右の点 P，Q の座標について，空らんをうめてみましょう。

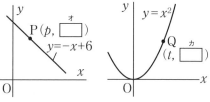

点 P は，$y=-x+6$ のグラフ上にあって，x 座標が p なので，$x=p$ を代入します。すると，$y=-p+6$ となります。この式を「y 座標は $-p+6$」と考えます。P(p，オ $\boxed{-p+6}$）ですね。点 Q は，$y=x^2$ のグラフ上の点で x 座標が t なので，$x=t$ を代入します。$y=t^2$ となり，Q(t，カ $\boxed{t^2}$）です。座標が文字で表されるのは，初め難しく感じるかもしれませんが，慣れてほしいと思います。

何のために座標を文字で表す必要があるんですか？

ある条件を満たす点の座標を求めるときに必要となります。たとえば，右の図で，線分 PQ の長さが 5 になるときの点 P の座標を求めるときなどです。

この例を解いてみます。

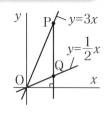

P(p, $3p$)とおきます。点 Q は点 P と x 座標が等しいので、x 座標は p です。Q$\left(p, \dfrac{1}{2}p\right)$と表せます。

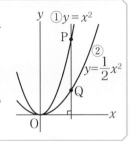

(縦の線分の長さ)＝(上の点の y 座標)−(下の点の y 座標)

です。PQ＝5 より、$3p - \dfrac{1}{2}p = 5$　という方程式を立てます。

これを解いて、$p=2$　よって、P(2, 6)と求まるのです。

では、座標を文字でおいて解く問題に取り組んでいきましょう。

条件を満たす点の座標を求める

例題 78

右の図は $y=x^2 \cdots$①、$y=\dfrac{1}{2}x^2 \cdots$②のグラフである。グラフ①上の点 P から x 軸に垂線をひき、グラフ②との交点を Q とする。PQ＝8 となるとき、点 P の座標を求めなさい。ただし、点 P の x 座標は正であるとする。

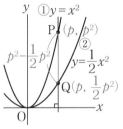

P(p, p^2)とおきます。点 Q の x 座標も p なので、Q$\left(p, \dfrac{1}{2}p^2\right)$となります。PQ＝8 より、

$p^2 - \dfrac{1}{2}p^2 = 8$ という方程式ができます。

これを解くと、$p = \pm 4$

$p > 0$ より、$p=4$　したがって、P(4, 16)　㊜　わかりましたか？

確認問題 62

右の図は、$y=2x^2 \cdots$①、$y=x^2 \cdots$②のグラフである。グラフ①上の点 P から x 軸に垂線をひき、グラフ②との交点を Q とする。PQ＝9 となるとき、点 P の座標を求めなさい。ただし、点 P の x 座標は正であるとする。

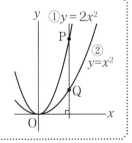

右の図は，放物線 $y=\dfrac{1}{2}x^2\cdots$① と直線

$y=x+6\cdots$② である。直線②上の点 P から x 軸に垂線をひき，放物線①との交点を Q，x 軸との交点を R とすると，PQ＝QR となった。点 P の座標を求めなさい。

ただし，点 P の x 座標は正であるとする。

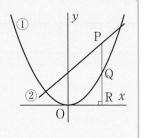

P$(p,\ p+6)$ とおきます。Q は $\left(p,\ \dfrac{1}{2}p^2\right)$ と表せます。

さて，PQ や QR を文字で表すと，どうなるでしょうか？

> **PQ は $(p+6)-\dfrac{1}{2}p^2$ です。QR は $\dfrac{1}{2}p^2$ です。**

はい。（上の y 座標）－（下の y 座標）ですね。

PQ＝QR より，$(p+6)-\dfrac{1}{2}p^2=\dfrac{1}{2}p^2$

整理して，$p^2-p-6=0$

$\qquad\quad (p-3)(p+2)=0$

$\qquad\qquad\qquad p=3,\ -2$

$p>0$ より，$p=3$　　**答** P$(3,\ 9)$

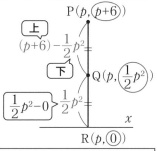

条件を満たす点の座標の求め方

①**座標を文字でおく**　➡　その点が乗っている関数の式に代入します。

②**長さを文字で表す**　➡　縦の線分は，（上の y 座標）－（下の y 座標）

③**方程式を立てて解く**　➡　長さについての方程式を立てます。

右の図について，次の問に答えなさい。

(1) 直線 AB の式を求めなさい。

(2) 線分 AB 上の点 P から x 軸に垂線を下ろし，放物線との交点を Q とする。

　　PQ＝8 となるときの，点 P の座標をすべて求めなさい。

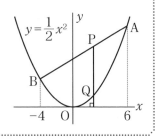

右の図で，点 A，B は放物線 $y=2x^2$ 上の点で，点 C，D は放物線 $y=-\dfrac{1}{2}x^2$ 上の点である。四角形 ABCD は，辺 AB が x 軸と平行な正方形である。このとき，点 A の座標を求めなさい。ただし点 A の x 座標は正であるとする。

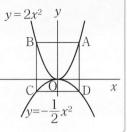

まず，点 A を $(p, 2p^2)$ とおきます。点 A と点 B は y 軸について対称なので，B$(-p, 2p^2)$ とおけます。また，点 D は，x 座標が A と等しく p なので，D$\left(p, -\dfrac{1}{2}p^2\right)$ とおけます。

AD＝AB のとき，この四角形は正方形になります。まず，AD の長さは，上から下をひくので，$2p^2-\left(-\dfrac{1}{2}p^2\right)=\dfrac{5}{2}p^2$ です。

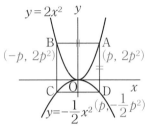

AB の長さは，右から左をひいて，$p-(-p)=2p$

したがって，$\dfrac{5}{2}p^2=2p$

$5p^2-4p=0$

これを解いて，$p=0, \dfrac{4}{5}$

$p>0$ より，$p=\dfrac{4}{5}$

よって，A$\left(\dfrac{4}{5}, \dfrac{32}{25}\right)$ **答**

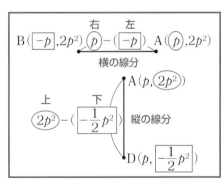

座標に負の符号がついていても，このようにひくと長さが表せるのです。

右の図で，点 P，Q は放物線 $y=\dfrac{1}{2}x^2$ 上の点で，2 点 P，Q から x 軸に垂線 PS，QR をひく。四角形 PQRS が正方形となるときの，点 P の座標を求めなさい。ただし，点 P の x 座標は正であるとする。

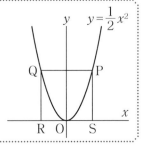

6 いろいろな関数

イントロダクション

◆ 式で表しにくい関数のグラフを考える
◆ y がとびとびの値をとる関数 ➡ どういうグラフになるか
◆ グラフの読み取り ➡ グラフの表す意味をとらえる

いろいろな関数

　今まで学んできたグラフに共通しているのは，つながったグラフばかりでした。

　ここでは，つながったグラフで表せない関数について考えていきます。0 以上の数 x の小数第 1 位を四捨五入した値を y とするときなどです。

　この例について，x と y の対応表を少し書いてみます。

x	1.3	1.5	1.7	1.9	2.1	2.3	2.5	2.7
y	1	2	2	2	2	2	3	3

こんな感じになりますね。

　しかし，これは，ほんの一部の値だけを調べたにすぎません。

　これをグラフにすることを考えます。

　x の小数第 1 位を四捨五入して 2 になるとき，x の範囲はどうですか？

> 1.5 以上 2.5 未満であれば，四捨五入して 2 になります。

　はい，それを $1.5 \leqq x < 2.5$ と書き，1.5 ●――――○ 2.5 と表します。

　• は含む点，○ は含まない点の表し方です。
右のグラフが，四捨五入して 2 の部分のグラフになりますね。0 以上の数 x についてのグラフは，右下のようになります。

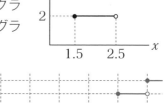

　グラフが階段のような形になりました。このようなグラフとなる関数は，身のまわりにたくさんあるんです。

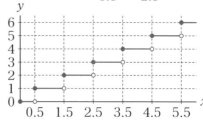

例題 81

　ある運送会社では，箱に入れた品物を送る料金が，箱の縦，横，高さの合計によって，右の表のように決まっている。このとき，箱の縦，横，高さの合計を x cm，料金を y 円として，グラフに表しなさい。

長さの合計	料金
60cm まで	1000 円
80cm まで	1200 円
100cm まで	1400 円
120cm まで	1600 円
140cm まで	1800 円
160cm まで	2000 円

ただし，「60cm まで」とは，0cm より大きく，60cm 以下であることを表す。

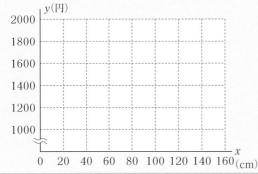

$0 < x \leqq 60$ のとき $y=1000$ で，

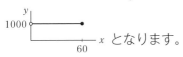

となります。

$60 < x \leqq 80$ のとき　$y=1200$，
$80 < x \leqq 100$ のとき $y=1400$，
… グラフは，右のようになります。

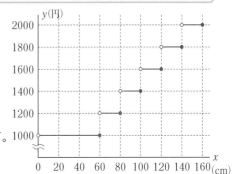

確認問題 65

　右のグラフは，ある鉄道会社の，出発駅からの距離と運賃の関係を表したものである。A～E の 5 つの駅がこの順に並んでいて，駅間の距離は下の通りである。

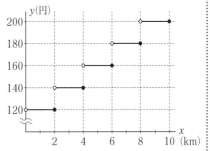

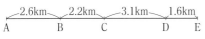

(1)　A 駅から D 駅まで行くのにかかる運賃はいくらか。

(2)　A 駅から E 駅まで行くのに，途中の C 駅と D 駅で途中下車するとき，運賃は合計いくらかかるか。

関数 $y = ax^2$ まとめ

▶解答：p.243

1. 次の（ア）〜（カ）の関数のグラフについて，下の問に答えなさい。

 （ア） $y = x^2$ （イ） $y = \dfrac{1}{3} x^2$ （ウ） $y = -2x^2$

 （エ） $y = -\dfrac{1}{2} x^2$ （オ） $y = \dfrac{3}{2} x^2$ （カ） $y = \dfrac{1}{2} x^2$

 (1) グラフが上に開くものを選びなさい。
 (2) グラフが下に開くものを選びなさい。
 (3) グラフの開きがもっとも大きいものを選びなさい。
 (4) グラフの開きがもっとも小さいものを選びなさい。
 (5) x 軸について対称となるのは，どれとどれか答えなさい。

2. 次の問に答えなさい。
 (1) 関数 $y = ax^2$ のグラフが点 $(6, -9)$ を通るとき，a の値を求めなさい。

 (2) 関数 $y = ax^2$ と $y = -x + 2$ のグラフが点 A で交わり，点 A の x 座標が -2 である。a の値を求めなさい。

3. 関数 $y = 2x^2$ について，x の変域が次のとき，y の変域を求めなさい。
 (1) $3 \leqq x \leqq 4$ (2) $-1 \leqq x \leqq 3$

4. 次の問に答えなさい。
 (1) 関数 $y = \dfrac{1}{2} x^2$ について，x の値が -3 から 7 まで増加するときの変化の割合を求めなさい。

 (2) 関数 $y = ax^2$ について，x の値が -3 から 1 まで増加するときの変化の割合が 8 である。a の値を求めなさい。

5. 球がある斜面を転がるとき，転がり始めてから x 秒間に転がった距離を y m とすると，$y = \dfrac{2}{3}x^2$ という関係が成り立つ。球が転がり始めて，1秒後から5秒後までの平均の速さを求めなさい。

6. 放物線 $y = x^2$ と直線 $y = x+6$ の交点を A，B とし，直線 $y = x+6$ と x 軸との交点を C とする。点 A の x 座標を正として，次の問に答えなさい。

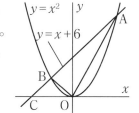

   (1) 3点 A，B，C の座標を求めなさい。
   (2) △AOB の面積を求めなさい。
   (3) △OAC の面積を求めなさい。

7. 放物線 $y = -2x^2$ 上に2点 A，B があり，点 A の x 座標は1，点 B の x 座標は -3 である。次の問に答えなさい。

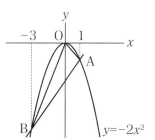

   (1) 直線 AB の式を求めなさい。
   (2) △AOB の面積を求めなさい。

8. ある宅配業者では，荷物の重さ x kg と料金 y 円の関係を，荷物の重さが20kgまでは，右のように定めている。グラフをかきなさい。

x(kg)	y(円)
$0 < x \leqq 2$	800
$2 < x \leqq 5$	1000
$5 < x \leqq 10$	1200
$10 < x \leqq 15$	1400
$15 < x \leqq 20$	1600

関数 $y = ax^2$ まとめ

▶解答：p.244

1. 次の問に答えなさい。

　(1) 関数 $y = 2x^2$ について，x の値が p から $p+2$ まで増加したときの変化の割合が 8 である。p の値を求めなさい。

　(2) 関数 $y = ax^2$ と $y = 5x - 8$ について，x の値が -6 から 1 まで増加するときの変化の割合が等しい。a の値を求めなさい。

2. 次の問に答えなさい。

　(1) 関数 $y = x^2$ について，x の変域が $-2 \leqq x \leqq a$ のとき，y の変域が $b \leqq y \leqq 9$ となる。a，b の値を求めなさい。

　(2) 関数 $y = ax^2$ について，x の変域が $-4 \leqq x \leqq 2$ のとき，y の変域が $-8 \leqq y \leqq b$ となる。a，b の値を求めなさい。

3. 右の図で，2 点 A，B は放物線 $y = \dfrac{1}{2}x^2$ 上の点で，点 A の x 座標は -2，点 B の x 座標は 4 である。次の問に答えなさい。

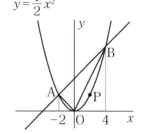

　(1) 直線 AB の式を求めなさい。

　(2) △AOB の面積を求めなさい。

　(3) 原点 O を通り，△AOB の面積を二等分する直線の式を求めなさい。

　(4) 放物線上の点 O から B までの間に点 P を，△PAB = △OAB となるようにとるとき，点 P の座標を求めなさい。

4. 右の図のように，関数 $y = 2x^2$ のグラフ上に点 A，関数 $y = -\dfrac{1}{2}x^2$ のグラフ上に点 B がある。A と B の x 座標は等しく，正である。AB = 10 となるときの，点 A の座標を求めなさい。

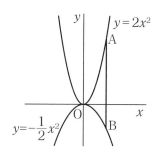

5. 右の図のように，放物線 $y = \dfrac{1}{3}x^2$ 上に点 P がある。点 P を通り x 軸に平行な直線をひき，放物線との交点を Q とする。2 点 P，Q から x 軸に垂線 PR，QS をそれぞれ下ろす。長方形 PQSR の周の長さが 18 になるときの点 P の座標を求めなさい。ただし，点 P の x 座標は正であるとする。

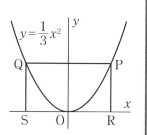

6. 右の図のように，1 辺 6cm の正方形 ABCD と，等しい辺が 6cm の直角二等辺三角形 EFG が直線 l 上に並び，点 B と点 G が同じ場所にある。正方形を固定し，l 上で直角二等辺三角形を矢印の方向に毎秒 1cm の速さで移動させる。移動し始めてから x 秒後の，2 つの図形の重なった部分の面積を $y\,\mathrm{cm}^2$ とする。$0 \leqq x \leqq 6$ として，次の問に答えなさい。

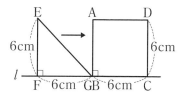

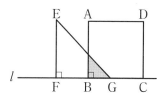

(1) y を x の式で表しなさい。

(2) 重なった部分の面積が $9\,\mathrm{cm}^2$ となるのは何秒後か求めなさい。

テーマ ① 相似な図形とその性質

■■ イントロダクション ■■

◆ 相似な図形とは ➡ どんな図形どうしを相似というか
◆ 相似の位置と相似の中心 ➡ 相似の位置にある図形の性質を知る
◆ 相似比とその利用 ➡ 比例式を立てて線分の長さを求める

相似な図形とは

　1つの図形を，形を変えずに一定の割合で拡大，または縮小して得られる図形を，もとの図形と**相似**であるといいます。

　たとえば，2つの正三角形は必ず相似ですし，2つの正方形も必ず相似になります。このように，形が決まっている図形は相似になります。

> 2つの円は相似といえますか？

　はい，いえます。曲線を含む図形であっても，形が決まっている図形であれば，相似といえるのです。中心角が等しいおうぎ形などもそうです。では，形が決まっていない図形の相似について考えてみましょう。

　右の図で，四角形 ABCD と四角形 EFGH が拡大，縮小の関係にあるとします。この2つが相似であることを，四角形 ABCD ∽ 四角形 EFGH と表し，記号 ∽ を「相似」と読みます。

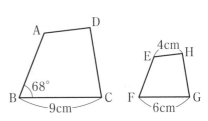

　合同のときと同様に，**対応の順をそろえなければなりません。**

　この図では，点 A と点 E，点 B と点 F，…などが対応していますから，四角形 ABCD ∽　　と書いたら，相手の四角形は必ず EFGH の順なのです。ここまでいいですか？

　相似な図形では，次のことがいえます。

　まず，対応する角の大きさは等しくなります。

　たとえば，∠A＝∠E，∠B＝∠F，…などです。形が変わらないので，

当然ですよね。この図では，∠F＝∠B＝68°となっています。

次に，対応する線分の長さの比はすべて等しくなります。

たとえば，辺 AB と辺 EF の比 AB：EF は BC：FG や CD：GH や DA：HE とすべて等しくなっているのです。

この比は，拡大・縮小の比を表していて，相似比といいます。

この図では，BC：FG＝9：6＝3：2なので，相似比は3：2です。

説明が長くなりました。まとめておきます。

相似な図形では { 対応する角の大きさは等しい。
　　　　　　　 対応する線分の長さの比はすべて等しい。
　　　　　　　　　　└─相似比という

この図で，辺 AD の長さは，相似比を用いて次のように求められます。
AD＝$x$cm とおきます。AD：EH は BC：FG と等しいですね。

したがって，AD：EH＝BC：FG より，

　　　　x：4＝9：6　という式ができます。

解き方を覚えていますか？

> $x×6＝4×9$ にするんでした。$x＝6$ ですね。

はい，よく覚えていましたね。

（外側の2つの数の積）＝（内側の2つの数の積）です。

$$a：b＝c：d \Rightarrow ad＝bc$$

例題 82

右の図で，△ABC ∽ △DEF である。

次のものを求めなさい。

(1) ∠C の大きさ

(2) △ABC と △DEF の相似比

(3) x の値

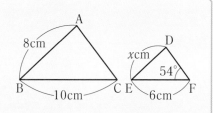

(1) ∠C＝∠F＝54°　㊐　　(2) BC：EF＝5：3　㊐

(3) $8：x＝10：6$ を解きます。$10x＝48$ より，$x＝\dfrac{24}{5}$　㊐

　右の図において，
四角形 ABCD ∽ 四角形 EFGH
である。次のものを求めなさい。

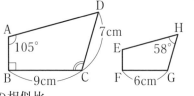

(1)　∠C の大きさ
(2)　四角形 ABCD と四角形 EFGH の相似比
(3)　辺 GH の長さ

相似の位置

　下の 3 つの図を見てください。A と A′, B と B′, C と C′ を結ぶ直線(図の点線)がすべて 1 点 O に集まっていますね。

　そして，O から対応する点までの距離の比，つまり，OA：OA′ や OB：OB′ や OC：OC′ がすべて等しくなっているんです。

　このとき，△ABC と△A′B′C′ は**相似の位置にある**といい，点 O のことを**相似の中心**といいます。相似の位置にある 2 つの図形は必ず相似です。

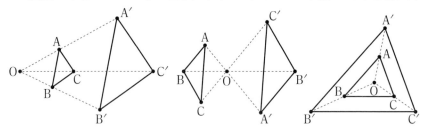

　では，相似の位置にある図形をかいていきます。きれいに相似な図形ができるはずです。

　点 O を相似の中心として，△ABC を 2 倍した△A′B′C′ をかきなさい。ただし，点 O について，点 A′ は A と同じ側にあるとする。

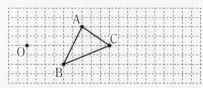

　方眼になっているので，A′, B′, C′ の位置はわかりやすいですが，必ず O と A を結んでそれを延長してください。そして OA′ が OA の 2 倍に

なるように A′ をとるのです。B′,
C′ の点の取り方も同じようにやっ
てください。右のようになりますね。

では，他の2つの相似の位置の
パターンをやっておきましょう。

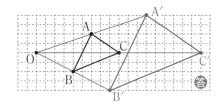

確認問題 67

次の問に答えなさい。

(1) 右の図で，点 O を相似の中
心として，△ABC を2倍に拡
大した△A′B′C′ をかきなさい。
ただし，点 O について，点 A′
は A と反対側にあるものとする。

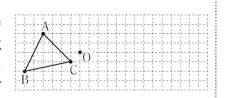

(2) 右の図で，点 O を相似の中

心として，△ABC を $\frac{1}{2}$ に縮小

した△A′B′C′ をかきなさい。

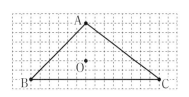

例題 84

右の図の四角形 ABCD と四角形 EFGH が相似の位置にあるとき，
次の問に答えなさい。

(1) 相似の中心はどこか。

(2) 四角形 ABCD と四角形 EFGH
の相似比を求めなさい。

(3) ∠G の大きさを求めなさい。

(4) 辺 BC の長さを求めなさい。

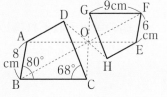

(1) **点 O**　　(2) AB：EF＝8：6 なので，4：3　㊐

(3) ∠G＝∠C＝68°　㊐

(4) BC＝$x$cm とすれば，x：9＝8：6　となります。

右辺を2でわって x：9＝4：3 にしてもよかったです。

はい，よく覚えていましたね。それがいいです。　㊐　**12cm**　と求ま
ります。

テーマ 2 三角形の相似条件

■■ イントロダクション ■■

◆ 三角形の相似条件とは ➡ どんなことが成り立つと相似といえるか
◆ 相似な三角形を見つける ➡ どの相似条件が成り立っているか
◆ 縮図の利用 ➡ 縮図を用いて距離を計算によって求める

三角形の相似条件

2つの三角形があるとします。これらが相似であるためには，次のうちのどれかが成り立つことが条件です。

---

① 3組の辺の比がすべて等しい
AB：DE＝BC：EF＝CA：FD

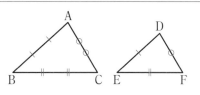

② 2組の辺の比とその間の角が
それぞれ等しい
AB：DE＝BC：EF，∠B＝∠E

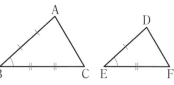

③ 2組の角がそれぞれ等しい
∠B＝∠E，∠C＝∠F

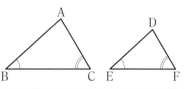

これを，**三角形の相似条件**といいます。

正確に書けるようになるまで，上を何かで隠して，言ってみたり書いてみたりしてください。覚える上でのポイントは2つあります。

1つめは，①だけが「すべて等しい」で，他は「それぞれ等しい」こと。もう1つは，辺の長さについては，辺の「比」がつくことです。これが合同条件とのちがいですね。

③は，「3組の角がそれぞれ等しい」ではダメですか？

とても多いまちがいなんです。

確かに、2組の角がそれぞれ等しいとき、残りの角も等しくなります。しかし、相似条件というのは、言いまわしが決まっているので、「2組の角がそれぞれ等しい」としなければいけません。気をつけてくださいね。

さて、三角形の相似条件は、しっかり覚えられたでしょうか。

では、それを使う問題をやってみましょう。

例題 85

次のそれぞれの図で、相似な三角形を記号∽を使って表し、それに用いた相似条件を答えなさい。

(1) (2) (3)

逆向きになっていたり、重なっていたり、裏返しになったりしています。わかりづらいときは、取り出して向きをそろえます。

(1) △CBD を取り出し、△ABC と向きをそろえると、右のようになります。

∠B は共通なので、等しいですね。

△ABC ∽ △CBD 答

相似条件は、**2 組の角がそれぞれ等しい** 答 とわかります。

(2) 対頂角は等しいです。

CB：CD は 2：3、

CA：CE も 2：3 になっています。

CB：CD＝

CA：CE です。

△ABC ∽ △EDC 答

相似条件は、**2 組の辺の比とその間の角がそれぞれ等しい** 答

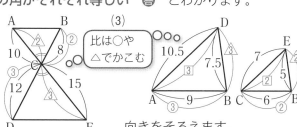

比は○や△でかこむ

(3) 向きをそろえます。

辺の比がすべて 3：2 ですね。

△ABD ∽ △CBE 答

相似条件は、**3 組の辺の比がすべて等しい** 答

次の図において，相似な三角形を選び，記号∽を用いて表しなさい。また，そのときの相似条件を書きなさい。

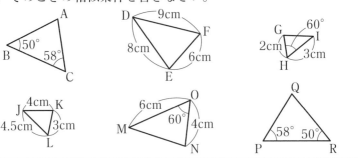

右のそれぞれの図で，相似な三角形を記号∽を使って表し，それに用いた相似条件を答えなさい。

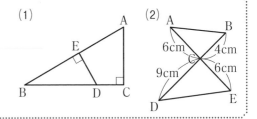

縮図の利用

直接は測定しづらい2地点間の距離や高さを求めるのに縮図を利用することができます。縮図は相似な図形です。

右の図で，池をはさんだ2地点A，B間の距離を求めたいと思います。

実際に測定するのはたいへんですよね。そこで，右のようにC地点に立ち，CA間，CB間，∠ACBの大きさをはかったところ，CA＝25m，CB＝40m，∠ACB＝60°でした。

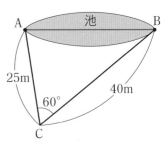

この△ABCの縮図を紙の上にかいてみて，AB の長さを測れば，計算によって AB 間の距離が求められるのです。

たとえば，1000 分の1の縮尺で縮図の△A′B′C′をかくとします。

CB＝40m＝4000cm なので，C′B′＝4000×$\dfrac{1}{1000}$＝4（cm）となります。

CA＝25m＝2500cm なので，

$$C'A'＝2500×\frac{1}{1000}＝2.5(cm)$$ です。

できた右の△A′B′C′は△ABC と相似と
いえますか？

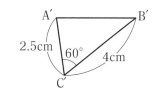

はい，2組の辺の比とその間の角がそれぞれ等しいので，
相似です。

そうですね。そして，この辺 A′B′の長さを測ると 3.5cm になりました。
これで AB 間の距離は，3.5×1000＝3500(cm)＝35(m)と求まります。
相似は，利用価値が高いですね。

　　右の図の木の高さを測るのに，影の
長さを利用することにした。1m の棒
AB を地面と垂直に立てたところ，影
BC の長さが 60cm，木の影の長さは
1.5m であった。次の問に答えなさい。
ただし，太陽の光は平行とする。
(1)　△ABC と△DEF の相似条件と相
　　似比を答えなさい。
(2)　木の高さは何 m か求めなさい。

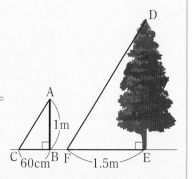

(1)　AC∥DF なので，同位角が等しく，∠ACB＝∠DFE です。
　　∠ABC＝∠DEF＝90°と合わせて，
　　相似条件は，**2組の角がそれぞれ等しい。**　　答
　　相似比は，60cm：1.5m＝60cm：150cm＝2：5　　答
(2)　木の高さを xm とします。
　　相似比を利用して，1：x＝2：5

$$x＝\frac{5}{2}$$　　答　2.5m　$\left(\frac{5}{2}m\right)$

相似比がわかったあとは，それを利用すると計算が楽になります。

③ 三角形の相似の証明

■■ **イントロダクション** ■■

◆ 相似条件を決める ⇒ 等しい角，辺の比を調べる
◆ 証明のしかた ⇒ 三角形の相似条件をみたす根拠を整理する
◆ 三角形の相似を証明する ⇒ 書き方を身につける

三角形の相似の証明

中2で，三角形の合同の証明を学びましたね。今回，三角形の相似の証明をするわけですが，基本的な流れは同じです。

使う条件が相似条件に変わるだけだと考えてください。やってみます。

例題 87

右の図のように，AD∥BC である台形 ABCD の対角線 AC と BD の交点を O とするとき，△OAD ∽△OCB であることを証明しなさい。

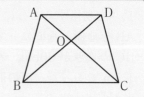

まず，ノートにこの図を写してください。

図と証明がセットになった完全証明を書くことで，上達します。

仮定は AD∥BC ですね。図に書き込みます。△OAD と△OCB で，必ず等しいことがいえる角をさがします。

対頂角が等しいです。同じマークをつけます。AD∥BC より，錯角が等しいことがいえます。∠OAD＝∠OCB です。マークをつけます。

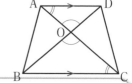

あっ！ 相似条件「2組の角がそれぞれ等しい」です。

そうです。この相似条件は成り立ちやすく，よく出てきます。

そのため，相似の証明では，多くの場合，角の大きさが等しいことを使います。「どことどこの角が等しいか」を考えるようにしてください。

相似の証明では，│ **等しい角をさがす** │のがポイントなのです。

では証明していきます。皆さんは，赤文字の部分を書いてください。

〔証明〕△OAD と△OCB において ← 相似を証明したい三角形を示します

対頂角は等しいから， ← 根拠は必ず書きます

∠AOD＝∠COB…① ○○○ 対応の順に注意

AD∥BC より，錯角は等しいので，

∠OAD＝∠OCB…② （∠ODA＝∠OBC でも OK）

①，②より，

2 組の角がそれぞれ等しいから， ← 相似条件は正確に

△OAD ∽ △OCB

書き方はわかったでしょうか。まとめておきます。

図をかく

↓

等しい角をさがす ○○○ 「2 組の角がそれぞれ等しい」がよく出ます

↓

相似条件を満たすことを確認する

↓

証明の書き方　　相似を証明しようとする三角形を示す。

↓　　　　　　　△〜と△〜において

根拠をつけて，成り立つことを書き，番号をふる。

↓　　　　　　〜より，〜＝〜…①

〜より，〜＝〜…②

成り立つ相似条件を書く。

（相似条件）

↓　　　　①，②より，〜〜から，

三角形の相似を「∽」で示す。　△〜∽△〜

確認問題 70

右の図の△ABC において，辺 AB，AC 上にそれぞれ点 D，E をとる。DE∥BC であるとき，△ABC ∽△ADE であることを証明しなさい。

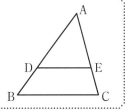

∠BAC＝90°の△ABC において，頂点 A から辺 BC にひいた垂線と BC との交点を D とするとき，△ABC ∽△DAC であることを証明しなさい。

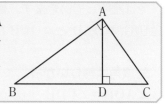

ノートに図を写してください。

△ABC と△DAC は，裏返しで向きもちがいます。

わかりづらいので，△DAC を取り出し，△ABC と同じ向きに並べてみます。

∠BAC＝90°，∠ADC＝90°です。

∠ACB と∠DCA は共通な角で等しいです。

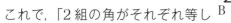

これで，「2 組の角がそれぞれ等しい」が成り立ちましたね。証明していきます。

皆さんは，赤文字部分を書いてください。

〔証明〕△ABC と△DAC において，

　仮定より，∠BAC＝∠ADC＝90°…①

　共通な角だから，∠ACB＝∠DCA…②

　①，②より，2 組の角がそれぞれ等しいから，

　△ABC ∽ △DAC

> 取り出して向きをそろえると，わかりやすいんですね。

そうなんです。

わかりやすいだけでなく，対応の順もまちがえずに書けます。

慣れるまでは，取り出して向きをそろえることを，ぜひやってください。

そのタイプの問題をもう 1 問やっておきましょう。

右の図の△ABC において，辺 AB 上に点 D をとる。∠BAC＝∠BCD であるとき，△ABC ∽△CBD であることを証明しなさい。

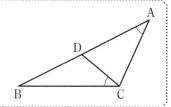

ちがうタイプの相似の証明をやってみます。

例題 89

右の図の△ABC において，辺 AB 上に点 D をとる。

AD＝5m，DB＝4cm，BC＝6cm であるとき，

△ABC ∽△CBD であることを証明しなさい。

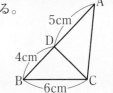

ちょっとやりづらそうですが，めげずにがんばりましょう。

とりあえず，△CBD を取り出して向きをそろえてみます。

∠ABC と∠CBD は共通です。

今回は，対応する辺の比を見てみます。

AB：CB＝9：6＝3：2 です。

→　図に3，2のマークをつけます。

BC：BD＝6：4＝3：2 です。

→　図に③，②のマークをつけます。

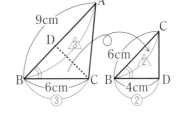

AB：CB＝BC：BD になりました。どちらも 3：2 です。

これで，「2 組の辺の比とその間の角がそれぞれ等しい」が成り立ちました。証明を書いていきます。

〔証明〕△ABC と△CBD において，

共通な角だから，∠ABC＝∠CBD…①

仮定より，AB：CB＝9：6＝3：2…②　○○○ いったん，等しい比を示します

仮定より，BC：BD＝6：4＝3：2…③

②，③より，AB：CB＝BC：BD…④　○○○ この式を書きます

①，④より，2 組の辺の比とその間の角がそれぞれ等しいから，

△ABC ∽ △CBD

ポイントは，いきなり④を書くのではなく，②，③のように，等しい比であることを示し，④につなげることです。

練習しておきましょう。

確認問題 72

右の図の△ABC で，辺 AC，AB 上にそれぞれ点 D，E をとる。AE＝4cm，EB＝8cm，AD＝6cm，DC＝2cm であるとき，△ABC ∽△ADE であることを証明しなさい。

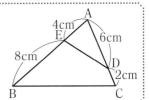

さらにレベルの高い問題をやります。あとひとがんばりです。

例題 90

右の図の△ABC は正三角形である。辺 BC 上に点 D，辺 AB 上に点 E をとり，∠ADE＝60°であるとき，△ADC ∽△DEB であることを証明しなさい。

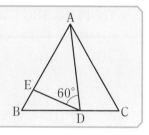

まず，正三角形の内角は 60°なので，
∠ACD＝∠DBE＝60°といえます。

もう 1 組，角が等しければ相似ですね。
∠ADE＝60°ということは，
∠ADC＋∠BDE＝120°となります。

また，△ADC の内角を考えると，
∠ADC＋∠CAD＝120°です。

つまり，∠ADC に∠BDE をたしても 120°，∠CAD をたしても 120°なのです。どことどこが等しいかわかりますか？

わかりました！　∠BDE と∠CAD が等しいといえます。

はい，その通りです。証明を書きます。

〔証明〕△ADC と △DEB において，

正三角形 ABC の内角だから，∠ACD＝∠DBE＝60°…①

仮定より∠ADE＝60°だから，

∠ADC＋∠BDE＝120°

よって，∠BDE＝120°－∠ADC…②

∠ACD＝60°より，∠ADC＋∠CAD＝120°

よって，∠CAD＝120°－∠ADC…③

②，③より，∠CAD＝∠BDE…④

①，④より，2 組の角がそれぞれ等しいから，

△ADC ∽ △DEB

②，③の式にするのは，右辺が同じであることを示すためです。そうすることで，左辺も等しいことがいえるのです。

次の問に答えなさい。

▶解答：p.247

1. 右の図の平行四辺形 ABCD で，点 E は辺 AD 上の点で，BE と対角線 AC との交点を O とする。△AOE ∽ △COB であることを証明しなさい。

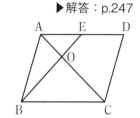

2. △ABC の辺 BC 上に点 D をとる。右の図のように，D を通り AB，AC に平行な直線をひき，辺 AC，AB との交点をそれぞれ E，F とする。このとき，△BDF ∽ △DCE であることを証明しなさい。

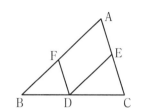

3. 右の図の平行四辺形 ABCD で，点 A から辺 BC，CD にそれぞれ垂線 AE，AF をひく。このとき，△ABE ∽ △ADF であることを証明しなさい。

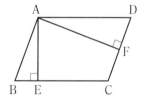

4. △ABC の頂点 B，C から辺 AC，AB に，それぞれ垂線 BD，CE をひく。このとき，△ABD ∽ △ACE であることを証明しなさい。

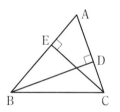

5. 右の図で，線分 AD，BC の交点を O とし，A と B，C と D をそれぞれ結ぶ。AO＝5cm，BO＝3cm，CO＝6cm，DO＝10cm であるとき，△AOB ∽ △DOC であることを証明しなさい。

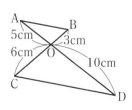

テーマ 4 相似の利用

■■ **イントロダクション** ■■

◆ 相似を用いて線分の長さを求める ➡ 比例式をつくる
◆ 平行線による相似 ➡ 2 つのパターンをどう用いるか
◆ 図形の中にある相似の利用 ➡ どこに相似な三角形があるか

相似を用いて線分の長さを求める

右の図のように 2 つの三角形があるとき，
△ABC ∽ △DEF になりますね。

それを利用して，x や y の長さが求められます。

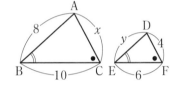

$x : 4 = 10 : 6$ を解いて，$x = \dfrac{20}{3}$

$8 : y = 10 : 6$ を解いて，$y = \dfrac{24}{5}$

このように，相似な三角形が同じ向きに並んでいたら簡単ですね。

逆向きや裏返しになった相似な三角形で，長さを求める問題を扱います。

例題 91

次の図で，x の値を求めなさい

(1)

$(\angle ABC = \angle ADE)$

(2)

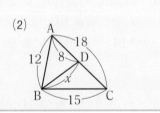

---

(1) やりづらそうです。どうやれば解きやすくなるでしょうか？

> 証明のときと同じように，取り出して向きをそろえます。

はい，その通りです。右のようになります。

$x : 12 = 15 : 9$

$x : 12 = 5 : 3$ ⟩ 右辺を 3 でわります

$x = 20$ 　答

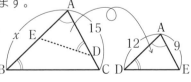

(2) AB：AD＝12：8＝3：2で，

AC：AB＝18：12＝3：2です。

2組の辺の比とその間の角がそれ

ぞれ等しいですね。

したがって，15：x＝3：2

x＝10 答

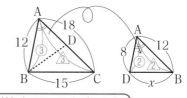

○○○ 相似比を用いると楽です

確認問題 73

次の図で x の値を求めなさい。

(1)

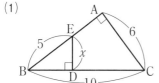

(2)

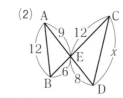

平行線と相似

平行線があると，下の2つのパターンの相似な三角形ができます。

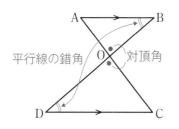

平行線の錯角 ● 対頂角

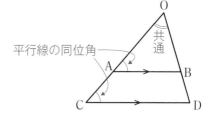

平行線の同位角 共通

どちらも，「2組の角がそれぞれ等しい」が成り立っています。

覚えやすいように，それぞれに名前をつけましょう。

それぞれ，何に見えますか？

左は砂時計に似ています。右は，思いうかびません…。

では，左の図は砂時計型にしましょう。

右の図はピラミッドに似ていませんか？

異議があるかもしれませんが，ピラミッド

型とします。

平行線があったら，この2種類を用います。

平行線によってできる相似

砂時計型 ピラミッド型

次の図で，DE∥BC のとき，x，y の値を求めなさい。

(1)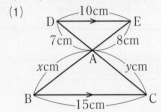

(2)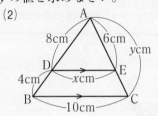

(1) 砂時計型です。△ADE ∽ △ACB なので，

　　AE：AB＝DE：CB です。←[対応辺に注意]

　　　　$8：x＝10：15$

　　　　$8：x＝2：3$

　　　　$x＝12$　㊐

　　　$7：y＝2：3$ より，$y＝\dfrac{21}{2}$　㊐

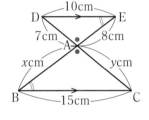

(2) ピラミッド型です。△ADE ∽ △ABC

　　なので，DE：BC＝AD：AB

　　　　$x：10＝8：12$

　　　　$x：10＝2：3$　　　[DB ではないです]

　　　　$x＝\dfrac{20}{3}$　㊐

　　　$6：y＝8：12$

　　　$6：y＝2：3$ より，$y＝9$　㊐

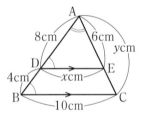

　砂時計型のときは対応する辺に注意が必要で，ピラミッド型のときは，相似な三角形の辺の長さで比の式を立てることが注意点です。

次の図で DE∥BC のとき，x，y の値を求めなさい。

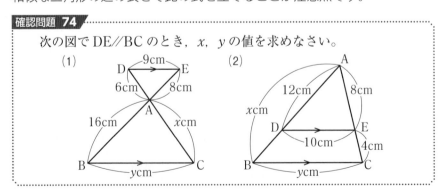

図形の中にある相似な三角形

いろいろな図形の中に，相似な三角形がかくれていることがあります。それを発見し，線分比や線分の長さを求めていきます。

例題 93

右の図の平行四辺形 ABCD において，辺 AD 上に点 E，辺 CD 上に点 F をとる。

AE：ED＝2：1，CF：FD＝1：1 である。

BE，BF と対角線 AC との交点をそれぞれ P，Q とするとき，次の線分の比を求めなさい。

(1) BP：PE   (2) BQ：QF

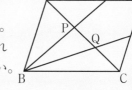

(1) BP や PE を辺にもつ相似な三角形をさがします。右のように，砂時計型の相似な三角形がありました！

△BPC ∽ △EPA を用いれば，BP：PE は BC：EA に等しいことがわかります。

よって，BP：PE＝BC：EA＝3：2 **答** と求まるわけです。

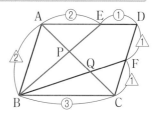

(2) BQ や QF を辺にもつ相似な三角形をさがしてください。

> 見つかりました。左右に砂時計型が見えます。

その通りです。△ABQ ∽ △CFQ ですね。

BQ：QF は AB：CF に等しいです。

よって，BQ：QF＝AB：CF＝2：1 **答**

このように，平行線がある図形では，かくれた相似を見つけられれば，線分比がわかります。

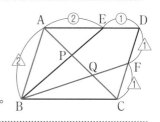

確認問題 75

右の図の平行四辺形 ABCD において，AE：ED＝3：2，CF：FD＝5：3 となる点 E，F を辺 AD，CD 上にとる。

次の線分の比を求めなさい。

(1) AP：PC   (2) AQ：QC

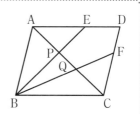

右の図で, AB∥CD∥EF である。3点B, F, D は一直線上にあり, AB＝10cm, CD＝15cm である。次の問に答えなさい。

(1) BE：CE を求めなさい。

(2) EF の長さを求めなさい。

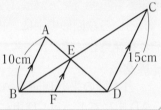

この問題は, 定期テストでも入試でもよく出ます。マスターしましょう。

(1) BE や CE を辺にもつ相似な三角形は…

砂時計が見えますね。

$\triangle$ABE $\backsim$ $\triangle$DCE より,

BE：CE＝AB：DC

＝10：15

＝2：3 **答**

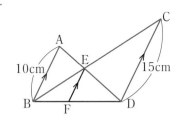

これはもう, 慣れてきたかと思います。

(2) まず, (1)でわかった BE：CE＝2：3 を図に書き入れます。

さて, EF を辺とする相似な三角形はないですか？

$\triangle$**BEF** $\backsim$ $\triangle$**BCD があります。ピラミッド型です。**

よく気づきましたね。

$\triangle$BEF $\backsim$ $\triangle$BCD より, EF：CD＝BE：BC

EF：15＝2：5 ◁ 2：3 ではないです

EF＝6cm **答**

砂時計とピラミッドが両方あるんですね。

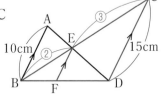

右の図で, AB∥CD∥EF である。3点 B, F, D は一直線上にあり, AB＝6cm, CD＝12cm である。次の問に答えなさい。

(1) BE：CE を求めなさい。

(2) EF の長さを求めなさい。

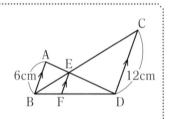

右の図の四角形 ABCD は平行四辺形である。次の問に答えなさい。

(1) EH：HC を求めなさい。

(2) x，y の値を求めなさい。

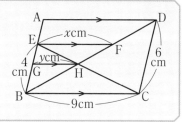

(1) 左右の砂時計があります。

△EBH ∽ △CDH より，

EH：HC＝EB：CD＝2：3　㊅ ⟶  この比を図に書いてください。

(2) △EFH ∽ △CBH より，　　　　　△EGH ∽ △EBC より，

$x : 9 = 2 : 3$　$x = 6$　㊅

$$y : 9 = 2 : 5 \quad y = \frac{18}{5} \quad ㊅$$

砂時計やピラミッドが見つけられるでしょうか。

トレーニング⓭

次の図で，x，y の値を求めなさい。　　　　　▶解答：p.248

(1)
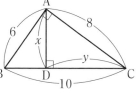

(2)
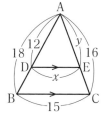

(3)
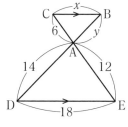

(4)
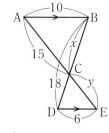

(5)
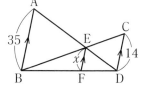

(6)
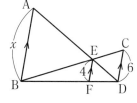

テーマ 5 平行線と線分比

■┣■ **イントロダクション** ■┣■

◆ 平行線と線分比 ➡ 等しい比をもつ線分はどこか

◆ 平行線で区切られた線分の比 ➡ どのように比例式を立てるか

◆ 台形への応用 ➡ どこに補助線をひくか

平行線と線分比

右の図で x の値を求めるとき，ピラミッド型の相似を利用しました。

$\triangle\text{ADE} \sim \triangle\text{ABC}$ なので，

$\text{AD}:\text{AB}=\text{AE}:\text{AC}$ が成り立ちます。

$x:(x+4)=6:9$ となりますね。

これを解くと，$x=8$ が求められます。今までの復習でした。

ところが，実は，$\text{AD}:\text{DB}=\text{AE}:\text{EC}$ が成り立ちます。

$$x:4=6:3$$

$$x=8 \qquad \text{同じ答えになりましたね。}$$

> この式が成り立つなら，長さが楽に求められます。

そうですよね。理由を下の図で説明します。

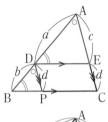

点 D を通って，AC に平行な直線をひいて，辺 BC との交点を P とします。

四角形 DPCE は平行四辺形ですね。

ということは，DP の長さは d と等しいです。

平行線の同位角に同じ印をつけます。

すると，$\triangle\text{ADE} \sim \triangle\text{DBP}$ になるのです。

したがって，$a:b=c:d$ なのです。

左の図で，次のことが成り立ちます。

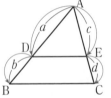

> ・$\text{DE}/\!/\text{BC}$ ならば，$a:b=c:d$
>
> ・$a:b=c:d$ ならば，$\text{DE}/\!/\text{BC}$

例題 96

次の図で，DE∥BC であるとき，x，y の値を求めなさい。

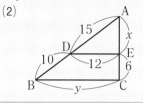

(1)　$12 : x = 16 : 8$ で求められます。

　　　$12 : x = 2 : 1$　←[右辺を 8 でわって]

　　　　$2x = 12$　　$x = 6$　**答**　楽ですね。

　　y は，ピラミッドの相似を使います。

　　$\triangle \text{ADE} \backsim \triangle \text{ABC}$ より，

　　$\text{DE} : \text{BC} = \text{AE} : \text{AC}$ で，$y : 21 = 16 : 24$

　　　$y : 21 = 2 : 3$　←[右辺を 8 でわって]

　　　$3y = 42$　　$y = 14$　**答**

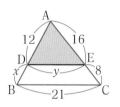

　　$y : 21 = 16 : 8$ では，ダメなんですか？

　そうなんです。

　平行線 DE や BC の長さが必要なときは，三角形の相似に戻らなければいけません。

　この楽な解き方を知ったあと，一番多いミスがこれです。注意しましょう。

(2)　x は，$15 : 10 = x : 6$ で解いて大丈夫ですね。

　　　左辺を 5 でわって，

　　　　$3 : 2 = x : 6$

　　　　　$2x = 18$　　$x = 9$　**答**

[注意しよう]

この長さを使うときや求めるときは，三角形の相似で解く。

　y は，三角形の相似に戻って，$\triangle \text{ADE} \backsim \triangle \text{ABC}$ より，$\text{DE} : \text{BC} = \text{AD} : \text{AB}$ で，$12 : y = 15 : 25$

　　$12 : y = 3 : 5$

　　$3y = 60$　　$y = 20$　**答**　使い分けがわかったでしょうか。

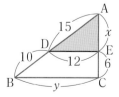

次の図で DE∥BC であるとき，x，y の値を求めなさい。

(1)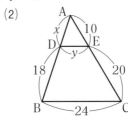

(2)

平行線で区切られた線分の比

下の図のように，何本かの平行線によって区切られた線分の図では，

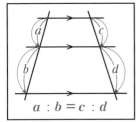

$a:b=c:d$ が成り立ちます。

理由を説明します。下の図を見てください。

DF∥AP∥BQ となる平行線 AP，BQ をひきます。四角形 APED や四角形 BQFE は，どちら

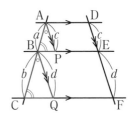

も平行四辺形で，AP＝c，BQ＝d です。平行線の同位角で等しい角に印をつけていくと，

△ABP ∽ △BCQ が成り立つのです。したがって，$a:b=c:d$ です。

$a:c=b:d$ なども成り立つんでしょうか？

はい，成り立ちます。△ABP ∽ △BCQ を考えればわかりますね。

上：下で $a:b=c:d$，左：右で $a:c=b:d$　どちらも OK ですよ。

例題 **97**

a∥b∥c のとき，x の値を求めなさい。

(1)

(2)

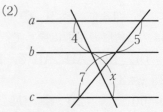

(1) $8:6=x:4$ となります。$8:x=6:4$ でもいいです。

これを解いて，$x=\dfrac{16}{3}$ 答 と求まります。

(2) $4:x=5:7$ となります。これを解いて，$x=\dfrac{28}{5}$ 答

線が交差していると，わかりづらいです。

そうですね。では，下のように考えてください。

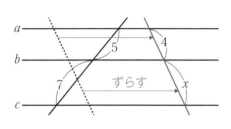

交差している一方をずらします。平行移動です。

そして，2本の直線がはなれた図で考えると楽です。実際にずらした図をかかなくても，頭の中でできますね。

例題 98

$a/\!/b/\!/c$ のとき，x の値を求めなさい。

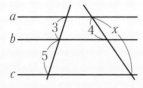

「$3:5=$」の式を作ると，$3:5=4:(x-4)$ となります。

ところが，$3:8=4:x$ とやってかまいません。

左の線分と右の線分で，対応する線分の比は等しいのです。 答 $x=\dfrac{32}{3}$

確認問題 78

$a/\!/b/\!/c$ のとき，x の値を求めなさい。

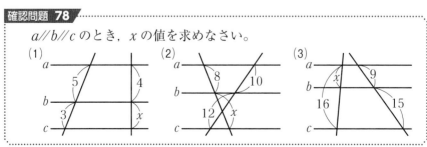

台形への応用

台形において，線分の長さを求めていきます。

例題 99

右の図で AD∥EF∥BC である。

AE：EB＝3：5 であるとき，

x の値を求めなさい。

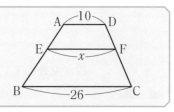

台形の問題は，補助線をひいて相似な三角形をつくるのが鉄則です。

点 A を通って，DC に平行な直線をひきます。 ←〔ポイント〕

右の図のように点を定めれば，△AEP ∽ △ABQ
が成り立ちますね。

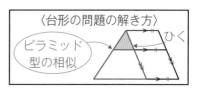

ところで，四角形 APFD，PQCF は，ともに
平行四辺形なので，PF＝QC＝AD＝10 です。

ということは，EP＝x － 10，BQ＝16 となりますね。

△AEP ∽ △ABQ より，EP：BQ＝AE：AB

$(x - 10) : 16 = 3 : 8$

$\qquad 8(x - 10) = 48$

これを解いて，

$$x = 16 \ \ ㊈$$

〈台形の問題の解き方〉

ピラミッド型の相似／ひく

例題 100

右の図の四角形 ABCD は AD∥BC の台形で，EF は対角線の交点
O を通り，AD，BC に平行である。

次の問に答えなさい

(1) AO：OC を求めなさい。

(2) EO の長さを求めなさい。

(3) EF の長さを求めなさい。

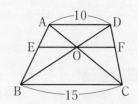

(1) 砂時計型の相似 △AOD ∽ △COB より，

AO：OC＝AD：CB＝2：3 ㊈

(2) AO に②，OC に③を書き，ピラミッド型
の相似 △AEO ∽ △ABC を使います。

EO：15＝2：5 より，**EO＝6** ㊈

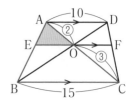

(3) OF の長さを求め，EO とたします。

ピラミッド型△COF ∽△CAD を使い，

OF：10＝3：5

これを解いて，OF＝6

(2)の結果と合わせて，**EF＝12** 答

DO：OB＝2：3 から，△DOF ∽△DBC を使ってもできます。

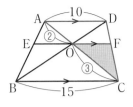

トレーニング⑭

1. 次の図で，x，y の値を求めなさい。　　▶解答：p.249

(1)

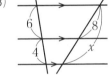

(2)

(3)

(4)

2. 右の図で，AD∥EF∥BC である。

AE：EB＝3：2 であるとき，x の

値を求めなさい。

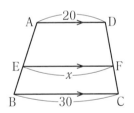

3. 右の図で，AD∥EF∥BC で，EF は

対角線の交点 O を通る。

次の問に答えなさい。

(1) AO：OC を求めなさい。

(2) EO の長さを求めなさい。

(3) EF の長さを求めなさい。

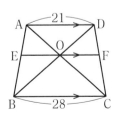

テーマ ⑥ 中点連結定理・角の二等分線

┣┣ イントロダクション ┫┫

◆ 中点連結定理 ➡ 成り立つことがらを理解し，利用する

◆ 中点連結定理の利用 ➡ 図形の中で成り立つ三角形を見つける

◆ 角の二等分線 ➡ 辺をどのような比に分けるか

中点連結定理

　右の図のように△ABC の辺 AB，AC の中点を
それぞれ M，N とします。

　AM：MB＝AN：NC＝1：1 ですね。

　このとき，どんなことが成り立つか，覚えてい
ますか？

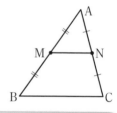

> **AM：MB＝AN：NC なら，MN∥BC になるはずです。**

　はい，よく覚えていましたね。

　そして，△AMN ∽△ABC になって，
相似比は 1：2 ですよね。

　つまり，$MN＝\dfrac{1}{2}BC$ が成り立つのです。

　これを，**中点連結定理**といいます。

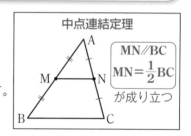

中点連結定理

$$MN∥BC$$
$$MN＝\frac{1}{2}BC$$
が成り立つ

例題 101

　右の図で，同じ印をつけた線分は，
長さが等しいことを表している。

　x，y の値を求めなさい。

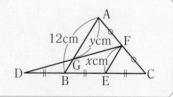

△ABC で，中点連結定理が成り立ちます。$x＝\dfrac{1}{2}AB＝6$ 　答

そして，FE∥AB となるので，△DGB ∽△DFE がいえますね。

$BG＝\dfrac{1}{2}x＝3cm$　よって，$y＝9$ 　答　と求まります。

右の図の△ABC において，辺 AB，AC，BC の中点をそれぞれ P，Q，R とするとき，次の問に答えなさい。

(1) 線分 PQ の長さを求めなさい。

(2) △PQR の周の長さを求めなさい。

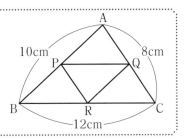

例題 **102**

右の図の四角形 ABCD で，辺 AB，BC，CD，DA の中点をそれぞれ P，Q，R，S とするとき，四角形 PQRS は平行四辺形であることを証明しなさい。

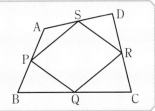

これはよく出題され，苦手な人が多い問題です。

中２で学んだ，「平行四辺形になるための条件」を覚えていますか？

> 2 組の向かい合う辺がそれぞれ平行とか，5 つあります。

そうでしたね。5 つあるうち，何が成り立つでしょうか。

ポイントは，どちらかの**対角線をひくこと**です。対角線 AC をひきます。

△ABC の中点連結定理で，PQ は AC と平行で AC の半分，△ADC でも SR は AC と平行で AC の半分となります。

PQ//SR，PQ=SR が成り立ちましたね。

〔証明〕**対角線 AC をひく。**←[この文は必要です]

P，Q は AB，CB の中点だから，

△ABC で中点連結定理より，

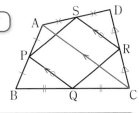

$$PQ // AC, \quad PQ = \frac{1}{2} AC \quad \cdots ①$$

△ADC においても同様にして，←[同じことのくり返しはこれで OK]

$$SR // AC, \quad SR = \frac{1}{2} AC \quad \cdots ②$$

①，②より，PQ//SR，PQ=SR

1 組の向かい合う辺が平行でその長さが等しいから，

四角形 PQRS は平行四辺形である。

角の二等分線

右の図のように，∠BAC の二等分線が辺BC と交わる点を D とするとき，

AB：AC＝BD：DC が成り立ちます。

たとえば，AB＝5cm で AC＝4cm なら，BD：DC＝5：4 となるのです。

なぜそうなるのかを説明します。

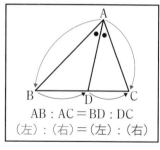

AB：AC＝BD：DC
（左）：（右）＝（左）：（右）

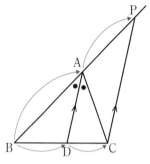

準備しますね。

まず，BA を延長します。

点 C を通って DA に平行な直線をひき，BA の延長との交点を P とします。

これで準備完了です。

AD∥PC なので，

BA：AP＝BD：DC…① が成り立ちます。

平行線と線分比の性質ですね。

ここまでいいですか？

次に，平行線の同位角，平行線の錯角を利用して，等しい角に同じ印をつけてみます。

すると，△ACP は二等辺三角形であることがわかりますね。つまり，AP＝AC…②

①，②を合わせると，

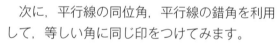

$$BA：\underline{AP}＝BD：DC…①$$
$$\Downarrow \quad \uparrow\!\!-\!\!-AP＝AC…②$$

AB：AC＝BD：DC となります。

> 角の二等分線は，BC の中点を通ると思っていました。

そう思い込んでいる人は多いんです。今日から誤解を解いてください。

∠A の二等分線が BC の中点を通るのは，もとの三角形が AB＝AC の二等辺三角形のときに限られます。

AB＝AC なら，AB：AC＝1：1 なので，BD：DC＝1：1 ですね。

下の図の△ABCで，ADは∠BACの二等分線である。xの値を求めなさい。

(1)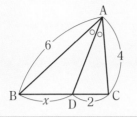

(2)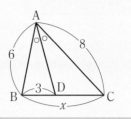

(1) AB：AC＝BD：DC

 6：4＝x：2

 $x＝3$

(2) 6：8＝3：$(x－3)$

 $6(x－3)＝24$

 これを解いて，$x＝7$ 答

式にそのままあてはめれば解けますね。

下の図の△ABCで，ADは∠BACの二等分線である。xの値を求めなさい。

(1)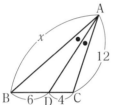

(2)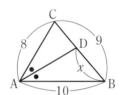

右の図の△ABCで，∠Aの二等分線と辺BCとの交点をD，∠Bの二等分線とADとの交点をIとするとき，次の問に答えなさい。

(1) BDの長さを求めなさい。

(2) AI：IDを求めなさい。

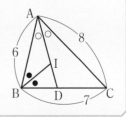

(1) BD＝xとします。

 6：8＝x：$(7－x)$

 これを解いて，$x＝3$ 答

(2) BD＝3を記入した図が右です。

 △ABDだけを見ると，BA：BD＝AI：ID

 ということは，AI：ID＝6：3＝2：1 答

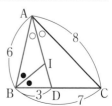

テーマ 7 相似な図形の面積比・体積比

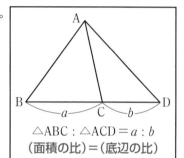

イントロダクション

◆ 高さが等しい三角形の面積比 ⇒ 底辺の比を用いて面積を求める
◆ 相似な図形の面積比 ⇒ 相似比との関係を知る
◆ 相似な立体の体積比 ⇒ 相似比との関係を知る

高さが等しい三角形の面積比

右の2つの三角形は，高さが等しいです。このとき，その面積の比は，底辺の比と等しくなります。

三角形の面積の求め方を考えれば，わかりますね。

となり合う三角形の面積の比は底辺の比ということになります。

$\triangle ABC : \triangle ACD = a : b$
（面積の比）＝（底辺の比）

例題 105

次の問に答えなさい。

1. 影をつけた三角形の面積を求めなさい。

(1)

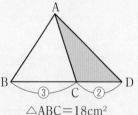

$\triangle ABC = 18 \text{cm}^2$

(2)

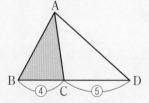

$\triangle ABD = 36 \text{cm}^2$

2. 右の図で，点 D は辺 BC の中点で，点 E は AD 上の点で AE : ED = 4 : 3 である。$\triangle ABC$ の面積が 28cm^2 であるとき，次の三角形の面積を求めなさい。

(1) $\triangle ABD$

(2) $\triangle ABE$

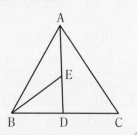

1. (1)をやってみてください。どんな式を立てますか？

> △ACD を x とすれば $18 : x = 3 : 2$ です。$x = 12$ です。

はい，正解です。(面積の比) = (底辺の比)で式を立てて解きましたね。
では，さらに簡単な求め方を紹介します。
△ABC の面積 $18\mathrm{cm}^2$ に，分数をかけて求める方法です。やってみます。

$$\triangle\mathrm{ACD} = 18 \times \frac{2}{3} \begin{array}{l} \leftarrow 求めたい \triangle\mathrm{ACD} の底辺 \\ \leftarrow 面積がわかっている \triangle\mathrm{ABC} の底辺 \end{array}$$

これが使えるようになると，楽に面積が求められます。　　圏　$12\mathrm{cm}^2$

(2) $\triangle\mathrm{ABC} = 36 \times \dfrac{4}{9} \begin{array}{l}(\leftarrow \mathrm{BC}) \\ (\leftarrow \mathrm{BD})\end{array}$ で，$16\,(\mathrm{cm}^2)$ 圏 と求まりますね。

2. (1) $\triangle\mathrm{ABD} = 28 \times \dfrac{1}{2} \begin{array}{l}(\leftarrow \mathrm{BD}) \\ (\leftarrow \mathrm{BC})\end{array} = 14\,(\mathrm{cm}^2)$ 圏

(2) △ABD をもとにして考えます。底辺は AD です。

$$\triangle\mathrm{ABE} = 14 \times \frac{4}{7} \begin{array}{l}(\leftarrow \mathrm{AE}) \\ (\leftarrow \mathrm{AD})\end{array} = 8\,(\mathrm{cm}^2) \text{ 圏}$$

わかったでしょうか。練習してください。

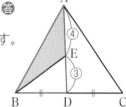

確認問題 81

次の問に答えなさい。

1. 影をつけた三角形の面積を求めなさい。

(1)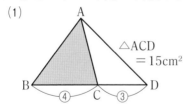

△ACD $= 15\mathrm{cm}^2$

(2)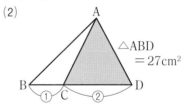

△ABD $= 27\mathrm{cm}^2$

2. 右の図において，△ABC $= 35\mathrm{cm}^2$ であるとき，次の三角形の面積を求めなさい。

(1) △ABD

(2) △BDE

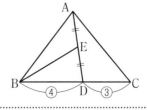

相似な図形の面積比

相似な図形では，相似比が $a:b$ のとき，面積の比は $a^2:b^2$ となります。

右の図のような三角形で考えてみれば，底辺が $a:b$ のとき高さも $a:b$ になっているので，面積比は $a^2:b^2$ になるのです。

相似比 $3:5$ なら，面積比は $9:25$ ですね。

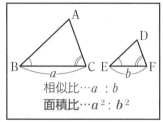
相似比…$a:b$
面積比…$a^2:b^2$

前にやったものとのちがいがよくわかりません。

混乱しやすいですよね。もう一度整理します。

高さは等しい
面積比 $a:b$

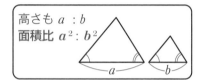
高さも $a:b$
面積比 $a^2:b^2$

例題 106

次の図で，△ABC と△ADE の面積の比を求めなさい。

(1)

(2)

(1) △ABC ∽ △ADE です。相似比を 2 乗すればいいですね。

△ABC : △ADE $=9^2:18^2$ でも求まりますが，

先に相似比を求めるのがコツです。相似比 $1:2$ なので，

△ABC : △ADE $=1^2:2^2=1:4$ **答**

(2) 相似比 $2:5$ より，△ABC : △ADE $=2^2:5^2=4:25$ **答**

確認問題 82

右の図で，DE∥BC，AD$=9$cm，DB$=6$cm である。次の問に答えなさい。

(1) △ADE と△ABC の面積比を求めなさい。

(2) △ADE と台形 DBCE の面積比を求めなさい。

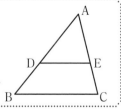

相似な立体の体積比

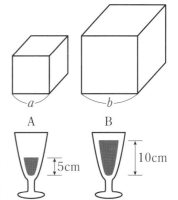

　ある立体を拡大，縮小してできる立体を，もとの立体と相似な立体といいます。たとえば，右の2つの立方体は相似です。相似比 $a:b$ で，表面積の比は $a^2:b^2$，体積の比は $a^3:b^3$ となります。

　相似比が $2:3$ なら，表面積の比は $4:9$，体積の比は $8:27$ となるわけです。

> **相似な立体で，相似比が $a:b$ ならば，表面積の比 $a^2:b^2$，体積の比 $a^3:b^3$**

　上の A と B に入ったジュースの量は，相似比 $1:2$ なので体積比 $1:8$ です。つまり，B には A の8倍のジュースが入っているんですね。

例題 107

　右の図の2つの正四角錐 A, B は相似で，A の底面は1辺 9cm の正方形，B の底面は1辺 12cm の正方形である。次の問に答えなさい。

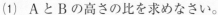

(1) A と B の高さの比を求めなさい。

(2) A と B の表面積の比を求めなさい。

(3) A の体積が 270cm^3 であるとき，B の体積を求めなさい。

(1) 相似比なので，$9:12=3:4$ 　答

(2) 相似比 $3:4$ なので，表面積の比は，$3^2:4^2=9:16$ 　答

(3) 体積比は，$3^3:4^3=27:64$　したがって，$270 \times \dfrac{64}{27} = 640\,(\text{cm}^3)$ 　答

確認問題 83

　右の図で，OA＝AD＝DG である。三角錐 OGHI を，△GHI と平行な平面で3つの部分 P，Q，R に分けるとき，次の問に答えなさい。

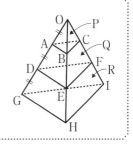

(1) 三角錐 OABC，三角錐 ODEF，三角錐 OGHI の表面積の比を求めなさい。

(2) 立体 P，Q，R の体積の比を求めなさい。

▶解答：p.250

1.　次の図において，相似な三角形を対応の順に注意して表し，そのとき
　　使った相似条件を書きなさい。

(1)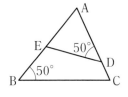

(2)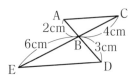

△ABC ∽△ [　　　　]

相似条件；

[　　　　　　　　　　]

△ABC ∽△ [　　　　]

相似条件；

[　　　　　　　　　　　]

2.　右の図で，AC ⊥ BD，DE ⊥ AB である。
　　△ABC ∽ △DBE であることを次のように
　　証明した。[　]をうめて完成させなさい。

〔証明〕△ [　　　] と△DBE において，

[　　　] な角だから，∠ [　　　] = ∠DBE…①

仮定より，∠ACB = ∠ [　　　] = [　]°…②

①，②より，[　　　　　　　　　　　　　　　　　] から，

△ [　　　] ∽△ [　　　]

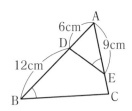

3.　右の図のように，△ABC の辺 AB，AC 上に
　　それぞれ点 D，E があり，∠ABC＝∠AED で
　　ある。このとき，線分 EC の長さを求めなさい。

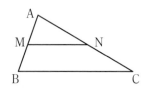

4.　右の図で，辺 AB，AC の中点を M，N
　　とする。∠ABC＝70°，∠BAC＝80°，
　　BC＝12cm である。∠ANM の大きさと，
　　線分 MN の長さをそれぞれ求めなさい。

5. 次の図で，DE∥BC であるとき，x，y の値を求めなさい。

(1)
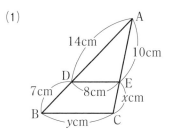

(2)
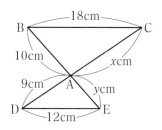

6. 次の図において，l∥m∥n であるとき，x の値を求めなさい。

(1)
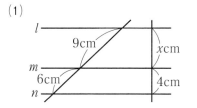

(2)
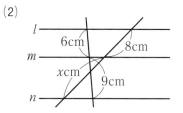

7. 右の図で，AB∥EF∥CD である。
次の問に答えなさい。
(1) BE：EC を求めなさい。
(2) EF の長さを求めなさい。

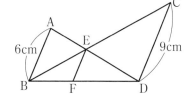

8. 右の図で，線分 AD は∠BAC の二等分線
である。x の値を求めなさい。

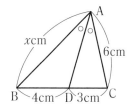

9. 右の図で，DE∥BC であるとき，
△ABC と△ADE の面積の比を求めなさい。

▶解答：p.251

1. 右の図において，AD//EE//BC である。
   AE：EB＝3：2 であるとき，x の値を求めな
   さい。

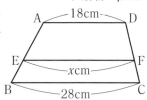

2. 右の図で，AD//EF//BC であり，EF は対
   角線の交点 O を通る。次の問に答えなさい。
   (1) EO の長さを求めなさい。
   (2) EF の長さを求めなさい。

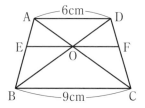

3. 右の図で，AD//EF//BC である。EF と対
   角線 BD，AC との交点をそれぞれ P，Q とす
   る。AE：EB＝3：2 であるとき，次の問に答
   えなさい。
   (1) EQ の長さを求めなさい。
   (2) PQ の長さを求めなさい。

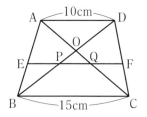

4. 右の図の△ABC において，∠BAC の二等
   分線と辺 BC との交点を D とし，∠ABD の
   二等分線と AD との交点を E とするとき，
   AE：ED を求めなさい。

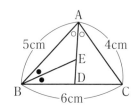

5. 右の図で，BC//DE，DC//FE である。線
   分 AF の長さを求めなさい。

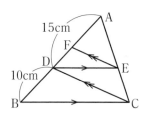

6. 右の図の平行四辺形 ABCD において，
   AD＝8cm，辺 DC を 2：1 に分ける点を
   E とする。直線 AE と対角線 BD，直線
   BC との交点をそれぞれ F，G とする。
   次の問に答えなさい。

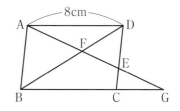

(1) CG の長さを求めなさい。

(2) BD＝10cm であるとき，線分 BF の長さを求めなさい。

7. 右の図のように，直角三角形 ABC の頂点
   A を通る直線に，点 B，C から垂線をひき，
   その交点をそれぞれ D，E とする。

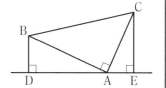

　　△ABD ∽△CAE であることを，次のよう
   に証明した。□ をうめて完成させなさい。

　〔証明〕 △ABD と △□ において，
　　　仮定より， ∠ADB＝∠□＝□°…①
　　　∠BAC＝90°だから， ∠BAD＋∠CAE＝□°
　　　よって， ∠BAD＝□°−∠□ …②
　　　∠AEC＝90°だから， ∠CAE＋∠ACE＝□°
　　　よって， ∠ACE＝□°−∠□ …③
　　　②，③より， ∠BAD＝∠□ …④
　　　①，④より， □ から，
　　　△ABD ∽△□

8. 右の図で，AD∥BC，AD：BC＝3：5 で
   ある。AC と DB の交点を O とし，線分
   OB 上に，OE：EB＝2：3 となる点 E をとる。
   △AOD＝18cm^2 であるとき，△BCE の面
   積を求めなさい。

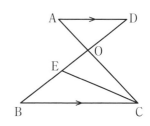

テーマ
1 円と角①

■┗ **イントロダクション** ┓■

◆ 円周角とは ➡ 弧，中心角，円周角の意味，性質を知る

◆ 円周角を求める ➡ 円周角の性質を用いて，角の大きさを求める

◆ 円周角の定理の逆 ➡ どんなことが成り立つとき4点が円周上にあるか

▍円周角の定理

まず，名称から始めます。

弦AB　　弧 AB（$\overset{\frown}{\mathrm{AB}}$）

　　　　　　　円周の一部の，AからBまでの部分を**弧 AB**といい，$\overset{\frown}{\mathrm{AB}}$ と表します。

　　　　　　　円周上のAとBを結んだ線分のことを**弦 AB**といいます。∠AOBのことを，$\overset{\frown}{\mathrm{AB}}$ に対する**中心角**といいます。ここまでは復習です。

　そして，円周上に点Pをとり，∠APBを $\overset{\frown}{\mathrm{AB}}$ に対する**円周角**といいます。名称については，以上です。

　次に，新しく出てきた円周角の性質について考えます。

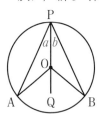

　　　　　　　この図のように，∠APO$=a$，∠BPO$=b$とします。aと等しい角がどこにあるかわかりますか？

> 半径で **AO=PO** なので，∠**OAP** です。

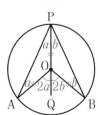

　　　　　　　はい，その通りです。そして，△AOPの外角として，∠AOQ$=2a$となります。同様にして∠BOQ$=2b$です。∠AOB$=2a+2b$，∠APB$=a+b$で，

$$\angle \mathrm{APB}=\frac{1}{2}\angle \mathrm{AOB}$$ となるのです。

このことを**円周角の定理**といいます。次のことが成り立ちます。

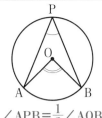

$\angle \text{APB} = \dfrac{1}{2} \angle \text{AOB}$

同じ弧に対する円周角は，中心角の半分。

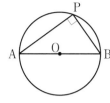

$\angle \text{APB} = 90^\circ$

半円に対する円周角は 90°（$\angle \text{AOB} = 180^\circ$ の半分）。

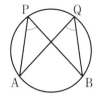

$\angle \text{APB} = \angle \text{AQB}$

同じ弧に対する円周角は等しい。

これらを使って，角の大きさを求めてみましょう。

例題 **108**

次の図で，$\angle x$，$\angle y$ の大きさを求めなさい。

(1)

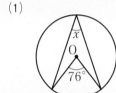

(2)

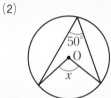

(3)

(4)

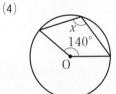

(5)

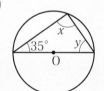

(6)

(1)　$\angle x = 76^\circ \times \dfrac{1}{2} = 38^\circ$ 答　(2)　$\angle x$ は中心角なので，$\angle x = 100^\circ$ 答

(3)　$\angle x = 66^\circ \times \dfrac{1}{2} = 33^\circ$ 答　(4)　$\angle x = 220^\circ \times \dfrac{1}{2} = 110^\circ$ 答

(5)　半円に対する円周角で，$\angle x = 90^\circ$ 答　です。

　　$\angle y = 180^\circ - (90^\circ + 35^\circ) = 55^\circ$ 答

(6)　同じ弧に対する円周角は等しいです。

　　$\angle x = 48^\circ$，$\angle y = 40^\circ$ 答

(4)

同じ弧に対する円周角がどれとどれか，わかりづらいです。

慣れるまでは，そうかもしれませんね。

右の図で，$\overset{\frown}{AB}$ に対する円周角は，A をスタートし，円周上の点で折り返し，B がゴールとなる角です。∠APB＝∠AQB ですね。

等しい角が見つけられるよう，練習しましょう。

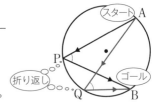

確認問題 84

次の図で，∠x，∠y の大きさを求めなさい。

(1)　　　　　　　　(2)　　　　　　　　(3)

(4)　　　　　　　　(5)　　　　　　　　(6)

例題 109

次の図で，∠x の大きさを求めなさい。

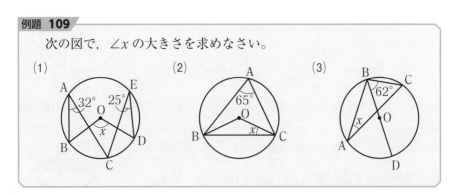

少しレベルが上がりました。

(1)　O と C を結びます。∠BOC は中心角なので，∠BOC＝32°×2＝64°

　　∠COD＝25°×2＝50°　　したがって，∠x＝64°＋50°＝114°　**答**

(2) $\angle BOC = 65° × 2 = 130°$ です。

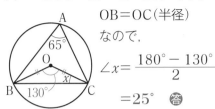

OB＝OC（半径）
なので，

$$\angle x = \frac{180° - 130°}{2}$$

$$= 25° \quad 答$$

(3) AとDを結びます。

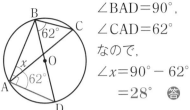

$\angle BAD = 90°$，
$\angle CAD = 62°$
なので，

$$\angle x = 90° - 62°$$

$$= 28° \quad 答$$

確認問題 85

次の図で，$\angle x$ の大きさを求めなさい。

(1)

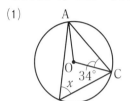

(2)

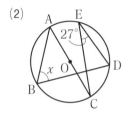

(3)

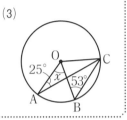

円周角と弧

円周角と弧には，次の関係あります。

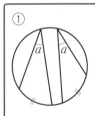

① ・等しい弧に対する
円周角は等しい。
・等しい円周角に対
する弧の長さは等
しい。

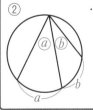

② ・円周角は弧の
長さに比例する。
つまり，円周角
の比と弧の長さ
の比は等しい。

例題 110

次の図で，$\angle x$ の大きさを求めなさい。

(1)

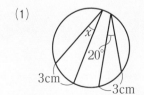

(2)

(1) 弧の長さが等しいので，円周角も等しいです。$\angle x = 20°$ 答

(2) 弧の長さの比が $5 : 3$ なので，$50° : \angle x = 5 : 3$ $\angle x = 30°$ 答

例題 111

右の図のように，AB を直径とする円 O の周上に点 C をとり，△ABC をつくったところ，∠BAC＝30°であった。このとき，弧の長さの比 $\stackrel{\frown}{AB}$：$\stackrel{\frown}{BC}$：$\stackrel{\frown}{CA}$ を求めなさい。

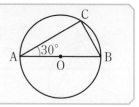

どうやって求めますか？

半径がわからないので，弧の長さが求められません。

はい，確かに弧の長さは求まりませんが，弧の長さの比は求まるんです。
ここで，弧の長さの比は円周角の比と等しいことを使います。

AB は直径なので，∠ACB＝90°です。ということは，∠ABC＝60°。

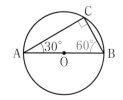

$\stackrel{\frown}{AB}$ に対する円周角は∠ACB で 90°，
$\stackrel{\frown}{BC}$ に対する円周角は∠CAB で 30°，
$\stackrel{\frown}{CA}$ に対する円周角は∠ABC で 60°
したがって，$\stackrel{\frown}{AB}$：$\stackrel{\frown}{BC}$：$\stackrel{\frown}{CA}$＝90°：30°：60°
＝3：1：2 **答**

確認問題 86

右の図において，弧の長さの比
$\stackrel{\frown}{AB}$：$\stackrel{\frown}{BC}$：$\stackrel{\frown}{CA}$ を求めなさい。

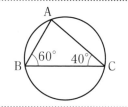

円周角の定理の逆

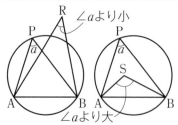
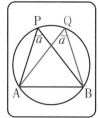

△ABP の外接円で，点 R は円の外にあり，点 S は円の中にありますね。それに対して，点 Q は円周上にあります。

4 点 A，B，P，Q について，P，Q が AB に対して同じ側にあり，
∠APB＝∠AQB ならば，この 4 点は 1 つの円周上にあるといえます。

これを，**円周角の定理の逆**といいます。

例題 112

右の図で，∠x の大きさを求めなさい。

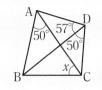

∠BAC＝∠BDC＝50°なので，4 点 A，B，C，D
は同じ円周上にありますね。円周角の定理の逆です。
であれば，**その円をかきます。**

すると，$\overset{\frown}{AB}$ に対する円周角として，

∠x＝∠ADB＝57° **答**　と簡単に求まるのです。

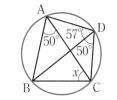

確認問題 87

右の図で，∠x の大きさを求めなさい。

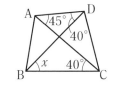

トレーニング 15

次の図で，∠x の大きさを求めなさい。　　▶解答：p.253

(1)

56°

(2)

68°

(3)

52°

(4)

40°

(5)

86°
20°

(6)

95°
40°

(7)

60°
75°

(8)

100°
37°

② 円と角②

◆ 円に内接する四角形 ➡ 向かい合う角の性質を知る
　　　　　　　　　　　➡ どこの角が等しくなるか
◆ 接線と弦のつくる角 ➡ どこの角が等しくなるか

円に内接する四角形

　右の図のように，四角形のすべての頂点が 1 つの円の周上にある場合を考えます。

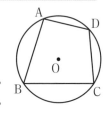

　このとき，この四角形は**円に内接する**といいます。

　そして，この円のことを，四角形の**外接円**といいます。円に内接する四角形の角は，どうなっているでしょうか。

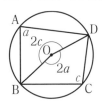

　　$\angle A = a$，$\angle C = c$ とします。

　　　すると，中心角で，$\angle BOD = 2a$ となりますね。

　　　そして，その反対側の角は $2c$ となります。

　　　左の図のとおりです。$2a + 2c = 360°$ となっていますから，2 でわると，$a + c = 180°$ が成り立ちます。

> 向かい合う角の和が $180°$ になるということですか？

　はい，その通りです。

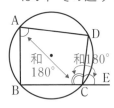

　　　$\angle A + \angle C = 180°$ がわかりました。

　　　また，$\angle DCE$ と $\angle C$ をたしても $180°$ ですよね。$\angle C$ と $\angle A$ をたして $180°$，$\angle C$ に $\angle DCE$ をたしても $180°$ なので，$\angle A = \angle DCE$ が成り立つのです。

〈円に内接する四角形〉

① 向かい合う角の和は $180°$

② 1 つの内角は，その向かい合う
　　角の外角と等しい 覚えよう

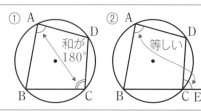

例題 113

次の図で，∠x，∠y の大きさを求めなさい。

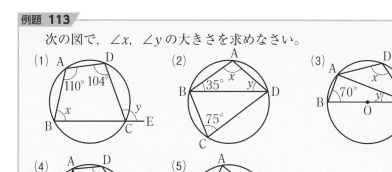

(1) $∠x＝180°－104°＝76°$ 答　$∠y＝110°$ 答

(2) 四角形 ABCD は円に内接しています。$∠x＝180°－75°＝105°$ 答
　　△ABD の内角の和より，$∠y＝180°－(35°＋105°)＝40°$ 答

(3) 四角形 ABCD は円に内接しているので$∠x＝180°－70°＝110°$ 答
　　$∠BAC＝90°$ なので，△ABC の内角の和より，
　　$∠y＝180°－(90°＋70°)＝20°$ 答

(4) $∠x＝116°×\dfrac{1}{2}＝58°$ 答

　　四角形 ABCD は円に内接しています。$∠y＝180°－58°＝122°$ 答

(5) 四角形 ABCD は円に内接しているので，$∠x＝180°－105°＝75°$ 答
　　△ABE の内角の和より，$∠y＝180°－(65°＋75°)＝40°$ 答
　　このように，自分で**円に内接する四角形を見つける**のがポイントです。

確認問題 88

次の図で，∠x，∠y の大きさを求めなさい。

(1)

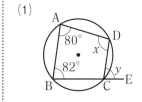

(2)

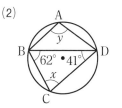

(3)

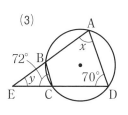

接線と弦のつくる角

初めに，円と接線の関係からおさらいしましょう。右の図のように，円に接線がひかれているとき，その交点のことを接点といい，接線は，接点を通る半径や直径と垂直に交わります。

では，本題に入ります。

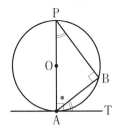

左の図で，∠PAT＝90°ですね。また，PA は直径なので，∠ABP も 90°です。∠BAP＋∠BAT＝90°になっていて，∠BAP＋∠BPA＝90°にもなっています。

つまり，∠BAP に，∠BAT をたしても 90°，∠BPA をたしても 90°です。

それなら，∠BAT と∠BPA が等しいはずです。

はい，その通りです。もう少しがんばってついてきてください。

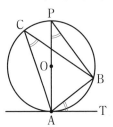

いま，∠BAT＝∠BPA までわかりました。

左の図で，∠BCA＝∠BPA ですね。円周角の定理です。

ということは，∠BAT＝∠BCA が成り立ちます。

これでゴールです。ちょっと複雑でしたね。

これが，接線と弦のつくる角の性質で，**接弦定理**ともいいます。

等しい角がわかりづらいです。

そうですね。では，こう考えてください。接線と弦でできた角は，その角にとじこめられた弧に対する円周角と等しくなります。

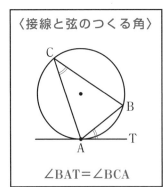

〈接線と弦のつくる角〉

∠BAT＝∠BCA

とじこめられた弧

例題 114

次の図において，直線 l は円の接線で，A は接点である。このとき，
$\angle x$，$\angle y$ の大きさを求めなさい。

(1)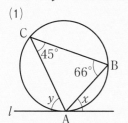

(2)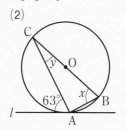

(3)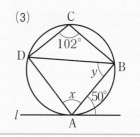

(1) $\angle x$ にとじこめられた弧は $\overarc{AB}$ なので，$\angle x = \angle BCA = 45°$ 答

　　$\angle y$ にとじこめられた弧は $\overarc{AC}$ です。$\angle y = \angle ABC = 66°$ 答

(2) $\angle x = 63°$ 答　BC は直径なので，$\angle BAC = 90°$ です。

　　△ ABC の内角の和より，$\angle y = 180° - (90° - 63°) = 27°$ 答

(3) 四角形 ABCD は円に内接しています。$\angle x = 180° - 102° = 78°$ 答

　　$\angle BDA = 50°$ なので，△ ABD の内角の和より，

　　$\angle y = 180° - (78° + 50°) = 52°$ 答

例題 115

右の図で，$\angle x$ の大きさを求めなさい。
l は円の接線，A は接点である。

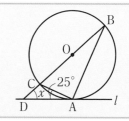

少しレベルが上がりました。$\angle ABC = 25°$，$\angle BAC = 90°$ です。

△ ABD の内角の和より，$\angle x + 25° + 90° + 25° = 180°$

これを解いて，$\angle x = 40°$ 答

確認問題 89

次の図で，$\angle x$，$\angle y$ の大きさを求めなさい。ただし，l は円の接線，
A は接点である。

(1)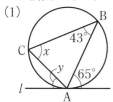

(2)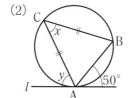

(3)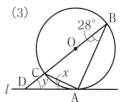

③ 円の性質の利用

■■イントロダクション■■

◆ 円と接線 ➡ 等しい長さを利用する

◆ 円における三角形の相似 ➡ どこに相似な三角形ができるか

◆ 円と相似の利用 ➡ 対応する辺に注意して長さを求める

円と接線

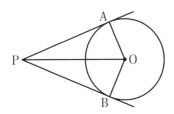

円Oの外にある点Pから接線をひくと，この図のように2本ひけます。

接点をそれぞれA，Bとして，AとO，BとO，PとOを結んでみます。

このとき，△PAOと△PBOは合同になります。合同条件は何でしょうか？

直角三角形の，「斜辺と他の1辺がそれぞれ等しい」です。

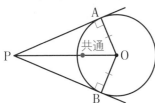

はい，その通りです。∠PAO＝∠PBO＝90°，半径でOA＝OBがいえて，POは共通です。直角三角形の斜辺と他の1辺がそれぞれ等しいので，△PAO≡△PBOが成り立ちますね。

このことから，PA＝PBつまり，2本の接線の長さが等しいといえるのです。

このことを用いた問題をやってみます。

接線の長さは等しい

例題 116

右の図で，円Oは△ABCに内接し，P，Q，Rは接点である。

AP＝4cm，BP＝3cm，BC＝8cmのとき，辺ACの長さを求めなさい。

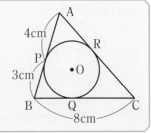

この図は，三角形に円が内接している図ですが，見方を変えると……

円 O に，3 点 A，B，C から接線をひいた図と見ることもできますね。

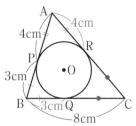

「接線の長さが等しい」性質が使えます。

AR＝AP＝4cm です。

BQ＝BP＝3cm です。

すると CQ＝8－3＝5cm とわかります。

そして，CR＝CQ＝5cm なので，

AC＝4＋5＝9(cm)　㊎　と求められます。

確認問題 90

右の図で，円 O は△ABC に内接し，
P，Q，R は接点である。

AP＝6cm，BP＝9cm，BC＝16cm の
とき，辺 AC の長さを求めなさい。

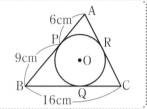

例題 117

右の図で，円 O は△ABC に内接し，
P，Q，R は接点である。

AB＝6cm，BC＝7cm，CA＝5cm の
とき，線分 AP の長さを求めなさい。

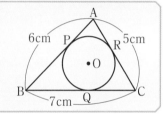

AP の長さを $x$cm とします。AR＝AP＝$x$cm です。

すると，BP＝$(6-x)$cm，

CR＝$(5-x)$cm と表せます。

また，BQ＝BP＝$(6-x)$cm，

CQ＝CR＝$(5-x)$cm です。

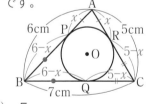

BC の長さが 7cm なので，$(6-x)+(5-x)=7$

これを解いて，$x=2$ と求まります。　㊎　**2cm**

確認問題 91

右の図で，円 O は△ABC に内接し，
P，Q，R は接点である。

AB＝8cm，BC＝9cm，CA＝7cm の
とき，線分 AP の長さを求めなさい。

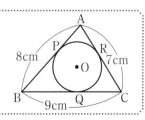

円と相似

今までやってきた通り，円という図形は角の大きさが等しくなりやすい図形です。

一方，三角形の相似条件の1つに，「2組の角がそれぞれ等しい」というものがありましたね。

ということは，円の中に三角形をつくると相似になりやすいという特徴があるんです。

つまり， 円の中の三角形→等しい角を2組さがす→相似 ということです。

典型的な問題を2題やってみます。

例題 118

右の図で，4点 A，B，C，D は円 O の周上の点である。AB と CD の交点を P とするとき，次の問に答えなさい。

(1) △PAC ∽ △PDB であることを証明しなさい。

(2) AP＝4cm，BP＝3cm，CP＝5cm であるとき，DP の長さを求めなさい。

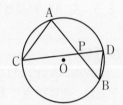

(1) まず，対頂角が等しいです。

$\overparen{CB}$ に対する円周角として，∠CAP＝∠BDP

これで2組の角がそれぞれ等しくなりました。

〔証明〕△PAC と△PDB において，

対頂角は等しいので，

∠APC＝∠DPB…①

$\overparen{CB}$ に対する円周角は等しいから，

∠CAP＝∠BDP…②

①，②より，2組の角がそれぞれ等しいから，

△PAC ∽ △PDB

(2) DP＝$x$cm とおきます。△PAC ∽△PDB なので，AP：DP＝CP：BP が成り立ちます。

4：x＝5：3 これを解いて，$x=\dfrac{12}{5}$ **答** $\dfrac{12}{5}$ cm

えっ，砂時計で 4：3＝5：x じゃないんですか？

ちがうんです。平行線でできた砂時計型に似ていますが，円の中の相似な三角形は，対応する辺がちがいます。

ミスしやすいので注意してください。

対応する辺のちがいに注意

確認問題 92

右の図で，4 点 A，B，C，D は円 O の周上にあり，AC と BD の交点を P とする。AP＝8cm，CP＝4cm，DP＝5cm のとき，BP の長さを求めなさい。

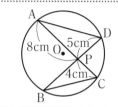

例題 119

右の図で，円外の点 P から円 O と 2 点で交わる 2 本の線分をひく。線分と円 O との交点をそれぞれ A，B，C，D とするとき，△PAD ∽ △PCB であることを証明しなさい。

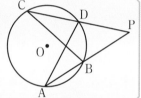

∠P は共通で，$\overgroup{DB}$ に対する円周角は等しいので，∠PAD＝∠PCB ですね。

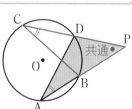

共通

〔証明〕△PAD と △PCB において，

　共通な角だから，∠APD＝∠CPB…①

　$\overgroup{DB}$ に対する円周角は等しいから，

　∠PAD＝∠PCB…②

①，②より，2 組の角がそれぞれ等しいから，

△PAD ∽ △PCB

確認問題 93

右の図は，円外の点 P から 2 本の線分をひいたものである。この 2 本の線分と円 O との交点を A，B，C，D とするとき，AB＝5cm，BP＝3cm，CP＝10cm となった。DP の長さを求めなさい。

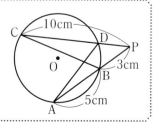

▶解答：p.255

1. 次の図において，∠x の大きさを求めなさい。

(1)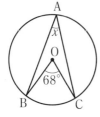

(2)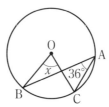

(3)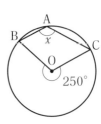

(4)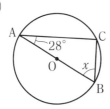

(5)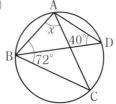

(6)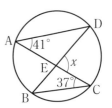

2. 次の図において，∠x, ∠y の大きさを求めなさい。

(1)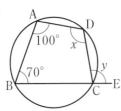

(2)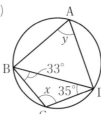

(3)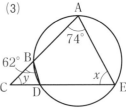

3. 次の図において，直線 AT は A を接点とする円 O の接線である。
∠x, ∠y の大きさを求めなさい。

(1)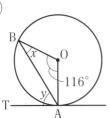

(2)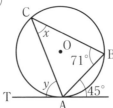

(3)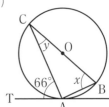

4. 次の図において，∠x の大きさを求めなさい。

(1)
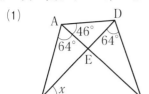

(2)
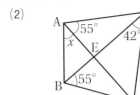

5. 次の図において，∠x の大きさを求めなさい。

(1)
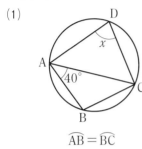

$\overset{\frown}{AB} = \overset{\frown}{BC}$

(2)
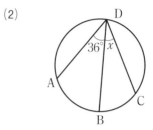

$\overset{\frown}{AB} : \overset{\frown}{BC} = 3 : 2$

6. 右の図のように，AB＝AC の二等辺三角形 ABC に円が内接している。

この円と辺 AB，BC，CA との接点をそれぞれ P，Q，R とする。

BQ＝6cm，△ABC の周の長さが 32cm であるとき，AP の長さを求めなさい。

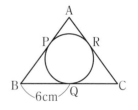

7. 次の図で，x の値を求めなさい。

(1)
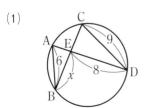

(2)
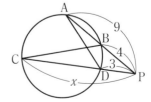

▶解答：p.256

1. 次の図で，∠xの大きさを求めなさい。

(1)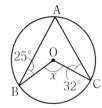

(2)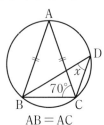

AB＝AC

(3)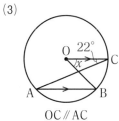

OC∥AC

(4)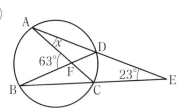

(5)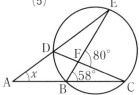

2. 次の図で，∠xの大きさを求めなさい。

(1)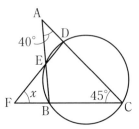

(2)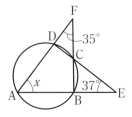

3. 次の図で，∠x，∠yの大きさを求めなさい。

(1)

（AP，BPは円Oの接線）

(2)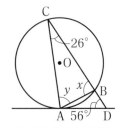

（ADは円Oの接線）

4. 次の図で，∠x の大きさを求めなさい。

(1)
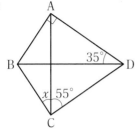

(2)
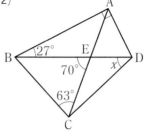

5. 次の図で，∠x，∠y，∠z の大きさを求めなさい。

(1)
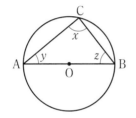

$\widehat{AC} : \widehat{CB} = 5 : 4$

(2)
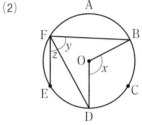

A～Fは円周の6等分点

6. 右の図の△ABC は，∠B＝90° の直角三角形である。AB＝5cm，BC＝12cm，CA＝13m であるとき，△ABC の内接円 I の半径を求めなさい。

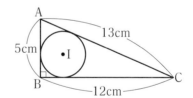

7. 右の図のように，円の2つの弦 AB，CD をそれぞれ延長し，その交点を P とする。AB＝8，BP＝4，CD＝13 とするとき，DP の長さを求めなさい。

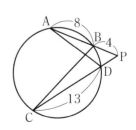

三平方の定理

① 三平方の定理とは

■■ イントロダクション ■■

◆ 三平方の定理とは ➡ 直角三角形の辺の長さにはどんな関係があるか

◆ 三平方の定理を用いる ➡ 辺の長さの求め方を知る

◆ 三平方の定理の逆 ➡ どんな関係が成り立てば直角三角形か

三平方の定理とは

今ここに，右のような直角三角形の色紙があるとします。そして，一辺が $a+b$ の正方形の厚紙の上に，この色紙を4枚並べてみます。下の左側の図のように4枚並べ

たときと，右側の図のように4枚並べたときを比較してみてください。

色紙が置かれていない部分，つまり，余白の部分の面積をくらべると，どんなことがいえますか？

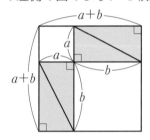
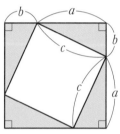

左側の余白は a^2+b^2 で，右側は c^2 なので，$a^2+b^2=c^2$ です。

その通りです。これを<ruby>三平方の定理<rt>さんへいほう</rt></ruby>といいます。

左のようにまとめられます。直角三角形で，直角をはさむ2辺の2乗の和が，斜辺の2乗に等しいのです。

直角三角形でないと成り立たないので，注意してください。3つの平方（2乗）の関係なので，三平方の定理というわけです。

三平方の定理
〈直角三角形限定〉

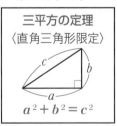

$$a^2+b^2=c^2$$

直角三角形の辺の長さを求める

では，三平方の定理を使って，直角三角形の辺の長さを求めてみます。

例題 120

次の図で，x の値を求めなさい。

(1) 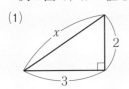　(2) 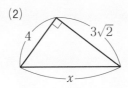　(3)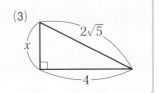

(1)　直角をはさむ 3 の 2 乗と 2 の 2 乗をたすと斜辺 x の 2 乗と等しくなるので，$3^2+2^2=x^2$ という式ができます。

$$9+4=x^2$$
$$x^2=13$$ 　左辺と右辺を入れかえます

これは 2 次方程式で，$x=\pm\sqrt{13}$ となりますが，今回 x は長さなので，正ですね。

つまり，$x>0$ より，$x=\sqrt{13}$ 　答　と求められます。

(2)　置き方が変わりましたが，x が斜辺とわかります。

$$4^2+(3\sqrt{2})^2=x^2$$
$$16+18=x^2$$
$$x^2=34$$ 　入れかえ
$$x>0 \text{ より，} x=\sqrt{34}$$ 　答

(3)　これは斜辺が x ではなくて $2\sqrt{5}$ です。

$$x^2+4^2=(2\sqrt{5})^2$$ 　となります。
$$x^2+16=20$$
$$x^2=4$$
$$x>0 \text{ より，} x=2$$ 　答　やり方はわかったでしょうか。

確認問題 94

次の図で，x の値を求めなさい。

(1) 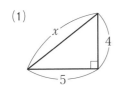　(2) 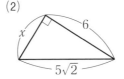　(3)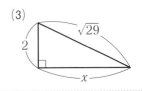

次の図で，x の値を求めなさい。

(1)

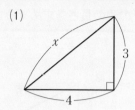

(2)

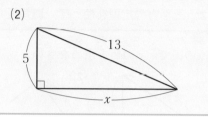

(1)　$4^2 + 3^2 = x^2$

　　　$16 + 9 = x^2$

　　　$x^2 = 25$

　　　$x > 0$ より，$x = 5$　**答**

(2)　$5^2 + x^2 = 13^2$

　　　$25 + x^2 = 169$

　　　$x^2 = 144$

　　　$x > 0$ より，$x = 12$　**答**

　この問題より前に求めた辺の長さは，どこかに根号がありましたよね。前のページを見直してみてください。このように，直角三角形の辺の長さは，どこかに根号があることが多いのですが，この例題の直角三角形は，3辺とも整数になっている特殊なケースです。整数の比をもつ直角三角形はよく出るので，覚えておくとよいです。

　毎回，三平方の定理の式をつくらなくても，長さがスパッと求まります。

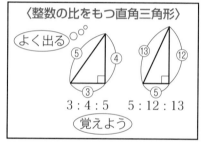

〈整数の比をもつ直角三角形〉

よく出る

$3 : 4 : 5$　　$5 : 12 : 13$

覚えよう

　一辺が 3，斜辺が 5 なら，もう一辺は 4　と求まります。

> 整数の比をもつ直角三角形は，これだけですか？

　いいえ，他にもあります。$8 : 15 : 17$，$7 : 24 : 25$，$20 : 21 : 29 \cdots$など，実は無数にあるんです。でも，よく出るのは上の2つなので，これだけ覚えてくれればいいですよ。この話はここまでにしましょう。

　さて，三平方の定理の使い方にも慣れてきたと思います。そこで，下の図の x を求めるようなとき，すぐに $x^2 = 6^2 - 5^2$ という式が立てられると楽です。

　$x^2 = (斜辺)^2 - (他の辺)^2$ となるわけです。

　つらかったら，無理はしないでください。

$(x = \sqrt{11})$

三平方の定理の逆

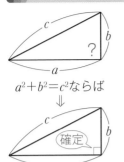

$a^2+b^2=c^2$ ならば
↓
確定

ここに，直角三角形かどうかがわからない三角形があるとします。この三角形の 3 辺の長さ a, b, c の間に $a^2+b^2=c^2$ という関係が成り立てば，その三角形は，長さ c の辺を斜辺とする直角三角形といえます。これを，三平方の定理の逆といいます。

> **三平方の定理の逆**
> $a^2+b^2=c^2$ ならば，c の辺を
> 斜辺とする直角三角形である。

例題 122

次の長さを 3 辺とする三角形のうち，直角三角形はどれか。すべて選び，記号で答えなさい。

㋐　4cm，6cm，7cm　　　㋑　$\sqrt{5}$ cm，$\sqrt{6}$ cm，$\sqrt{11}$ cm

㋒　5cm，7cm，$2\sqrt{6}$ cm　　㋓　4cm，2.5cm，3cm

㋐　3 つの辺のうち，一番長いのは 7cm ですね。

4^2+6^2 と 7^2 を比較します。

$4^2+6^2=16+36=52$ で，$7^2=49$ なので，$4^2+6^2 > 7^2$ となっています。したがって，直角三角形ではありません。

㋑　一番長いのは $\sqrt{11}$ cm です

$(\sqrt{5})^2+(\sqrt{6})^2=11$，$(\sqrt{11})^2=11$ なので，$(\sqrt{5})^2+(\sqrt{6})^2=(\sqrt{11})^2$ が成り立っています。したがって，直角三角形です。

㋒　$5^2=25$，$7^2=49$，$(2\sqrt{6})^2=24$ なので，最長の辺は 7cm で，$5^2+(2\sqrt{6})^2=7^2$ が成り立っているので，直角三角形です。

㋓　$4^2=16$，$2.5^2=6.25$，$3^2=9$ より，$2.5^2+3^2 < 4^2$ となっています。したがって，直角三角形ではありません。　🈟　㋑，㋒

初めにどの辺が最も長いかを考え，三平方の定理の逆を使いましょう。

確認問題 95

次の長さを 3 辺とする三角形のうち，直角三角形はどれか。すべて選び，記号で答えなさい。

㋐　6cm，8cm，10cm　　　㋑　$\sqrt{7}$ cm，3cm，2cm

㋒　$\sqrt{6}$ cm，$3\sqrt{2}$ cm，$2\sqrt{3}$ cm　㋓　1.5cm，2cm，2.5cm

イントロダクション

◆ **工夫して長さを求める** ➡ 縮図を利用する
◆ **特別角をもつ直角三角形** ➡ 辺の比を用いて長さを求める
◆ **直角三角形の組み合わせ** ➡ どの長さから求めていくか

工夫して長さを求める

例題 123

次の図で，x の値を求めなさい。

(1) 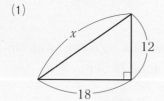   (2)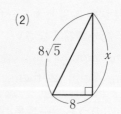

(1) このまま三平方の定理を用いて，$18^2+12^2=x^2$ をやっても解けますが，数が大きくなって大変ですね。そこで，縮小して考えてみます。この三角形の2辺は6の倍数なので，6分の1の縮図を考えます。

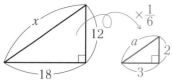 正確な $\frac{1}{6}$ の縮図をかく必要はありませんよ。18は3に，12は2になり，x は別の文字におきかえます。

赤い三角形で a を求めます。$a=\sqrt{13}$ と簡単に求まります。

x は，a を6倍して，$x=6\sqrt{13}$ **答** もとに戻すのを忘れずに。

(2) 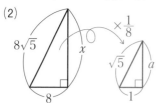 これは8分の1の縮図でやります。

8は1に，$8\sqrt{5}$ は $\sqrt{5}$ になり，x は a におきかえます。

赤い三角形で，$a=2$ と求まります。

x は a の8倍なので，$x=16$ **答**

このように，**同じ数でわれるときは，縮図上で長さを求め，最後にもとに戻すのです。**数が大きいときに，たいへん有効ですよ。

次の図で，x の値を求めなさい。

(1)

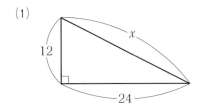

(2)

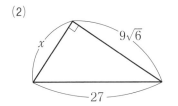

特別角をもつ直角三角形（三角定規）

　皆さんは，三角定規を持っていますよね。あれは，どちらも直角三角形なので，三平方の定理が成り立ちます。

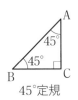

45°定規

　三角定規のうちの 1 枚はこれですね。正式名称は直角二等辺三角形ですが，45°定規と呼ぶことにします。

　もしも，BC＝1cm だったと考えてください（定規の役目は果たせませんが）。すると，AC も 1cm となって，三平方の定理によって，AB＝$\sqrt{2}$ cm です。

BC：CA：AB＝1：1：$\sqrt{2}$ であることがわかります。

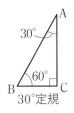

30°定規

　もう 1 枚はこの定規です。30°定規と呼ぶことにします。BC＝1cm のとき，AB は BC の 2 倍で 2cm です。

AB が BC の 2 倍なんですか？

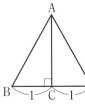

　この定規を 2 枚くっつけると正三角形ができます。その一辺は 2cm なので，AB＝2cm となるのです。三平方の定理より，AC＝$\sqrt{3}$ cm です。

BC：AB：AC＝1：2：$\sqrt{3}$ です。

三角定規は，
- 角度がきれいな値であって，
- 3 辺の比がわかっている直角三角形

なので，重要です。そして，よく出ます。

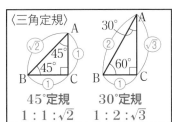

〈三角定規〉

45°定規
1：1：$\sqrt{2}$

30°定規
1：2：$\sqrt{3}$

第**5**章　相似な図形

第**6**章　円

第**7**章　三平方の定理

第**8**章　データの活用

次の図で，x, y の値を求めなさい。

(1)　　　　　　　　(2)　　　　　　　　(3)

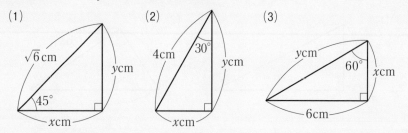

三角定規の比を用いて，辺の長さを求めます。

(1)　まず，比を表す数を書き込んでいきます。

　　45°定規は $1 : 1 : \sqrt{2}$ でしたね。斜辺に $\sqrt{2}$ を，
それ以外の辺に 1 を入れます。

比なので，①，$\sqrt{2}$ のように○で囲みます。

どんな式で x の長さを求めたら良いでしょうか？

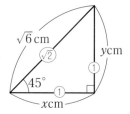

> $\sqrt{6}$ cm と $x$cm が $\sqrt{2} : 1$ なので，$\sqrt{6} : x = \sqrt{2} : 1$ です。

はい，比例式ですね。それで解いてみましょう。

　　$\sqrt{2}\,x = \sqrt{6}$ より，$x = \sqrt{3}$ と求まります。

これで OK ですが，もっと楽に求まる方法を紹介しましょう。

わかっている長さに分数をかけるという方法です。

$x = \sqrt{6} \times \dfrac{①}{\sqrt{2}}$ ←求めたい長さの比を表す数（$x$cm のところの比）

　　　　　　　　　←わかっている長さの比を表す数（$\sqrt{6}$ cm のところの比）

↑わかっている長さ

これで $x = \sqrt{3}$ が求まるのです。

y は，$x : y = 1 : 1$ なので，x と等しく $\sqrt{3}$ です。　**答** $x = \sqrt{3},\ y = \sqrt{3}$

(2)　今度は 30°定規です。$1 : 2 : \sqrt{3}$ を，○印で書き
込みます。斜辺に②を書いてくださいね。

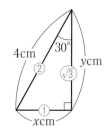

$x = 4 \times \dfrac{①}{②}$ ←$x$cm のところの比 で，$x = 2$　**答**
←4cm のところの比

↑わかっている長さ

$y = 4 \times \dfrac{\sqrt{3}}{②}$ ←$y$cm のところの比 で，$y = 2\sqrt{3}$　**答**
←4cm のところの比

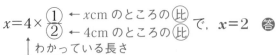

(3) $x = 6 \times \dfrac{\text{①}}{\sqrt{3}}$ ← $x$cm のところの⑥

 ← 6cm のところの⑥

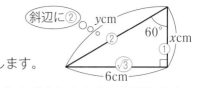

斜辺に②

$y = 6 \times \dfrac{2}{\sqrt{3}}$ ですね。分母を有理化します。

答 $x = 2\sqrt{3}$ ，$y = 4\sqrt{3}$　やり方はわかりましたか？　練習します。

確認問題 97

次の図で，x，y の値を求めなさい。

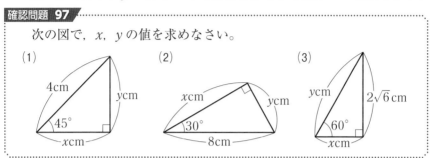

複数の直角三角形

直角三角形が 2 つ以上くっついた図形で，長さを求めます。

例題 125

次の図で，x の値を求めなさい。

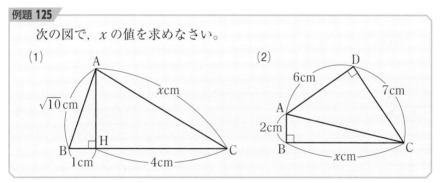

直角三角形を 1 つずつ見て，長さを求めていきます。

(1)　△ABH で，$AH^2 = (\sqrt{10})^2 - 1^2$

$AH^2 = 9$　　$AH > 0$ より，$AH = 3$cm です。

　　すると，$CH = 4$cm なので，$x = 5$　**答**　$3 : 4 : 5$ の三角形でした。

(2)　まず，△ADC で三平方の定理を用いて，AC の長さを求めます。

△ADC で，$AC^2 = 6^2 + 7^2$

$AC^2 = 85$　　$AC > 0$ より，$AC = \sqrt{85}$ cm です。

　　次に△ABC で，$x^2 = (\sqrt{85})^2 - 2^2$

$x^2 = 81$　　$x > 0$ より，$x = 9$　**答**

次の図で，x の値を求めなさい。

(1)

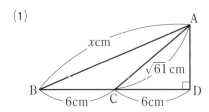

(2)

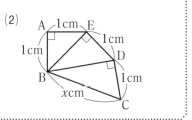

例題 **126**

次の図で，x，y の値を求めなさい。

(1)

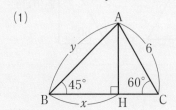

(2)

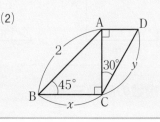

今度は定規の組み合わせです。

(1) 45°定規と 30°定規がくっついています。

この図で，一番大事な線分はどこだと思いますか？

> 定規と定規がくっついている，**AH** だと思います。

はい，その通りです。**2 つの定規が共有している線分の長さを求める**のです。この AH が，定規の橋渡し役を果たすのです。やってみましょう。

まず△ ACH に注目して，AH の長さを求めます。

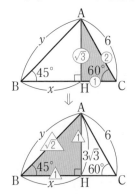

①，②，$\sqrt{3}$ を書き入れ，AH $=6\times\dfrac{\sqrt{3}}{2}=3\sqrt{3}$

この長さを図に書き込み，次に△ ABH に注目します。

$1:1:\sqrt{2}$ の比をマークをかえて ①，①，$\sqrt{2}$

と書き入れ，$x=3\sqrt{3}$，$y=3\sqrt{3}\times\dfrac{\sqrt{2}}{1}=3\sqrt{6}$

答 $x=3\sqrt{3}$，$y=3\sqrt{6}$

(2) 2つの定規が共有している AC の長さを求めます。

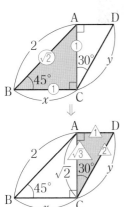

△ABC の辺の比 ①, ①, $\sqrt{2}$ を書き入れ,

$AC = 2 \times \dfrac{1}{\sqrt{2}} = \sqrt{2}$ と求まります。

$x = AC = \sqrt{2}$ ですね。

AC に $\sqrt{2}$ を書き込みます。

△ACD の辺の比 ①, ②, $\sqrt{3}$ を書き入れ,

$y = \sqrt{2} \times \dfrac{2}{\sqrt{3}} = \dfrac{2\sqrt{2}}{\sqrt{3}} = \dfrac{2\sqrt{6}}{3}$ と求まります。

答 $x = \sqrt{2}$, $y = \dfrac{2\sqrt{6}}{3}$

トレーニング 16

次の図で,x,y の値を求めなさい。　　　▶解答：p.260

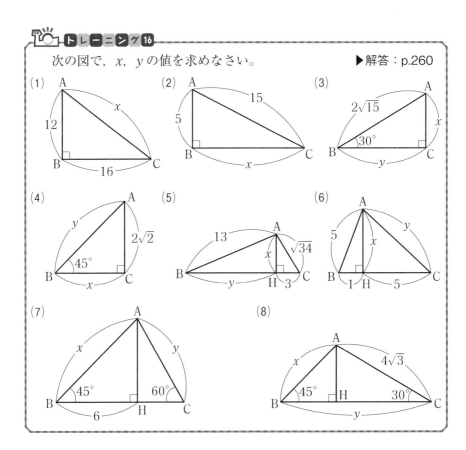

③ 三平方の定理の利用②

イントロダクション

◆ 三角形，四角形への利用 ⇒ 図形の性質を用いて長さを求める

◆ 円への利用 ⇒ どこに直角三角形ができるか

◆ 2点間の距離 ⇒ 三平方の定理を座標平面で利用する

三角形，四角形への利用

例題 127

次の三角形で，AH の長さを求めなさい。

(1)

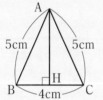

(2)

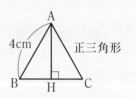

正三角形

(1) 二等辺三角形ですね。この図形は，AH について
線対称な図形です。簡単にいえば，左右が対称です
から，H は BC の中点で，BH＝CH＝2cm です。

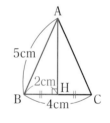

　それなら，△ABH で三平方の定理が使えます。

$AH^2 = 5^2 - 2^2 = 21$

$AH > 0$ より，$AH = \sqrt{21}$ cm　㊙　と求まります。

(2) ∠B＝60°なので，△ABH は 30°定規であることがわかります。

$$AH = 4 \times \frac{\sqrt{3}}{2} = 2\sqrt{3} \, (\text{cm}) \quad ㊙$$

ここで，一辺が a の正三角形について考えます。

高さは $a \times \dfrac{\sqrt{3}}{2} = \dfrac{\sqrt{3}}{2} a$ となります。

そして，面積は $a \times \dfrac{\sqrt{3}}{2} a \times \dfrac{1}{2} = \dfrac{\sqrt{3}}{4} a^2$ です。

これにあてはめれば，高さは簡単に求められます。
正三角形はよく出る図形なので，覚えてください。

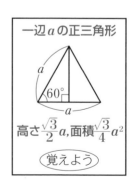

一辺 a の正三角形

高さ$\dfrac{\sqrt{3}}{2} a$，面積$\dfrac{\sqrt{3}}{4} a^2$

（覚えよう）

次の三角形の高さ AH と面積を求めなさい。

(1)　　　　　　　　　(2)　　　　　　　　　(3)

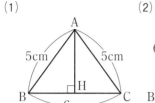 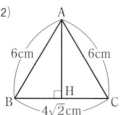 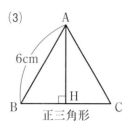

次は，四角形への利用を扱います。

例題 128

次の(1)，(2)では対角線の長さを，(3)では高さ AH を求めなさい。

(1)　長方形　　　　(2)　正方形　　　　(3)　等脚台形

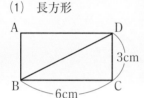 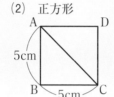 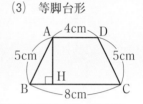

(1)　△ BCD で三平方の定理より，

$BD^2 = 6^2 + 3^2 = 45$　　　$BD = 3\sqrt{5}$ cm　答

(2)　∠ BAC＝45°なので，△ ABC は 45°定規です。

$$AC = 5 \times \frac{\sqrt{2}}{1} = 5\sqrt{2} \text{(cm)}$$　答

(3)　**等脚台形は，垂線を 2 本下ろすのがポイント**
　　です。

　　点 D から BC に垂線 DK を下ろします。

　　BH の長さはどうなるでしょうか？

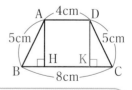

HK は 4cm で，左右対称なので BH＝CK＝2cm です。

その通りです。よく気づきましたね。

　　△ ABH で，$AH^2 = 5^2 - 2^2 = 21$

　　よって，$AH = \sqrt{21}$ cm　答

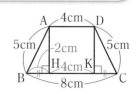

次の(1)，(2)では対角線の長さを，(3)では高さ AH を求めなさい。

(1) 長方形

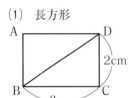

(2) 正方形

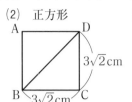

(3) 等脚台形

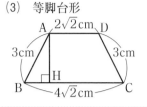

円への利用

例題 129

次の図で，円 O の半径は 6cm である。x の値を求めなさい。

(1)

(2)

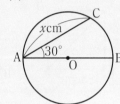

(3)

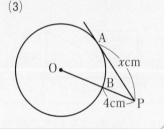

(1) 弦 AB に中心 O から垂線 OH を下ろし
てあるので，H は AB の中点です。

O と A を結べば，OA＝6cm

△AOH で，$AH^2 = 6^2 - 3^2 = 27$

よって，$AH = 3\sqrt{3}$ cm　$x = 6\sqrt{3}$

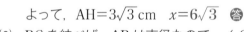

(2) BC を結べば，AB は直径なので，∠C＝90°

△ABC は 30°定規になります。

AB＝12cm なので，

$$x = 12 \times \frac{\sqrt{3}}{2} = 6\sqrt{3}$$ 答

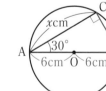

(3) AO を結べば，∠OAP＝90°です。

OA＝OB＝6cm より，△OAP で，

$x^2 = 10^2 - 6^2 = 64$

よって，$x = 8$ 答

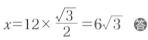

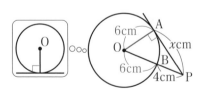

次の図で円 O の半径は 8cm である。x の値を求めなさい。

(1)

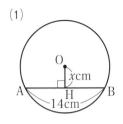

(2)

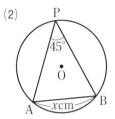

(3)

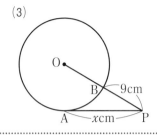

座標平面上の 2 点間の距離

　三平方の定理を学んだことで，座標平面上の 2 点間の距離を求められるようになりました。やってみます。

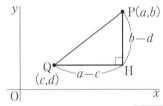

　左の図で，直角三角形 PQH をつくります。

　QH は $a-c$，PH は $b-d$ ですね。

　$\triangle$ PQH で，$PQ^2 = (a-c)^2 + (b-d)^2$ なので，$PQ = \sqrt{(a-c)^2 + (b-d)^2}$ です。

複雑ですが，$PQ = \sqrt{(x 座標の差)^2 + (y 座標の差)^2}$ と覚えてください。

例題 **130**

　点 A$(-1, 3)$，B$(2, -4)$ がある。2 点 AB 間の距離を求めなさい。

図をかく必要はありません。そのままあてはめます。

$AB = \sqrt{\{2-(-1)\}^2 + (-4-3)^2}$。○○

　　$= \sqrt{9 + 49}$

　　$= \sqrt{58}$　答　このように，負の座標であっても，丸ごとひきます。

> ひく
> A$(-1, 3)$, B$(2, -4)$
> ひく

> どっちからどっちをひけばいいのか，わかりません。

どちらでも OK です。2 乗するので，必ず同じ値になりますよ。

確認問題 **102**

　次の 2 点 AB 間の距離を求めなさい。

(1)　A$(2, 4)$，B$(5, -1)$

(2)　A$(-1, -7)$，B$(2, -3)$

4 三平方の定理の利用③

■┿■┤イントロダクション┝■┿■

◆ 三平方の定理を用いて方程式を立てる ➡ 辺の長さの関係を式にする

◆ いろいろな図形で長さを求める ➡ どの直角三角形に着目するか

◆ 3辺の長さがわかっている三角形 ➡ 高さの求め方を知る

三平方の定理を用いて方程式を立てる

直角三角形において，三平方の定理を用いて方程式を立てていきます。

例題 131

右の図で，x の値を求めなさい。

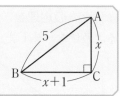

三平方の定理より，$\mathrm{AC}^2 + \mathrm{BC}^2 = \mathrm{AB}^2$ が成り立ちます。

$x^2 + (x+1)^2 = 5^2$ 方程式になりました。解いてみます。

$x^2 + x^2 + 2x + 1 = 25$

$2x^2 + 2x - 24 = 0$

$x^2 + x - 12 = 0$

$(x+4)(x-3) = 0$

$x = -4,\ 3$ $x > 0$ より，$x = 3$ **答**

このように，三平方の定理によって，**直角三角形の辺の長さの関係を方程式にすることができる**のです。

確認問題 103

次の図で，x の値を求めなさい。

(1)

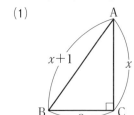

(2)

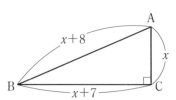

わかったでしょうか。これは，三平方の定理の重要な利用法です。

例題 132

　右の図は，長方形 ABCD の頂点 A が頂点 C と重なるように，EF を折り目にして折ったものである。AB=12cm，AD=$6\sqrt{2}$ cm のとき，CE の長さを求めなさい。

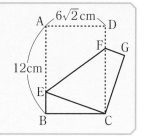

CE=$x$cm とします。

　折ったので，AE の長さは CE の長さと等しいですね。AE=$x$cm です。
さて，どの三角形で三平方の定理が使えるでしょうか？

EB の長さが$(12-x)$cm となるので，△EBC です。

　はい，その通りです。BC^2+EB^2=EC^2 なので，
$(6\sqrt{2})^2+(12-x)^2=x^2$ という方程式です。

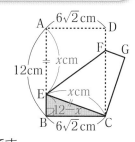

$$72+144-24x+x^2=x^2$$
$$-24x=-216$$
$$x=9 \qquad \text{答} \quad 9\text{cm}$$

このように，等しい長さがどこか，どの直角三角形で三平方の定理を使えばよいか，を考えるのです。

　この問題では，△EBC の 3 辺が x の式や数でかこまれていましたね。

①求める長さを x とおく。　　②等しい長さをさがす。
③3 辺の長さが x の式，数でかこまれた直角三角形をさがす。
④その直角三角形で三平方の定理を用いて方程式を立てる。

確認問題 104

　右の図は，長方形 ABCD の頂点 B が辺 AD の中点 M に重なるように，EF を折り目にして折ったものである。
　AB=18cm，BC=12cm のとき，EM の長さを求めなさい。

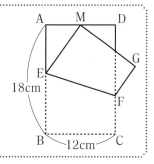

右の図の四角形 ABCD は 1 辺 8cm の正方形である。辺 BC を直径とする半円 O に，点 A から接線 AE をひき，接点を P とするとき，次の問に答えなさい。

(1) AP の長さを求めなさい。

(2) PE の長さを求めなさい。

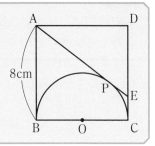

(1) 点 A から円 O にひいた接線の長さは等しいので，AP＝AB＝8cm です。 　**答 8cm**

半円なので，ちょっとわかりづらいですね。

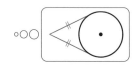

(2) PE＝$x$cm とします。

さて，DE の長さを，x を用いて表せますか？

EC と EP は等しいので，DE は $(8-x)$cm です。

そうですね。点 E から円にひいた接線で，EC＝EP＝$x$cm といえます。

点 E が円に近いので，わかりづらいですね。AE＝$(8+x)$cm，DE＝$(8-x)$cm となるので，△ADE で三平方の定理が使えます。

AD^2＋DE^2＝AE^2 より，

$$8^2+(8-x)^2=(8+x)^2$$
$$64+64-16x+x^2=64+16x+x^2$$

これを解いて，$x=2$ 　**答 2cm**

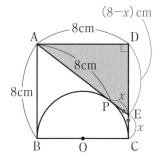

右の図の長方形 ABCD は，AB＝4cm，BC＝6cm である。円 O と AE との接点を P，辺 BC，CD，DA との接点をそれぞれ Q，R，S とするとき，次の問に答えなさい。

(1) AP の長さを求めなさい。

(2) PE の長さを求めなさい。

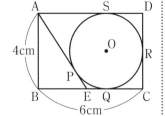

3辺の長さがわかっている三角形

3辺の長さがわかっている三角形は，必ず高さを求めることができます。次の例で，やり方を説明します。AH の長さを求めるのですが，

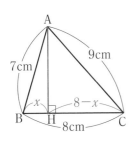

BH$=x$cm とおくのがポイントです（CH$=x$ でもできます）。

直角三角形が 2 つありますね。

それぞれで三平方の定理を用いて，「AH$^2=$　」の式をつくるのです。

$\triangle$ ABH で，AH$^2=7^2-x^2$ ⎤ 等しい
$\triangle$ ACH で，AH$^2=9^2-(8-x)^2$ ⎦

AH^2 が 2 通りに表せました。この**右辺どうしを等号でつなぎます**。

$7^2-x^2=9^2-(8-x)^2$ となります。

これを解くと $x=2$ と求まりますが，これは BH です。注意しましょう。

$\triangle$ ABH で，AH$^2=7^2-2^2=45$　よって，AH$=3\sqrt{5}$ cm 答

まとめると， | ・BH$=x$ とおく。
| ・AH^2 を 2 通りに表し，等号でつなぐ。 | という手順ですね。

例題 134

右の図の$\triangle$ ABC で，高さ AH の長さを求めなさい。

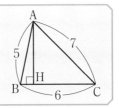

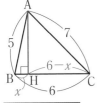

BH$=x$ とおきます。

$\triangle$ ABH で，AH$^2=5^2-x^2$

$\triangle$ ACH で，AH$^2=7^2-(6-x)^2$

$5^2-x^2=7^2-(6-x)^2$ これを解いて，$x=1$

$\triangle$ ABH で，AH$^2=5^2-1^2=24$　AH$=2\sqrt{6}$ 答

確認問題 106

右の図の$\triangle$ ABC で，高さ AH と面積を求めなさい。

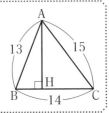

テーマ ⑤ 三平方の定理の空間図形への利用

■■ イントロダクション ■■

◆ 円錐，角錐への利用 ➡ 三平方の定理を使って長さを求める
◆ 直方体，立方体の対角線 ➡ 対角線の長さの求め方を知る
◆ 空間図形へのいろいろな利用 ➡ どのようにして長さや面積を求めるか

円錐，角錐への利用

空間図形で，三平方の定理を使って，いろいろな長さを求めていきます。

例題 135

右の円錐について，高さと体積を求めなさい。

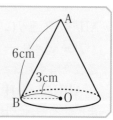

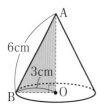

A と O を結べば，∠ AOB＝90°です。

今までは，$AO^2＝6^2－3^2＝27$ で $AO＝3\sqrt{3}$ とやりましたが，いきなり求めてみます。

$AO＝\sqrt{6^2－3^2}＝3\sqrt{3}$（cm）　**答**　です。

空間図形では，このやり方でやった方が楽ですよ。

体積は，$\pi \times 3^2 \times 3\sqrt{3} \times \dfrac{1}{3} ＝9\sqrt{3}\ \pi$（cm³）　**答**

次の図で，x の値をこの方法で求める練習をしておきます。

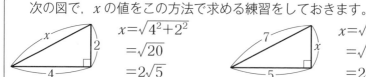

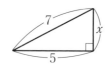

$x＝\sqrt{4^2＋2^2}$
$＝\sqrt{20}$
$＝2\sqrt{5}$

$x＝\sqrt{7^2－5^2}$
$＝\sqrt{24}$
$＝2\sqrt{6}$

確認問題 107

右の円錐について，高さと体積を求めなさい。

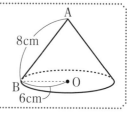

例題 136

右の図のような正四角錐について,
次の問に答えなさい。

(1) AC の長さを求めなさい。

(2) 高さ OH を求めなさい。

(3) この立体の体積を求めなさい。

(4) △OAB の面積を求めなさい。

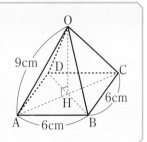

(1) どうやって AC の長さを求めたらよいでしょうか？

∠B=90°なので, △ABC で AC=$\sqrt{6^2+6^2}=6\sqrt{2}$ (cm) です。

はい, それでもいいですが, ∠BAC=45°ですよね。

つまり, △ABC は 45°定規です。AC=$6\times\dfrac{\sqrt{2}}{1}=6\sqrt{2}$ cm ㊐

(2) AH=CH なので, AH=$3\sqrt{2}$ cm です。
△OAH で三平方の定理が使えます。

$$OH=\sqrt{9^2-(3\sqrt{2})^2}$$
$$=\sqrt{81-18}$$
$$=3\sqrt{7}\ (cm)\ ㊐$$

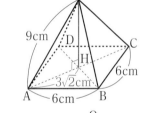

(3) $6\times6\times3\sqrt{7}\times\dfrac{1}{3}=36\sqrt{7}$ (cm³) ㊐

(4) △OAB を取り出すと, 二等辺三角形です。
この三角形の高さは, $\sqrt{9^2-3^2}=6\sqrt{2}$ cm なので,

$$△OAB=6\times6\sqrt{2}\times\dfrac{1}{2}=18\sqrt{2}\ (cm^2)\ ㊐$$

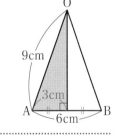

確認問題 108

右の図のような正四角錐について,
次の問に答えなさい。

(1) AC の長さを求めなさい。

(2) 高さ OH を求めなさい。

(3) この立体の体積を求めなさい。

(4) この立体の表面積を求めなさい。

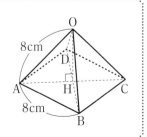

直方体，立方体の対角線

右の図のような直方体の対角線 BH の長さを求めてみます。

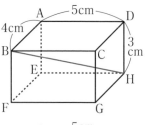

2 段階に分けて考えます。

まず，△ABD で三平方の定理を使って BD を求めます。

$BD=\sqrt{4^2+5^2}=\sqrt{41}$ cm と求まります。そして，次に△BDH で三平方の定理を用います。

$BH=\sqrt{(\sqrt{41})^2+3^2}=\sqrt{50}=5\sqrt{2}$ cm

2 つの直角三角形で，それぞれ三平方の定理を用いたわけです。

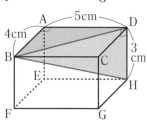

もっと楽な方法を考えてみましょう。

右の図のような，縦 a，横 b，高さ c の直方体の対角線の長さを求めます。

まず，△ABD で，$BD=\sqrt{a^2+b^2}$ ですね。

そして，△BDH で，

$BH=\sqrt{(\sqrt{a^2+b^2})^2+c^2}=\sqrt{a^2+b^2+c^2}$

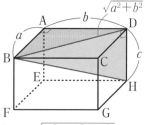

途中，ちょっと複雑な式になりましたが，結果は，**縦 a，横 b，高さ c の直方体の対角線の長さは $\sqrt{a^2+b^2+c^2}$** です。

$\sqrt{(縦)^2+(横)^2+(高さ)^2}$ と覚えていいですか？

はい，ぜひそう覚えてください。

そして，**一辺 a の立方体の対角線の長さ**は，$\sqrt{a^2+a^2+a^2}=\sqrt{3a^2}=\sqrt{3}\,a$ となります。これも一緒に覚えてください。

例題 137

次の立体の対角線の長さを求めなさい。

(1) 縦 2cm，横 3cm，高さ 4cm の直方体

(2) 一辺 5cm の立方体

---

(1) $\sqrt{2^2+3^2+4^2}=\sqrt{29}$ (cm) 答 (2) $\sqrt{3}\times5=5\sqrt{3}$ (cm) 答

この公式は，すごく便利ですね。

対角線の長さ	縦 a, 横 b, 高さ c の直方体 $\sqrt{a^2+b^2+c^2}$	一辺 a の立方体 $\sqrt{3}\,a$

確認問題 109

次の立体の対角線の長さを求めなさい。

(1) 縦 2cm, 横 4cm, 高さ 5cm の直方体

(2) 一辺 $2\sqrt{6}$ cm の立方体

立体の表面を通る最短距離

例題 138

右の図のような直方体に，頂点 A から辺 BC，FG を通って点 H までひもをかけるとき，最短のひもの長さを求めなさい。

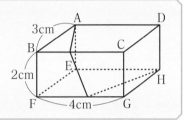

このように，**立体の表面を通る最短距離を求めるときは，展開図をか**くのが鉄則です。そして，その展開図は，ひもが通る面だけで十分です。

この問題では，一番上の面と手前の面と一番下の面の，合計 3 枚ですね。それらを，つなげてかきます。

右の図のような展開図ができます。そして，頂点の名前と長さを書き入れます。点 A から点 H まで曲がらずにまっすぐ行けば最短となります。赤の線ですね。

△ AEH で三平方の定理を使うと，

$AH=\sqrt{8^2+4^2}=4\sqrt{5}$ cm　**㊐**　と求まります。

やり方はわかったでしょうか。よく出る問題です。

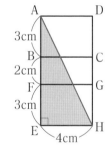

確認問題 110

右の図のような直方体に，頂点 A から辺 BF，CG を通って点 H までひもをかけるとき，最短のひもの長さを求めなさい。

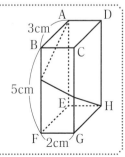

立体の切断

一辺 6cm の立方体を図のように切断したとき，切断面（影をつけた部分）の面積をそれぞれ求めなさい。

(1)

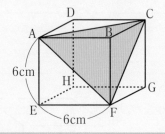

(2) P, Qは辺の中点

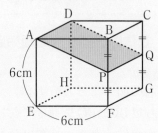

(1) 切断面は三角形です。どんな三角形ですか？

> どの辺も正方形の対角線で等しいので，正三角形です。

はい。一辺は，△AEF が 45° 定規なので，AF$=6\sqrt{2}$ cm です。

そこで，正三角形の面積の公式を使いましょう。

$$\frac{\sqrt{3}}{4} \times (6\sqrt{2})^2 = 18\sqrt{3} \text{ cm}^2 \quad \text{答}$$

一辺 a の正三角形
高さ $\dfrac{\sqrt{3}}{2}a$　面積 $\dfrac{\sqrt{3}}{4}a^2$

(2) 今度は長方形ですね。

△ABP で三平方の定理を使って，AP$=\sqrt{6^2+3^2}=3\sqrt{5}$ cm です。

したがって，面積は，$6 \times 3\sqrt{5} = 18\sqrt{5}$ cm^2 答

一辺 4cm の立方体を図のように切断したとき，切断面（影をつけた部分）の面積をそれぞれ求めなさい。

(1)

(2)

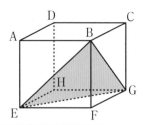

一辺 4cm の立方体を右の図のように切断したとき，切断面（影をつけた部分）の面積を求めなさい。ただし，点 P，Q はそれぞれ辺 EF，FG の中点である。

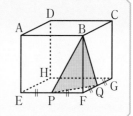

切断面の △BPQ は BP＝BQ の二等辺三角形になりそうです。

この三角形は，底辺 PQ がわかっても高さがわかりません。

そうですね。困りましたね。

そこで，切断面の △BPQ を思い切って取り出してみましょう。

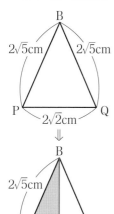

そして，辺の長さを，もとの図で考えます。

△BPF で，BP＝$\sqrt{2^2+4^2}$＝$2\sqrt{5}$ (cm)

BQ も $2\sqrt{5}$ cm です。

PQ は，△PQF が 45°定規なので，$2\sqrt{2}$ cm です。左の図に長さを入れましょう。

平面図形の問題になっちゃいました。

点 B から PQ に垂線 BI を下ろせば，I は PQ の中点なので，PI＝$\sqrt{2}$ cm

△BPI で，BI＝$\sqrt{(2\sqrt{5})^2-(\sqrt{2})^2}$＝$3\sqrt{2}$ (cm)

高さが求まりました！

△BPQ＝$2\sqrt{2} \times 3\sqrt{2} \times \dfrac{1}{2}$＝$6\text{cm}^2$ 答

このように，**切断面を取り出し，平面図形の問題として解く**のです。

確認問題 112

右の図の直方体を，図のように切断したとき，切断面（影をつけた部分）の面積を求めなさい。

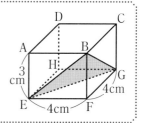

▶解答：p.263

1. 次の図で，x，y の値を求めなさい。

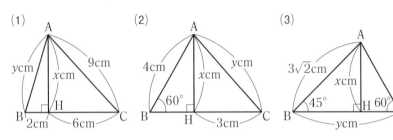

(1)　(2)　(3)

2. 一辺が $2\sqrt{3}$ cm の正三角形の高さと面積を求めなさい。

3. 次の四角形の対角線の長さを求めなさい。

(1)　長方形

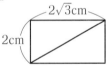

(2)　正方形

4. 次の図形の面積を求めなさい。

(1)　二等辺三角形

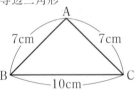

(2)　台形

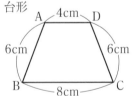

5. 次の 2 点 AB 間の距離を求めなさい。

(1)　A(2, 5)，B(6, 8)

(2)　A(−2, 3)，B(1, −5)

6. 次の立体の対角線の長さを求めなさい。
   (1) 縦 5cm，横 3cm，高さ 8cm の直方体
   (2) 一辺が $5\sqrt{3}$ cm の立方体

7. 次の立体の体積を求めなさい。

   (1) 円錐

   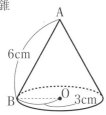

   (2) 正四角錐

   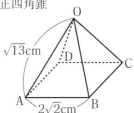

8. 右の図の直方体で，辺 BF 上に点 P をとり，
   線分 AP と PG の長さの和が最小になるよう
   にするとき，次の問に答えなさい。
   (1) 線分 BP の長さを求めなさい。
   (2) 線分 AP と PG の長さの和を求めなさい。

   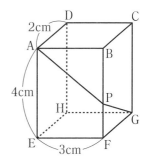

9. 下の図は，一辺が 10cm の立方体である。次の 3 点を通る平面で切
   るとき，切り口の図形の面積を求めなさい。

   (1) 3点 B, D, E

   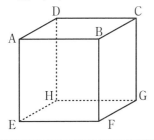

   (2) 3点 A, D, F

   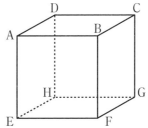

▶解答：p.265

1. 次の図形の面積を求めなさい。

(1)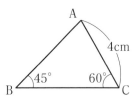

(2) 平行四辺形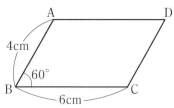

2. 右の図の円 O において，弦 AB の長さが $4\sqrt{10}$ cm であるとき，円 O の半径を求めなさい。

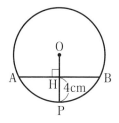

3. 右の図は，一辺 9cm の正方形 ABCD を，頂点 A が辺 DC 上の点 E に重なるように折り返したもので，PQ は折り目の線である。CE＝6cm であるとき，PD の長さを求めなさい。

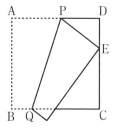

4. 3 点 A$(-2, 3)$，B$(1, 2)$，C$(3, 8)$ を結んで△ABC をつくるとき，次の問に答えなさい。
   (1) 辺 AB，BC，CA の長さをそれぞれ求めなさい。
   (2) △ABC はどのような三角形になるか答えなさい。

5. 右の図の△ABCにおいて，頂点A
から辺BCに下ろした垂線をAHとす
るとき，AHの長さを求めなさい。

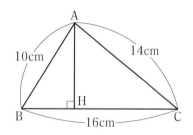

6. 底面の半径が2cmで，母線の長さが8cmの円錐に，
右の図のように底面の円周上の点Aから，側面にそっ
て1周するように糸をかける。次の問に答えなさい。
　⑴　この円錐の展開図をかくとき，側面のおうぎ形の
　　中心角を求めなさい。
　⑵　この糸がもっとも短くなるとき，糸の長さを求め
　　なさい。

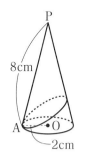

7. 下の図は一辺4cmの立方体である。点M，Nが辺の中点であるとき，
切断面（影をつけた部分）の面積をそれぞれ求めなさい。

⑴

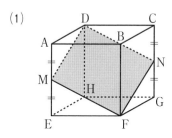

⑵

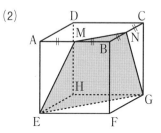

8. 右の図は，一辺6cmの立方体である。次
の問に答えなさい。
　⑴　△BDEの面積を求めなさい。
　⑵　三角錐ABDEの体積を求めなさい。
　⑶　点Aから△BDEに下ろした垂線の長さ
　　を求めなさい。

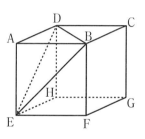

テーマ ① 近似値と有効数字

■■ イントロダクション ■■

◆ 近似値とは ➡ どんな値のことを近似値というのか
◆ 誤差とは ➡ 誤差の求め方を知る
◆ 有効数字の意味と表し方 ➡ 信頼できる数字をどのように表すか

近似値と誤差

　ものさしや温度計などで，ある長さや温度をはかって得られる値というのは真の値ではなく，真の値に近い値を四捨五入などで求めたものです。

　測定値のように，真の値に近い値を**近似値**といいます。右の例で 16℃ は，近似値です。

　たとえば，$\dfrac{19}{8}$ を小数で表せば，2.375 です。

この値は真の値です。

　2.375 の小数第 3 位を四捨五入すると 2.38 で，これは近似値ですね。そして，近似値から真の値をひいた差のことを，**誤差**といいます。

（誤差）＝（近似値）－（真の値）

この例では，誤差は
2.38－2.375 で 0.005 ですね。

例題 141

　次の問に答えなさい。
(1) 次の場合の誤差を求めなさい。
　　①近似値 350，真の値 347　　②近似値 12，真の値 12.16
(2) ある数 a の小数第 1 位を四捨五入したところ，27 になった。
　　① a の値の範囲を，不等号を使って表しなさい。
　　②誤差の絶対値は大きくてもどのくらいと考えられるか。

---

(1) ①（誤差）＝（近似値）－（真の値）にあてはめます。350－347＝3　**答**
　　② 12－12.16＝－0.16　**答**　真の値の方が大きいと負になります。
(2) ① a は，26.5 以上で 27.5 未満です。**26.5 ≦ a < 27.5**　**答**
　　②いちばんかけはなれた値との差なので，27－26.5＝0.5　**答**

有効数字

たとえば，最小の目もりが 10g のはかりで，ある品物をはかったら，1240g だったとします。このとき，十未満の位を四捨五入したものなので，ちょうど 1240g というわけではありません。

$$\underset{\substack{\uparrow \\ 確か}}{124}\underset{\substack{\uparrow \\ 不確か}}{0}\text{g}$$

1，2，4 は信頼できますが，0 は信頼できませんね。

この例の 1，2，4 のように，信頼できる数字を**有効数字**といいます。このことを，(整数部分が 1 けたの数)×(10 の累乗)の形で表すことがあります。

1 けた→ $\underset{\text{有効数字}}{①.24 \times 10^3\text{g}}$

この例では，左のようになるわけです。

有効数字の最初の数字を整数部分にするんですね。

はい，この表し方では，整数部分は 1 けたにしてください。

例題 142

次の測定値を，(整数部分が 1 けたの数)×(10 の累乗)の形で表しなさい。
(1) 28000m （有効数字 2，8，0）　　(2) 4350g （有効数字 3 けた）
(3) 8100m 　（100m の位まで測定）

(1) 2 と 8 と 0 が有効数字なので，2.80 と書き，10 の累乗で調整します。
　　答 $2.80 \times 10^4\text{m}$　このように，有効数字の 0 も書きます。
(2) 上から 3 けたの 4，3，5 が有効数字なので，$4.35 \times 10^3\text{g}$　**答**
(3) 100m の位までの 8，1 が有効数字です。$8.1 \times 10^3\text{m}$　**答**

確認問題 113

次の測定値を，(整数部分が 1 けたの数)×(10 の累乗)の形で表しなさい。
(1) 25000m 　（有効数字 2，5）
(2) 72000m 　（有効数字 7，2，0）
(3) 5800g 　　（有効数字 2 けた）
(4) 3720g 　　（10g の位まで測定）

② 標本調査

◆ **全数調査と標本調査** ⇒ どちらの方法が適しているか
◆ **母集団と標本** ⇒ それぞれの意味を知る
◆ **標本調査の活用** ⇒ 母集団の数を推測する方法を知る

母集団と標本

あるビンの中に，白と赤のビーズが全部で約 10000 個入っているとします。

〈全体〉

〈サンプル〉

標本

母集団

実際に白のビーズが何個で赤のビーズが何個かを全部調べる方法を，**全数調査**といいます。でもそれはたいへんですね。

そこで，一部サンプルを取り出し，その数から，もとの個数を推測することがあります。

このように，一部を取り出して調べることを**標本調査**といいます。

このとき，もとの集団のことを**母集団**，調査のために取り出した一部の資料を**標本**といいます。調査する目的によって，全数調査をすべきか標本調査をすべきかが決まっていきます。

例題 143

次の調査は，全数調査と標本調査のどちらが適切か答えなさい。
(1) 工場で作られる乾電池の耐久時間の調査　　(2) 国勢調査
(3) あるクラスの出欠調査　　(4) テレビ番組の視聴率調査

(1) 全数調査をすると，売る乾電池がなくなってしまいますね。
　　したがって，**標本調査** 答
(2) 国勢調査は，5 年ごとに全国民に対して行う調査で，**全数調査** 答
(3) クラス全員対象なので。**全数調査** 答　　(4) **標本調査** 答

標本調査を行うもの	・全数調査では多くの手間，時間，費用などがかかる。
	・工場の製品等，調査すると製品がこわれてしまう。
	・およその傾向が予想できれば十分である。

次の調査は全数調査，標本調査のどちらで行われるか。

(1) 学校での歯科検診　　(2) ある川の水質調査

(3) ある工場で生産された菓子の品質検査

標本調査の活用

標本調査を活用して，母集団の数を推測する方法を学びましょう。

例題 144

袋の中に，大きさが等しい赤玉と白玉が合わせて 800 個入っている。これをよくかき混ぜて 50 個の玉を取り出したところ，赤玉が 35 個，白玉が 15 個であった。このとき，袋の中にある赤玉の個数を推定しなさい。

赤玉の個数を x 個とします。母集団の全体と赤玉の個数の比は $800 : x$ ですね。

そして，取り出した標本全体と赤玉の個数の比は $50 : 35$ です。その比がほぼ等しいので，

$800 : x = 50 : 35$

$800 : x = 10 : 7$ 〉右辺を 5 でわって

$x = 560$　　**答** およそ 560 個

	全体	赤玉
母集団	800 個	x 個
標本	50 個	35 個

> 母集団と標本で，個数の比がほぼ等しいからですね。

はい，そうです。(赤玉の数)：(白玉の数)で比例式をつくると，

$x : (800 - x) = 35 : 15$　となりますね。これで解いてもいいです。

そして，この問題の母集団 800 を**母集団の大きさ**，標本 50 を**標本の大きさ**といいます。**単位はつけません。**覚えておいてください。

確認問題 115

箱の中に同じ大きさの黒の碁石と白の碁石が合わせて 250 個入っている。この箱から 40 個の碁石を取り出したところ，黒の碁石が 16 個入っていた。この箱の中には，およそ何個の黒の碁石が入っているか推定しなさい。

▶解答：p.267

1.　次のときの誤差を求めなさい。
　(1)　所持金 3576 円を 3600 円と表したとき
　(2)　人口 185194 人を 185000 人と表したとき

2.　次の値の有効数字が(　　)内のけた数であるとき，それぞれの値を，
　(整数部分が 1 けたの数)×(10 の累乗)の形で表しなさい。
　(1)　5300g　(2 けた)
　(2)　74000m　(3 けた)
　(3)　681000m　(4 けた)

3.　ある中学校の全校生徒は 520 人である。この学校における通学時間
　を調査するため，各学年の男女 10 名ずつ，計 60 人を無作為に選んだ。
　このとき，母集団の大きさと標本の大きさをそれぞれ答えなさい。

4.　次の調査は，全数調査と標本調査のどちらが適切であるか答えなさい。
　(1)　ある工場で生産された缶コーヒーの品質調査
　(2)　あるクラスの数学のテストの結果の調査
　(3)　成田空港における，入国する人に対するパスポートの調査
　(4)　ある新聞社が行う，世論調査

5.　袋の中に，大きさが等しい赤玉と白玉が合わせて 800 個入っている。
　これをよくかき混ぜて 60 個の玉を取り出したところ，赤玉が 24 個，
　白玉が 36 個であった。このとき，袋の中にある赤玉の個数を推定しな
　さい。

▶解答：p.267

1. ある長さの, 小数第2位を四捨五入した近似値が5.3cmである。このとき, 真の値 a(cm)の範囲を, 不等号を用いて表しなさい。

2. 次の近似値の有効数字が(　　)内のけた数であるとき, それぞれの近似値を, 整数部分が1けたの数と10の累乗との積の形で表しなさい。
   (1) 地球の赤道の長さ 40000km　　　(2けた)
   (2) 光の速さ　秒速299800km　　　(4けた)

3. 次の値を, (整数部分が1けたの数)×(10の累乗)の形で表しなさい。
   (1) 10gの位まで測定したときの米 830g
   (2) 1cm未満を四捨五入したリボンの長さ 120cm

4. 工場で作られた5000個の電球の中から, 無作為に100個を選んで品質検査を行ったところ, 3個の不良品があった。次の問に答えなさい。
   (1) 母集団の大きさと, 標本の大きさをそれぞれ求めなさい。
   (2) 取り出した100個の中の不良品の割合は何%か。
   (3) 5000個の電球の中には, 不良品はおよそ何個ふくまれていると考えられるか。

5. ある池にいる魚の数を調査するのに, 60匹の魚を捕獲して, それらに印をつけて池にもどした。数日して, 魚を100匹捕獲したところ, 印のついた魚が4匹であった。このとき, この池にいる魚の総数を推定しなさい。

MEMO

確認問題・トレーニング・
定期テスト対策の

解答・解説

確認問題 1

(1) $3a^2 + 18ab$　(2) $-20x^2 + 4xy$

(3) $(2x - 4y - 1) \times (-2x)$

$= -4x^2 + 8xy + 2x$ 　答

(4) $6x(\dfrac{1}{2}x - \dfrac{1}{3}y) = \dfrac{6}{2}x^2 - \dfrac{6}{3}xy$

$= 3x^2 - 2xy$ 　答

確認問題 2

(1) $(12x^2 + 15xy) \div 3x$

$= \dfrac{12x^2}{3x} + \dfrac{15xy}{3x}$

$= 4x + 5y$ 　答

(2) $(4x^3 + 2x^2) \div (-2x^2)$

$= -\dfrac{4x^3}{2x^2} - \dfrac{2x^2}{2x^2}$

$= -2x - 1$ 　答

(3) $\div \dfrac{2}{3}xy$ は $\div \dfrac{2xy}{3}$ なので，$\times \dfrac{3}{2xy}$ と

する。

$(2x^2y - 4xy^2) \times \dfrac{3}{2xy}$

$= \dfrac{2x^2y \times 3}{2xy} - \dfrac{4xy^2 \times 3}{2xy}$

$= 3x - 6y$ 　答

確認問題 3

(1)

$2ax + bx - 2ay - by$

(2)

$6ax + 27ay - 10bx - 45by$

(3) $(3x - 5)(2x - 7)$

$= 6x^2 - 21x - 10x + 35$

$= 6x^2 - 31x + 35$ 　答

(4) $(3x - y)(6x + 5y)$

$= 18x^2 + 15xy - 6xy - 5y^2$

$= 18x^2 + 9xy - 5y^2$ 　答

(5) $(a + 2)(2a - b + 3)$

$= 2a^2 - ab + 3a + 4a - 2b + 6$

$= 2a^2 - ab + 7a - 2b + 6$ 　答

(6) $(x + 4y)(x - 8y + 2)$

$= x^2 - 8xy + 2x + 4xy - 32y^2 + 8y$

$= x^2 - 4xy - 32y^2 + 2x + 8y$ 　答

(7) $(3x + y - 1)(2x - 3y)$

$= 6x^2 - 9xy + 2xy - 3y^2 - 2x + 3y$

$= 6x^2 - 7xy - 3y^2 - 2x + 3y$ 　答

確認問題 4

(1) $x^2 + 3x + 2$　(2) $x^2 + 9x + 18$

(3) $x^2 - x - 12$　(4) $x^2 - 7x - 18$

(5) $x^2 - 6x + 5$　(6) $x^2 - 13x + 42$

確認問題 5

(1) $x^2 + 4x + 4$

(2) $x^2 - 2x + 1$

(3) $a^2 + 16a + 64$

(4) $y^2 - 14y + 49$

(5) $9x^2 - 12x + 4$

確認問題 6

(1) $x^2 - 1$　(2) $x^2 - 36$

(3) $a^2 - 49$　(4) $9x^2 - 25$

トレーニング 1

(1) $x^2 + 4x + 3$　(2) $x^2 - 14x + 48$

(3) $x^2 + 18x + 81$

(4) $x^2 - 9$　(5) $x^2 + x - 20$

(6) $x^2 - 100$　(7) $a^2 + 10a + 25$

(8) $x^2 - 6x - 40$ (9) $x^2 - 5x + 6$

(10) $x^2 - 81$　(11) $x^2 + x - 30$

(12) $x^2 - 12x + 36$

(13) $x^2 + 4x + 4$　(14) $x^2 - 6x + 9$

(15) $x^2 - 4$　(16) $a^2 - b^2$

(17) $4x^2 - 4x + 1$ (18) $x^2 - 64$

(19) $x^2 - 20x + 100$

(20) $x^2 + 12x + 32$

(21) $a^2 + 11a - 60$

(22) $x^2 - 16$　(23) $a^2 - 16a + 64$

(24) $x^2 - 14x + 24$

(25) $x^2 + 22x + 121$

(26) $x^2 + 6x - 27$ (27) $x^2 - 10x + 25$

(1) $(3x-2)(3x+5)$
$= (3x)^2 + 3 \times 3x - 10$
$= 9x^2 + 9x - 10$ 答

(2) $(2x-5)(2x-3)$
$= (2x)^2 - 8 \times 2x + 15$
$= 4x^2 - 16x + 15$ 答

確認問題 8

(1) $2(x^2+2x+1) + 3(x^2-4x+4)$
$= 2x^2 + 4x + 2 + 3x^2 - 12x + 12$
$= 5x^2 - 8x + 14$ 答

(2) $x^2 - 9 - (x^2 + 2x - 8)$
$= x^2 - 9 - x^2 - 2x + 8$
$= -2x - 1$ 答

(3) $x^2 + 4xy + 4y^2 - (x^2 + 3xy - 4y^2)$
$= x^2 + 4xy + 4y^2 - x^2 - 3xy + 4y^2$
$= xy + 8y^2$ 答

トレーニング 2

(1) $2(x^2+8x+16) - (x^2-9)$
$= 2x^2 + 16x + 32 - x^2 + 9$
$= x^2 + 16x + 41$ 答

(2) $x^2 + x - 30 - (x^2 - 4x + 4)$
$= x^2 + x - 30 - x^2 + 4x - 4$
$= 5x - 34$ 答

(3) $x+y=A$ とおくと,
$(A-5)(A+5)$
$= A^2 - 25$
$= (x+y)^2 - 25$
$= x^2 + 2xy + y^2 - 25$ 答

(4) $x-y=A$ とおくと,
$(A-1)(A+1)$
$= A^2 - 1$
$= (x-y)^2 - 1$
$= x^2 - 2xy + y^2 - 1$ 答

(5) $x-y=A$ とおくと,
$(A-6)(A-2)$
$= A^2 - 8A + 12$
$= (x-y)^2 - 8(x-y) + 12$
$= x^2 - 2xy + y^2 - 8x + 8y + 12$ 答

(6) $a-b=A$ とおくと,
$(A+c)^2$
$= A^2 + 2Ac + c^2$
$= (a-b)^2 + 2c(a-b) + c^2$
$= a^2 - 2ab + b^2 + 2ac - 2bc + c^2$ 答

(7) $x-y=A$ とおくと,
$(A-6)^2$
$= A^2 - 12A + 36$
$= (x-y)^2 - 12(x-y) + 36$
$= x^2 - 2xy + y^2 - 12x + 12y + 36$ 答

(8) $a-2b=A$ とおくと,
$(A+3c)^2$
$= A^2 + 6Ac + 9c^2$
$= (a-2b)^2 + 6c(a-2b) + 9c^2$
$= a^2 - 4ab + 4b^2 + 6ac$
$\qquad - 12bc + 9c^2$ 答

確認問題 9

(1) $b(a-c)$ (2) $5x(2x-y)$
(3) $xy(x+y)$ (4) $2ab(3a+2b-1)$

確認問題 10

(1) $(x+3)(x+4)$
(2) $(x-2)(x-7)$
(3) $(x-6)(x+3)$
(4) $(x+6y)(x-5y)$

確認問題 11

(1) $(x+1)^2$ (2) $(x+6)^2$
(3) $(x-4)^2$ (4) $(x-7y)^2$

確認問題 12

(1) $(x+4)(x-4)$
(2) $(x+7)(x-7)$
(3) $(2x)^2 - 1^2$ より
$(2x+1)(2x-1)$ 答
(4) $x^2 - (5y)^2$ より,
$(x+5y)(x-5y)$ 答

トレーニング 3

(1) $(x+2)(x+3)$
(2) $(x+7)(x-4)$
(3) $(x+3)(x-3)$

(4) $3a(b-2x)$

(5) $(x+8)(x-8)$

(6) $(x-5y)(x+2y)$

(7) $(x+2y)(x-2y)$

(8) $(x-2y)^2$

(9) $(x-1)(x-4)$

(10) $(x+1)(x+5)$

(11) $(x-10)(x+8)$

(12) $2xy(2x-3y)$

(13) $a(x+2y-1)$

(14) $(x-7)(x+5)$

(15) $(x+3)^2$

(16) $(a+2)(a-2)$

(17) $(x-3)(x+1)$

(18) $(x+4)(x+5)$

(19) $(x-2)^2$

(20) $a(x+2y)$

(21) $(3x+y)(3x-y)$

(22) $(a+7)(a-2)$

(23) $(x-3)(x-5)$

(24) $(x+8)^2$

(25) $3x(3x-2)$

(26) $(x+1)(x+7)$

(27) $(x+6y)(x-6y)$

確認問題 13

(1) $x^2-3x-28+18$
 $=x^2-3x-10$
 $=(x-5)(x+2)$ 答

(2) $x^2+6x+9-2x-14$
 $=x^2+4x-5$
 $=(x+5)(x-1)$ 答

(3) $2a(x^2+6x+8)$
 $=2a(x+2)(x+4)$ 答

(4) $2y(x^2-4x+4)$
 $=2y(x-2)^2$ 答

(5) $9x^2-36$
 $=9(x^2-4)$ ⟩共通因数9でくくる
 $=9(x+2)(x-2)$ 答

確認問題 14

(1) $a+2b=A$ とおく。
 $xA-yA$
 $=A(x-y)$
 $=(a+2b)(x-y)$ 答

(2) $a-b=A$ とおく。
 $A^2-8A+16$
 $=(A-4)^2$
 $=(a-b-4)^2$ 答

(3) $x-y=A$ とおく。
 A^2-A-2
 $=(A-2)(A+1)$
 $=(x-y-2)(x-y+1)$ 答

(4) $(x-2y)+a(2y-x)$
   かえる↓ ↓かわる
 $=(x-2y)-a(x-2y)$
 $x-2y=A$ とおく。
 $A-aA$
 $=A(1-a)$
 $=(x-2y)(1-a)$ 答

(5) $\underline{ab-b}+\underline{a-1}$
   ↓bでくくる ↓
 $=\underline{b(a-1)}+\underline{(a-1)}$
 $a-1=A$ とおく。
 $bA+A$
 $=A(b+1)$
 $=(a-1)(b+1)$ 答

(6) $\underline{x^2+xy}\ \underline{-ax-ay}$
 xでくくる↓ ↓$-a$でくくる
 $=\underline{x(x+y)}\ \underline{-a(x+y)}$
 この符号に注意
 $x+y=A$ とおく。
 $xA-aA$
 $=A(x-a)$
 $=(x+y)(x-a)$ 答

(1) 61×59
$= (60+1) \times (60-1)$
$= 60^2 - 1^2$
$= 3600 - 1$
$= 3599$ 答

(2) 103^2
$= (100+3)^2$
$= 100^2 + 2 \times 100 \times 3 + 3^2$
$= 10000 + 600 + 9$
$= 10609$ 答

(3) $37^2 - 33^2$
$= (37+33) \times (37-33)$
$= 70 \times 4$
$= 280$ 答

(4) $95^2 + 2 \times 95 \times 5 + 5^2$
$= (95+5)^2$
$= 100^2$
$= 10000$ 答

(1) $(x-7)^2 - (x-5)(x-8)$
$= x^2 - 14x + 49 - (x^2 - 13x + 40)$
$= -x + 9$
$x=30$ を代入して，-21 答

(2) $(x+5)^2 - (x-5)^2$
$= x^2 + 10x + 25 - (x^2 - 10x + 25)$
$= 20x$

$x = -\dfrac{1}{5}$ を代入して，

$20 \times \left(-\dfrac{1}{5} \right) = -4$ 答

(3) ① $x^2 - y^2 = (x+y)(x-y)$
代入して，
$(15-5) \times (15+5) = 200$ 答
② $x^2 + 6xy + 9y^2 = (x+3y)^2$
代入して，$(15-15)^2 = 0$ 答

〔証明〕 連続した2つの奇数は，整数n を使って$2n-1$，$\boxed{2n+1}$ と表される。
この2つの奇数の積に1を加えると，

$(\boxed{2n-1})(\boxed{2n+1}) + 1$
$= \boxed{4n^2 - 1 + 1}$
$= \boxed{4n^2}$

n^2は整数だから，この数は4の倍数である。
　よって，連続した2つの奇数の積に1を加えると4の倍数になる。

式の計算まとめ 定期テスト対策A

1(1) $3a^2 + 6ab - 12ac$
(2) $x - 2$
(3) $2x^2 - 5xy + x$
(4) $(4x^2 - 2xy) \times \dfrac{3}{2x}$

$= \dfrac{4x^2 \times 3}{2x} - \dfrac{2xy \times 3}{2x}$
$= 6x - 3y$ 答

2(1) $xy - 2x + 3y - 6$
(2) $3ac + 2ad - 6bc - 4bd$
(3) $x^2 - 8x + 15$
(4) $a^2 - 18a + 81$
(5) $x^2 - 9y^2$
(6) $x^2 - 10xy + 25y^2$

3(1) $x^2 + 6x + 9 - 3x^2 - 3x$
$= -2x^2 + 3x + 9$ 答
(2) $x^2 + 6x - 16 + x^2 + 8x + 16$
$= 2x^2 + 14x$ 答
(3) $x^2 - 25 - 2(x^2 - 6x + 9)$
$= x^2 - 25 - 2x^2 + 12x - 18$
$= -x^2 + 12x - 43$ 答
(4) $x^2 + 12xy + 36y^2 - (x^2 - xy - 6y^2)$
$= x^2 + 12xy + 36y^2 - x^2 + xy + 6y^2$
$= 13xy + 42y^2$ 答

4(1) $x(y+z)$ 　(2) $xy(x-3)$
(3) $(x+1)(x+4)$
(4) $(x-3)(x+2)$
(5) $(x-5)(x-1)$
(6) $(a-3)^2$
(7) $(x+2y)(x-2y)$
(8) $(3x+4)(3x-4)$

5(1) $x^2 + 12x + 36 - 7x - 50$
$= x^2 + 5x - 14$
$= (x+7)(x-2)$ ㊎

(2) $2(x^2 - 16) - (x^2 - 6x - 7) - 2$
$= 2x^2 - 32 - x^2 + 6x + 7 - 2$
$= x^2 + 6x - 27$
$= (x+9)(x-3)$ ㊎

(3) $2(x^2 - 7x + 6)$
$= 2(x-6)(x-1)$ ㊎

(4) $3y(x^2 + 4x - 5)$
$= 3y(x+5)(x-1)$ ㊎

6(1) $x^2 - 2x - 24$
$= (x-6)(x+4)$
$x = 16$ を代入
$10 \times 20 = 200$ ㊎

(2) $(x-y)^2$ に代入して，
$(45 - 35)^2$
$= 10^2$
$= 100$ ㊎

7(1) 51×49
$= (50 + \boxed{1}) \times (50 - \boxed{1})$
$= \boxed{50}^2 - \boxed{1}^2$
$= \boxed{2500} - \boxed{1}$
$= \boxed{2499}$

(2) $25^2 - 24^2$
$= (25 + \boxed{24}) \times (25 - \boxed{24})$
$= \boxed{49} \times \boxed{1}$
$= \boxed{49}$

8 〔証明〕 連続する3つの整数は，
整数 n を使って，
$\boxed{n-1}$，n，$\boxed{n+1}$ と表される。
　大きい方の2数の積から小さい方
の2数の積をひくと，
$n(\boxed{n+1}) - n(\boxed{n-1})$
$= \boxed{n^2 + n} - n^2 + \boxed{n}$
$= \boxed{2n}$
　したがって，連続する3つの整数
について，

大きい方の2数の積から小さい方の2数
の積をひくと，中央の数の2倍になる。

1(1) $x^2 + 4xy + 4y^2 - (x^2 + 4xy - 5y^2)$
$= x^2 + 4xy + 4y^2 - x^2 - 4xy + 5y^2$
$= 9y^2$ ㊎

(2) $x^2 - 36 - (x^2 - x - 12)$
$= x^2 \quad 36 - x^2 + x + 12$
$= x - 24$ ㊎

(3) $9x^2 - 12xy + 4y^2 - (x^2 - 4xy - 21y^2)$
$= 9x^2 - 12xy + 4y^2 - x^2 + 4xy + 21y^2$
$= 8x^2 - 8xy + 25y^2$ ㊎

2(1) $a - b = A$ とおく。
$(A+2)(A-2)$
$= A^2 - 4$
$= (a-b)^2 - 4$
$= a^2 - 2ab + b^2 - 4$ ㊎

(2) $a - 2b = A$ とおく。
$(A+3)^2$
$= A^2 + 6A + 9$
$= (a-2b)^2 + 6(a-2b) + 9$
$= a^2 - 4ab + 4b^2 + 6a - 12b + 9$
㊎

(3) $a + b = A$ とおく。
$(A-5)(A+4)$
$= A^2 - A - 20$
$= (a+b)^2 - (a+b) - 20$
$= a^2 + 2ab + b^2 - a - b - 20$ ㊎

3(1) $x^2 - 12x + 35 - 2x + 10 + 3$
$= x^2 - 14x + 48$
$= (x-6)(x-8)$ ㊎

(2) $2x^2 + x - 6x - 3 - (x^2 - 4) - 25$
$= 2x^2 - 5x - 3 - x^2 + 4 - 25$
$= x^2 - 5x - 24$
$= (x-8)(x+3)$ ㊎

4(1) $a + b = A$ とおく。
$xA - yA$
$= A(x-y)$
$= (a+b)(x-y)$ ㊎

(2) $x - y = A$ とおく。
$A^2 - 3A - 10$

$\qquad = (A-5)(A+2)$
$\qquad = (x-y-5)(x-y+2)$ 🈂

(3) $x+y=A$ とおく。
$\qquad A^2-4A+4$
$\qquad = (A-2)^2$
$\qquad = (x+y-2)^2$ 🈂

(4) $x(y+3)-2(y+3)$
$\qquad y+3=A$ とおく。
$\qquad xA-2A$
$\qquad = A(x-2)$
$\qquad = (y+3)(x-2)$ 🈂

5 (1) $x^2+4x+4-(x^2+x-12)$
$\qquad = x^2+4x+4-x^2-x+12$
$\qquad = 3x+16$
$\qquad x=-\dfrac{2}{3}$ を代入して,
$\qquad 3\times\left(-\dfrac{2}{3}\right)+16=14$ 🈂

(2) $x^2+6xy+9y^2=(x+3y)^2$
$\qquad$ 代入して, $(1.7+0.3)^2$
$\qquad = 2^2$
$\qquad = 4$ 🈂

(3) $x^2-y^2=(x+y)(x-y)$
$\qquad$ 代入して,
$\qquad (57+43)\times(57-43)$
$\qquad = 100\times14$
$\qquad = 1400$ 🈂

6 〔証明〕 連続する3つの整数は, 整数 n を使って, $n-1$, n, $n+1$ と表される。
$\quad$ それぞれの2乗の和から2をひくと
$(n-1)^2+n^2+(n+1)^2-2$
$= n^2-2n+1+n^2+n^2+2n+1-2$
$= 3n^2$
$\quad n^2$ は整数だから, この数は3の倍数である。
$\quad$ したがって, 連続する3つの整数のそれぞれの2乗の和から2をひくと, 3の倍数になる。

7 〔証明〕 連続する2つの奇数は, 整数 n を使って, $2n-1$, $2n+1$ と表される。
$\quad$ 2つの奇数の積から小さい方の奇数の2倍をひいた差は,
$\qquad (2n-1)(2n+1)-2(2n-1)$
$= (4n^2-1)-4n+2$
$= 4n^2-4n+1$
$= (2n-1)^2$
$\quad$ これは小さい方の奇数の2乗である。
$\quad$ したがって, 連続する2つの奇数について, 2つの奇数の積から小さい方の奇数の2倍をひいた差は, 小さい方の奇数の2乗に等しくなる。

8 〔証明〕 道の面積について,
$S=(x+\boxed{2a})^2-x^2$
$\quad = x^2+\boxed{4ax}+\boxed{4a^2}-x^2$
$\quad = \boxed{4ax+4a^2}$ …①
$\quad l$ は一辺 $x+\boxed{a}$ (m) の正方形の周の長さだから,
$\quad l=4(x+\boxed{a})=\boxed{4x+4a}$
$\quad$ よって, $al=\boxed{4ax+4a^2}$ …②
$\quad$ ①, ②より, $S=al$

第 2 章 平方根

確認問題 18

(1) ①$\pm\sqrt{7}$, ②$\pm\sqrt{10}$, ③$\pm\sqrt{\dfrac{3}{5}}$

(2) ①6　②-0.4
　　③$-\sqrt{(-5)^2}=-\sqrt{25}$ より, 25の
　　平方根のうち負の方で-5　答

確認問題 19

(1) 6　(2) 10　(3) 0.2

確認問題 20

(1) $\sqrt{19}>\sqrt{14}$

(2) 4^2　　5^2　　$(\sqrt{17})^2$
　　$=16$　$=25$　$=17$　より,
　　$4<\sqrt{17}<5$　答

(3) 7^2　　$(\sqrt{43})^2$　$(\sqrt{51})^2$
　　$=49$　$=43$　　$=51$　より,
　　$\sqrt{43}<7<\sqrt{51}$
　　よって, $-\sqrt{51}<-7<-\sqrt{43}$　答

確認問題 21

(1) それぞれ2乗して, $10<n<16$
　　$n=11,\ 12,\ 13,\ 14,\ 15$　答

(2) それぞれ2乗して, $25<n<30.25$
　　$n=26,\ 27,\ 28,\ 29,\ 30$　答

確認問題 22

ア　$\sqrt{\dfrac{9}{25}}=\dfrac{3}{5}$ より, 有理数

イ　無理数　　ウ　無理数

エ　$-0.3=\dfrac{-3}{10}$ より, 有理数

オ　有理数

答　ア, エ, オ

確認問題 23

(1) $\sqrt{30}$　　(2) $-\sqrt{21}$

(3) $\sqrt{100}=10$　答

(4) $\sqrt{5}$　　(5) $-\sqrt{9}=-3$　答

(6) $\sqrt{25}=5$　答

確認問題 24

(1) $\sqrt{2^2\times7}=2\sqrt{7}$　答

(2) $\sqrt{3^2\times5}=3\sqrt{5}$　答

(3) $\sqrt{3^2\times6}=3\sqrt{6}$　答

(4) $\sqrt{6^2\times2}=6\sqrt{2}$　答

(5) $\sqrt{5^2\times3}=5\sqrt{3}$　答

(6) $\sqrt{4^2\times3}=4\sqrt{3}$　答

(7) $\sqrt{3^2\times3}=3\sqrt{3}$　答

(8) $\sqrt{4^2\times6}=4\sqrt{6}$　答

確認問題 25

(1) $12\sqrt{6}$

(2) $2\sqrt{6}\times5\sqrt{3}=10\sqrt{18}$
　　$=10\times3\sqrt{2}$　$\Big]$ $\sqrt{18}=3\sqrt{2}$より
　　$=30\sqrt{2}$　答

(3) $(2\sqrt{6})^2$
　　$=2^2\times(\sqrt{6})^2$
　　$=4\times6$
　　$=24$　答

(4) $\sqrt{20}=2\sqrt{5}$, $\sqrt{28}=2\sqrt{7}$より,
　　$\sqrt{20}\times\sqrt{28}$
　　$=2\sqrt{5}\times2\sqrt{7}$
　　$=4\sqrt{35}$　答

(5) $\sqrt{45}=3\sqrt{5}$より,
　　$\sqrt{45}\times2\sqrt{15}$
　　$=3\sqrt{5}\times2\sqrt{15}$
　　$=6\sqrt{75}$　$\Big]$ $\sqrt{75}=5\sqrt{3}$より
　　$=6\times5\sqrt{3}$
　　$=30\sqrt{3}$　答

確認問題 26

(1) $\sqrt{700}=\sqrt{10^2\times7}=10\sqrt{7}$より,
　　$10\times2.646=26.46$　答

(2) $\sqrt{7000}=\sqrt{10^2\times70}=10\sqrt{70}$より,
　　$10\times8.367=83.67$　答

(3) $\sqrt{0.7}=\sqrt{\left(\dfrac{1}{10}\right)^2\times70}=\dfrac{1}{10}\times\sqrt{70}$
　　より, $\dfrac{1}{10}\times8.367=0.8367$　答

(4) $\sqrt{0.07}=\sqrt{\left(\dfrac{1}{10}\right)^2\times7}=\dfrac{1}{10}\times\sqrt{7}$

より, $\frac{1}{10} \times 2.646 = 0.2646$ 答

確認問題 27

(1) $\frac{2}{\sqrt{7}} \times \frac{\sqrt{7}}{\sqrt{7}} = \frac{2\sqrt{7}}{7}$ 答

(2) $\frac{5\sqrt{2}}{\sqrt{5}} \times \frac{\sqrt{5}}{\sqrt{5}} = \frac{5\sqrt{10}}{5} = \sqrt{10}$ 答

(3) $\frac{\sqrt{5}}{4\sqrt{3}} \times \frac{\sqrt{3}}{\sqrt{3}} = \frac{\sqrt{15}}{12}$ 答

確認問題 28

(1) $\frac{3\cancel{6}\sqrt{2}}{1\cancel{2}\sqrt{5}} \times \frac{\sqrt{5}}{\sqrt{5}} = \frac{3\sqrt{10}}{5}$ 答

(2) $\frac{2\sqrt{3}}{5\sqrt{2}} \times \frac{\sqrt{2}}{\sqrt{2}} = \frac{1\,2\sqrt{6}}{\cancel{10}\,5} = \frac{\sqrt{6}}{5}$ 答

(3) $\frac{\sqrt{6} \times \sqrt{10}^{\,2}}{6\sqrt{5}^{\,1}} = \frac{1\,2\sqrt{3}}{\cancel{6}\,3} = \frac{\sqrt{3}}{3}$ 答

(4) $-\frac{2\sqrt{7} \times 4\sqrt{3}^{\,1}}{5\sqrt{6}^{\,2}} = -\frac{8\sqrt{7}}{5\sqrt{2}} \times \frac{\sqrt{2}}{\sqrt{2}}$

$= -\frac{4\,8\sqrt{14}}{\cancel{10}\,5}$

$= -\frac{4\sqrt{14}}{5}$ 答

トレーニング 4

1(1) $2\sqrt{2}$　(2) $2\sqrt{3}$　(3) $3\sqrt{2}$

(4) $2\sqrt{5}$　(5) $2\sqrt{6}$　(6) $3\sqrt{3}$

(7) $2\sqrt{7}$　(8) $4\sqrt{2}$　(9) $3\sqrt{5}$

(10) $4\sqrt{3}$　(11) $2\sqrt{13}$　(12) $3\sqrt{6}$

(13) $6\sqrt{2}$　(14) $4\sqrt{5}$　(15) $4\sqrt{6}$

(16) $7\sqrt{2}$　(17) $6\sqrt{3}$　(18) $5\sqrt{5}$

2(1) $\sqrt{50}$　(2) $\sqrt{48}$　(3) $\sqrt{60}$

(4) $\sqrt{180}$　(5) $\sqrt{150}$　(6) $\sqrt{300}$

3(1) $18\sqrt{10}$　(2) $-10\sqrt{6}$

(3) $14\sqrt{26}$

(4) $-\frac{5\sqrt{2}^{\,1} \times 2\sqrt{3}}{\sqrt{2}^{\,1}} = -10\sqrt{3}$ 答

(5) $\frac{5\sqrt{2}^{\,1} \times 4\sqrt{3}^{\,1}}{\sqrt{6}^{\,1}} = 20$ 答

(6) $-\frac{1\,2\sqrt{5}^{\,1} \times 3\sqrt{3}}{2\,4\sqrt{5}^{\,1}} = -\frac{3\sqrt{3}}{2}$ 答

トレーニング 5

1(1) $\frac{1}{\sqrt{5}} \times \frac{\sqrt{5}}{\sqrt{5}} = \frac{\sqrt{5}}{5}$ 答

(2) $\frac{4}{\sqrt{3}} \times \frac{\sqrt{3}}{\sqrt{3}} = \frac{4\sqrt{3}}{3}$ 答

(3) $\frac{7}{\sqrt{7}} \times \frac{\sqrt{7}}{\sqrt{7}} = \frac{7\sqrt{7}}{7} = \sqrt{7}$ 答

(4) $\frac{\sqrt{3}}{\sqrt{2}} \times \frac{\sqrt{2}}{\sqrt{2}} = \frac{\sqrt{6}}{2}$ 答

(5) $\frac{\sqrt{5}}{\sqrt{6}} \times \frac{\sqrt{6}}{\sqrt{6}} = \frac{\sqrt{30}}{6}$ 答

(6) $\frac{1}{2\sqrt{3}} \times \frac{\sqrt{3}}{\sqrt{3}} = \frac{\sqrt{3}}{6}$ 答

(7) $\frac{2}{3\sqrt{5}} \times \frac{\sqrt{5}}{\sqrt{5}} = \frac{2\sqrt{5}}{15}$ 答

(8) $\frac{\sqrt{3}}{4\sqrt{7}} \times \frac{\sqrt{7}}{\sqrt{7}} = \frac{\sqrt{21}}{28}$ 答

(9) $\frac{3\sqrt{5}}{2\sqrt{3}} \times \frac{\sqrt{3}}{\sqrt{3}} = \frac{1\,3\sqrt{15}}{\cancel{6}\,2}$

$= \frac{\sqrt{15}}{2}$ 答

(10) $\frac{1}{3\sqrt{3}} \times \frac{\sqrt{3}}{\sqrt{3}} = \frac{\sqrt{3}}{9}$ 答

(11) $\frac{\sqrt{5}}{4\sqrt{3}} \times \frac{\sqrt{3}}{\sqrt{3}} = \frac{\sqrt{15}}{12}$ 答

(12) $\frac{5\sqrt{7}}{2\sqrt{5}} \times \frac{\sqrt{5}}{\sqrt{5}} = \frac{1\,5\sqrt{35}}{\cancel{10}\,2}$

$= \frac{\sqrt{35}}{2}$ 答

2(1) $\frac{5\sqrt{2}}{2\sqrt{3}} \times \frac{\sqrt{3}}{\sqrt{3}} = \frac{5\sqrt{6}}{6}$ 答

(2) $\frac{2\sqrt{14}^{\,2}}{\sqrt{7}^{\,1}} = 2\sqrt{2}$ 答

(3) $\dfrac{\sqrt{2}}{2\sqrt{3}} \times \dfrac{\sqrt{3}}{\sqrt{3}} = \dfrac{\sqrt{6}}{6}$ 答

(4) $\dfrac{15\sqrt{3}\,1}{2\;10\sqrt{6}\,2} = \dfrac{1}{2\sqrt{2}} \times \dfrac{\sqrt{2}}{\sqrt{2}}$

$\quad = \dfrac{\sqrt{2}}{4}$ 答

(5) $3\sqrt{5} \times 5\sqrt{3} = 15\sqrt{15}$ 答

(6) $2\times3\times4\sqrt{3} = 24\sqrt{3}$ 答

(7) $\dfrac{12\sqrt{2}\,1 \times 2\sqrt{3}}{3\;6\sqrt{2}\,1} = \dfrac{2\sqrt{3}}{3}$ 答

(8) $\dfrac{12\sqrt{6} \times 5\sqrt{3}}{2\;4\sqrt{5}} \times \dfrac{\sqrt{5}}{\sqrt{5}}$

$\quad = \dfrac{15\sqrt{90}}{2\;10}$

$\quad = \dfrac{3\sqrt{10}}{2}$ 答

(9) $\dfrac{\sqrt{6}\,2 \times 3\sqrt{2}}{2\sqrt{3}\,1}$

$\quad = \dfrac{6}{2}$

$\quad = 3$ 答

(10) $\dfrac{3\sqrt{7} \times 3\sqrt{6}\,3}{4\sqrt{2}\,1}$

$\quad = \dfrac{9\sqrt{21}}{4}$ 答

確認問題 29

(1) $8\sqrt{2}$　　(2) $-2\sqrt{5}$

(3) $\sqrt{5}$　　(4) $10\sqrt{6}-3\sqrt{3}$

確認問題 30

(1) $3\sqrt{2}+5\sqrt{2} = 8\sqrt{2}$ 答

(2) $5\sqrt{3}-3\sqrt{3} = 2\sqrt{3}$ 答

(3) $6\sqrt{2}+4\sqrt{7}-10\sqrt{2}-3\sqrt{7}$

$\quad = -4\sqrt{2}+\sqrt{7}$ 答

(4) $6-5\sqrt{6}+5+2\sqrt{6}$

$\quad = 11-3\sqrt{6}$ 答

トレーニング 6

(1) $2\sqrt{7}+9\sqrt{5}$　　(2) $4\sqrt{2}+2\sqrt{3}$

(3) $3\sqrt{7}-2\sqrt{7} = \sqrt{7}$ 答

(4) $2\sqrt{2}+5\sqrt{2}-3\sqrt{2} = 4\sqrt{2}$ 答

(5) $3\sqrt{6}-4\sqrt{6}-2\sqrt{6} = -3\sqrt{6}$ 答

(6) $4\sqrt{5}+2\sqrt{5}-3\sqrt{5}$

$\quad = 3\sqrt{5}$ 答

(7) $3\sqrt{5}-6\sqrt{2}-5\sqrt{5}+4\sqrt{2}$

$\quad = -2\sqrt{5}-2\sqrt{2}$ 答

(8) $6\sqrt{3}-4\sqrt{6}-10\sqrt{3}+5\sqrt{6}$

$\quad = -4\sqrt{3}+\sqrt{6}$ 答

(9) $4\sqrt{3}-2\sqrt{2}-6\sqrt{2}-10\sqrt{3}$

$\quad = -6\sqrt{3}-8\sqrt{2}$ 答

(10) $7\sqrt{2}-4\sqrt{5}-6\sqrt{5}+10\sqrt{2}$

$\quad = 17\sqrt{2}-10\sqrt{5}$ 答

(11) $\dfrac{20}{\sqrt{5}} \times \dfrac{\sqrt{5}}{\sqrt{5}} + 3\sqrt{5}$

$\quad = \dfrac{20\sqrt{5}}{5} + 3\sqrt{5}$

$\quad = 4\sqrt{5} + 3\sqrt{5}$

$\quad = 7\sqrt{5}$ 答

(12) $5\sqrt{3} - \dfrac{12}{\sqrt{3}} \times \dfrac{\sqrt{3}}{\sqrt{3}}$

$\quad = 5\sqrt{3} - \dfrac{12\sqrt{3}}{3}$

$\quad = 5\sqrt{3} - 4\sqrt{3}$

$\quad = \sqrt{3}$ 答

(13) $4\sqrt{3} - \dfrac{9}{\sqrt{3}} \times \dfrac{\sqrt{3}}{\sqrt{3}} + 3\sqrt{3}$

$\quad = 4\sqrt{3} - \dfrac{9\sqrt{3}}{3} + 3\sqrt{3}$

$\quad = 4\sqrt{3} - 3\sqrt{3} + 3\sqrt{3}$

$\quad = 4\sqrt{3}$ 答

(14) $\sqrt{\dfrac{2}{3}} + \sqrt{\dfrac{3}{2}}$

$\quad = \dfrac{\sqrt{2}}{\sqrt{3}} \times \dfrac{\sqrt{3}}{\sqrt{3}} + \dfrac{\sqrt{3}}{\sqrt{2}} \times \dfrac{\sqrt{2}}{\sqrt{2}}$

$\quad = \dfrac{\sqrt{6}}{3} + \dfrac{\sqrt{6}}{2}$

$\quad = \dfrac{2\sqrt{6}}{6} + \dfrac{3\sqrt{6}}{6}$

$= \dfrac{5\sqrt{6}}{6}$ 答

確認問題 31

(1) $\sqrt{6}+\sqrt{15}$ (2) $3\sqrt{2}-2$

(3) $6\sqrt{12}+2\sqrt{18}$
$= 6\times 2\sqrt{3}+2\times 3\sqrt{2}$
$= 12\sqrt{3}+6\sqrt{2}$ 答

(4) $\dfrac{2\sqrt{10}^{\,2}}{\sqrt{5}^{\,1}} - \dfrac{5}{\sqrt{5}}$

$= 2\sqrt{2}-\dfrac{5}{\sqrt{5}}\times\dfrac{\sqrt{5}}{\sqrt{5}}$

$= 2\sqrt{2}-\dfrac{\cancel{5}\sqrt{5}}{\cancel{5}}$

$= 2\sqrt{2}-\sqrt{5}$ 答

トレーニング 7

(1) $\sqrt{6}+\sqrt{3}$

(2) $\sqrt{18}-\sqrt{12}=3\sqrt{2}-2\sqrt{3}$ 答

(3) $10-\sqrt{15}$

(4) $16+2\sqrt{12}=16+4\sqrt{3}$ 答

(5) $\dfrac{2\sqrt{6}^{\,2}}{\sqrt{3}^{\,1}} - \dfrac{3\sqrt{3}^{\,1}}{\sqrt{3}^{\,1}}=2\sqrt{2}-3$ 答

(6) $\dfrac{\sqrt{2}}{\sqrt{2}}+\dfrac{4\sqrt{3}}{\sqrt{2}}\times\dfrac{\sqrt{2}}{\sqrt{2}}$

$= 1+\dfrac{2\cancel{4}\sqrt{6}}{1\cancel{2}}=1+2\sqrt{6}$ 答

(7) $\sqrt{6}-3\sqrt{3}+\sqrt{2}-3$

(8) $6\sqrt{6}+6-6-\sqrt{6}=5\sqrt{6}$ 答

(9) $5+2\sqrt{10}+2=7+2\sqrt{10}$ 答

(10) $6-2\sqrt{12}+2=8-4\sqrt{3}$ 答

(11) $18-12\sqrt{6}+12=30-12\sqrt{6}$ 答

(12) $5-5\sqrt{5}-14=-9-5\sqrt{5}$ 答

(13) $6-9\sqrt{6}+18=24-9\sqrt{6}$ 答

(14) $5-2=3$ 答

(15) $12-1=11$ 答

(16) $27-8=19$ 答

(17) $12-4\sqrt{3}+1+4\sqrt{3}-15=-2$ 答

(18) $3-2\sqrt{6}+2-(3+2\sqrt{6}+2)$
$= 5-2\sqrt{6}-(5+2\sqrt{6})=-4\sqrt{6}$ 答

(19) $6-\sqrt{6}-2-(3-4\sqrt{6}+8)$

$= 4-\sqrt{6}-(11-4\sqrt{6})$
$= -7+3\sqrt{6}$ 答

(20) $8-4\sqrt{12}+6-(3-4\sqrt{3}-12)$
$= 14-8\sqrt{3}-(-9-4\sqrt{3})$
$= 23-4\sqrt{3}$ 答

確認問題 32

(1) $x^2+x-6-x=x^2-6$
この式に $x=2\sqrt{3}$ を代入して,
$(2\sqrt{3})^2-6=6$ 答

(2) 因数分解して, $(x-3)(x+1)$
この式に代入。
$(3\sqrt{5}+1-3)(3\sqrt{5}+1+1)$
$= (3\sqrt{5}-2)(3\sqrt{5}+2)$
$= (3\sqrt{5})^2-4$
$= 41$ 答

(3) $x^2-y^2=(x+y)(x-y)$
$x+y=(\sqrt{5}+\sqrt{3})+(\sqrt{5}-\sqrt{3})$
$= 2\sqrt{5}$
$x-y=(\sqrt{5}+\sqrt{3})-(\sqrt{5}-\sqrt{3})$
$= \sqrt{5}+\sqrt{3}-\sqrt{5}+\sqrt{3}=2\sqrt{3}$ より,
$(x+y)(x-y)=2\sqrt{5}\times 2\sqrt{3}$
$= 4\sqrt{15}$ 答

確認問題 33

7を平方数ではさむと, $4<7<9$
$\sqrt{}$ をかぶせて, $2<\sqrt{7}<3$
よって, $a=2$, $b=\sqrt{7}-2$
$a^2+b^2=2^2+(\sqrt{7}-2)^2$
$= 4+7-4\sqrt{7}+4=15-4\sqrt{7}$ 答

確認問題 34

(1) $20-a$ が平方数。$20-a=1$, 4, 9,
16 のいずれか。
それぞれ, $a=19$, 16, 11, 4
答 $a=4$, 11, 16, 19

(2) $54n$ が平方数となればよい。
$54=2\times 3^3$ より, $2\times 3^3\times\boxed{n}$ を平方
数にする最小の n は,
2×3
$n=2\times 3=6$ 答

平方根まとめ 定期テスト対策 **A**

1(1) ± 6 (2) ± 0.1 (3) $\pm\sqrt{6}$

(4) ± 0.4 (5) $\pm\sqrt{10}$ (6) $\pm\dfrac{4}{7}$

2(1) ± 5 (2) ○ (3) 0.3

(4) 3 (5) ○

3(1) $(\sqrt{6})^2=6,\ 2^2=4$ より，
$\sqrt{6}>2$ 答

(2) $(\sqrt{0.3})^2=0.3,\ 0.5^2=0.25$ より，
$\sqrt{0.3}>0.5$ 答

(3) $(\sqrt{10})^2=10,\ 3^2=9$ より，$\sqrt{10}>3$
よって，$-\sqrt{10}<-3$ 答

4(1) 7 (2) $\sqrt{15}$

(3) $15\sqrt{14}$ (4) $\sqrt{6}$

(5) $2\sqrt{3}$ (6) $\sqrt{16}=4$ 答

5(1) $2\sqrt{17}$ (2) $6\sqrt{5}$ (3) $2\sqrt{21}$

6(1) $\dfrac{5\sqrt{3}}{3}$

(2) $\dfrac{9}{2\sqrt{3}}\times\dfrac{\sqrt{3}}{\sqrt{3}}$

$=\dfrac{3\,\cancel{9}\sqrt{3}}{2\,\cancel{6}}$

$=\dfrac{3\sqrt{3}}{2}$ 答

(3) $\dfrac{\cancel{6}\sqrt{2}}{5\cancel{\sqrt{6}}}$

$=\dfrac{6}{5\sqrt{3}}\times\dfrac{\sqrt{3}}{\sqrt{3}}$

$=\dfrac{2\,\cancel{6}\sqrt{3}}{5\,\cancel{15}}$

$=\dfrac{2\sqrt{3}}{5}$ 答

7 $\sqrt{16}=4,\ \sqrt{0.81}=0.9,\ -\sqrt{\dfrac{4}{9}}=-\dfrac{2}{3}$

より，これらは有理数。
無理数は $\sqrt{3},\ \pi,\ -\sqrt{10}$ 答

8(1) $15\sqrt{50}=75\sqrt{2}$ 答

(2) $8\sqrt{90}=24\sqrt{10}$ 答

(3) $3\sqrt{6}\times(-3\sqrt{2})$
$=-9\sqrt{12}=-18\sqrt{3}$ 答

(4) $\dfrac{3\sqrt{3}}{\sqrt{2}}=\dfrac{3\sqrt{6}}{2}$ 答

9(1) $9\sqrt{3}$ (2) $6\sqrt{2}$

(3) $-\sqrt{2}$ (4) $5\sqrt{5}-3\sqrt{2}$

(5) $4\sqrt{5}+3\sqrt{3}-\sqrt{5}-4\sqrt{3}$
$=3\sqrt{5}-\sqrt{3}$ 答

(6) $5\sqrt{6}+2\sqrt{3}+4\sqrt{6}-12\sqrt{3}$
$=9\sqrt{6}-10\sqrt{3}$ 答

10(1) $2-\sqrt{14}$ (2) $5\sqrt{3}-\sqrt{15}$

(3) $18+2\sqrt{18}=18+6\sqrt{2}$

(4) $3+4\sqrt{3}-5=-2+4\sqrt{3}$ 答

(5) $5-2\sqrt{5}+1=6-2\sqrt{5}$ 答

(6) $12+4\sqrt{6}+2=14+4\sqrt{6}$ 答

(7) $5-4=1$ 答

(8) $6-\sqrt{6}+4\sqrt{6}-4$
$=2+3\sqrt{6}$ 答

11 $x^2+x=x(x+1)$
$x=2\sqrt{3}-1$ を代入して，
$(2\sqrt{3}-1)(2\sqrt{3}-1+1)$
$=(2\sqrt{3}-1)\times 2\sqrt{3}$
$=12-2\sqrt{3}$ 答

平方根まとめ　定期テスト対策 B

1(1) $(\sqrt{15})^2=15,\ (2\sqrt{3})^2=12,$
$(3\sqrt{2})^2=18$ より，
$2\sqrt{3}<\sqrt{15}<3\sqrt{2}$ 答

(2) $(5\sqrt{2})^2=50,\ (4\sqrt{3})^2=48,$
$7^2=49$ より，$4\sqrt{3}<7<5\sqrt{2}$
よって，$-5\sqrt{2}<-7<-4\sqrt{3}$ 答

2(1) 2乗して，$9<a<16$
$a=10,\ 11,\ 12,\ 13,\ 14,\ 15$ 答

(2) 2乗して，$18<a<20.25$
$a=19,\ 20$ 答

(3) 2乗して，$25<3n<36$
$n=9,\ 10,\ 11$ 答

3(1) $4\sqrt{2}-\dfrac{3\,\cancel{6}\sqrt{2}}{1\,\cancel{2}}$

$=4\sqrt{2}-3\sqrt{2}$

$=\sqrt{2}$ 答

(2) $\dfrac{4\cancel{12}\sqrt{3}}{\cancel{13}} + 4\sqrt{3}$

$= 4\sqrt{3} + 4\sqrt{3}$

$= 8\sqrt{3}$ 答

(3) $\dfrac{\sqrt{3}}{\sqrt{2}} - \dfrac{4\sqrt{6}}{2} = \dfrac{\sqrt{6}}{2} - \dfrac{4\sqrt{6}}{2}$

$= -\dfrac{3\sqrt{6}}{2}$ 答

(4) $5\sqrt{2} - \dfrac{\cancel{17}\sqrt{2}}{\cancel{17}} + 4\sqrt{2}$

$= 5\sqrt{2} - \sqrt{2} + 4\sqrt{2}$

$= 8\sqrt{2}$ 答

4(1) $6\sqrt{15} - 9 + 10 - \sqrt{15}$

$= 5\sqrt{15} + 1$ 答

(2) $45 - 12\sqrt{35} + 28$

$= 73 - 12\sqrt{35}$ 答

(3) $2\sqrt{3} - \sqrt{6} + 2\sqrt{3} + \sqrt{6}$

$= 4\sqrt{3}$ 答

(4) $12 - 18 = -6$ 答

(5) $2\sqrt{3} - \dfrac{4\cancel{12}\sqrt{3}}{\cancel{13}} + 3\sqrt{3}$

$= 2\sqrt{3} - 4\sqrt{3} + 3\sqrt{3}$

$= \sqrt{3}$ 答

(6) $\dfrac{3\sqrt{3}}{\sqrt{\cancel{21}}} \times 3\sqrt{\cancel{21}} - \dfrac{2\cancel{6}\sqrt{3}}{\cancel{13}}$

$= 9\sqrt{3} - 2\sqrt{3}$

$= 7\sqrt{3}$ 答

5(1) $x^2 - 6x - 7 = (x-7)(x+1)$

代入して, $(2\sqrt{3}-4)(2\sqrt{3}+4)$

$= 12 - 16 = -4$ 答

(2) $(x+y)^2 = (2\sqrt{3})^2 = 12$ 答

(3) ① $xy = (\sqrt{5}+\sqrt{3})(\sqrt{5}-\sqrt{3})$

$= 5 - 3$

$= 2$ 答

② $x+y = 2\sqrt{5},\ x-y = 2\sqrt{3}$

$(x+y)(x-y)$

$= 2\sqrt{5} \times 2\sqrt{3}$

$= 4\sqrt{15}$ 答

6(1) $30-n=0$ の場合, $\sqrt{0}=0$ となり、整数となる。

よって, $30-n=0,\ 1,\ 4,\ 9,\ 16,\ 25$

$n=30,\ 29,\ 26,\ 21,\ 14,\ 5$

答 $n=5,\ 14,\ 21,\ 26,\ 29,\ 30$

(2) $140n$ が平方数となる。

$140 = 2^2 \times 5 \times 7$ より、

最小の n は $5 \times 7 = 35$ 答

7(1) $25 < 30 < 36$ より, $5 < \sqrt{30} < 6$

よって、整数部分5 答

小数部分 $\sqrt{30}-5$ 答

(2) $9 < 14 < 16$ より, $3 < \sqrt{14} < 4$

よって, $a=3,\ b=\sqrt{14}-3$

$a^2+b^2 = 3^2 + (\sqrt{14}-3)^2$

$= 9 + 14 - 6\sqrt{14} + 9$

$= 32 - 6\sqrt{14}$ 答

8(1) $3\sqrt{2}(4\sqrt{2}+5\sqrt{2})$

$\qquad\qquad -2\sqrt{3}(3\sqrt{3}+4\sqrt{3})$

$= 3\sqrt{2} \times 9\sqrt{2} - 2\sqrt{3} \times 7\sqrt{3}$

$= 54 - 42$

$= 12$ 答

(2) $\dfrac{18}{2\sqrt{3}} - \dfrac{6}{3\sqrt{2}}$

$\qquad\qquad - (\sqrt{6}+3\sqrt{3}-\sqrt{2}-3)$

$= 3\sqrt{3} - \sqrt{2} - \sqrt{6} - 3\sqrt{3} + \sqrt{2} + 3$

$= -\sqrt{6} + 3$ 答

第3章

2次方程式

(1) $x = \pm 6$　　(2) $x = \pm 2\sqrt{7}$

(3) $x^2 = 32$ より, $x = \pm 4\sqrt{2}$ 答

(4) $x - 1 = \pm 7$

$x = 1 \pm 7$

$x = 8, \ -6$ 答

(5) $x + 3 = \pm 8$

$x = -3 \pm 8$

$x = 5, \ -11$ 答

(6) $x - 2 = \pm 3\sqrt{6}$

$x = 2 \pm 3\sqrt{6}$ 答

(7) $(x - 3)^2 = 72$ より,

$x - 3 = \pm 6\sqrt{2}$

$x = 3 \pm 6\sqrt{2}$ 答

(1) $x^2 + 6x = 4$

$x^2 + 6x + 9 = 4 + 9$

$(x + 3)^2 = 13$

$x + 3 = \pm\sqrt{13}$

$x = -3 \pm\sqrt{13}$ 答

(2) $x^2 - 10x = -8$

$x^2 - 10x + 25 = -8 + 25$

$(x - 5)^2 = 17$

$x - 5 = \pm\sqrt{17}$

$x = 5 \pm\sqrt{17}$ 答

(3) $x^2 - 8x = -12$

$x^2 - 8x + 16 = -12 + 16$

$(x - 4)^2 = 4$

$x - 4 = \pm 2$

$x = 4 \pm 2$ より, $x = 6, \ 2$ 答

(4) $x^2 - 6x = -9$

$x^2 - 6x + 9 = -9 + 9$

$(x - 3)^2 = 0$

$x - 3 = 0$

$x = 3$ 答

(1) $a = 1, \ b = -3, \ c = -5$

$x = \dfrac{-(-3) \pm\sqrt{(-3)^2 - 4 \times 1 \times (-5)}}{2 \times 1}$

$= \dfrac{3 \pm\sqrt{29}}{2}$ 答

(2) $a = 2, \ b = -5, \ c = 1$

$x = \dfrac{-(-5) \pm\sqrt{(-5)^2 - 4 \times 2 \times 1}}{2 \times 2}$

$= \dfrac{5 \pm\sqrt{17}}{4}$ 答

(3) $a = 2, \ b = -7, \ c = -4$

$x = \dfrac{-(-7) \pm\sqrt{(-7)^2 - 4 \times 2 \times (-4)}}{2 \times 2}$

$= \dfrac{7 \pm\sqrt{81}}{4}$

$= \dfrac{7 \pm 9}{4}$　　$x = 4, \ -\dfrac{1}{2}$ 答

(4) $a = 3, \ b = 6, \ c = 1$

$x = \dfrac{-6 \pm\sqrt{6^2 - 4 \times 3 \times 1}}{2 \times 3}$

$= \dfrac{-6 \pm 2\sqrt{6}}{6}$ ← 約分

$= \dfrac{-3 \pm\sqrt{6}}{3}$ 答

トレーニング 8

(1) $x = \dfrac{-1 \pm\sqrt{1^2 - 4 \times 1 \times (-3)}}{2 \times 1}$

$= \dfrac{-1 \pm\sqrt{13}}{2}$ 答

(2) $x = \dfrac{-(-7) \pm\sqrt{(-7)^2 - 4 \times 1 \times 1}}{2 \times 1}$

$= \dfrac{7 \pm 3\sqrt{5}}{2}$ 答

(3) $x = \dfrac{-(-7) \pm\sqrt{(-7)^2 - 4 \times 5 \times 2}}{2 \times 5}$

$= \dfrac{7 \pm 3}{10}$

$x = 1, \ \dfrac{2}{5}$ 答

(4) $x =$
$$\dfrac{-(-3) \pm \sqrt{(-3)^2 - 4 \times 5 \times (-1)}}{2 \times 5}$$
$$= \dfrac{3 \pm \sqrt{29}}{10} \ \text{答}$$

(5) $x = \dfrac{-(-8) \pm \sqrt{(-8)^2 - 4 \times 2 \times 1}}{2 \times 2}$
$$= \dfrac{8 \pm 2\sqrt{14}}{4}$$
$$= \dfrac{4 \pm \sqrt{14}}{2} \ \text{答}$$

(6) $x =$
$$\dfrac{-(-2) \pm \sqrt{(-2)^2 - 4 \times 3 \times (-3)}}{2 \times 3}$$
$$= \dfrac{2 \pm 2\sqrt{10}}{6}$$
$$= \dfrac{1 \pm \sqrt{10}}{3} \ \text{答}$$

(7) -1をかけて, $3x^2 - x - 2 = 0$
$x =$
$$\dfrac{-(-1) \pm \sqrt{(-1)^2 - 4 \times 3 \times (-2)}}{2 \times 3}$$
$$= \dfrac{1 \pm 5}{6}$$
$$x = 1, \ -\dfrac{2}{3} \ \text{答}$$

(8) 6をかけて, $x^2 + 2x - 6 = 0$
$x = \dfrac{-2 \pm \sqrt{2^2 - 4 \times 1 \times (-6)}}{2 \times 1}$
$$= \dfrac{-2 \pm 2\sqrt{7}}{2}$$
$$= -1 \pm \sqrt{7} \ \text{答}$$

(9) $x^2 - 8x + 8 = 0$
$x = \dfrac{-(-8) \pm \sqrt{(-8)^2 - 4 \times 1 \times 8}}{2 \times 1}$
$$= \dfrac{8 \pm 4\sqrt{2}}{2}$$
$$= 4 \pm 2\sqrt{2} \ \text{答}$$

(10) $x =$
$$\dfrac{-(-12) \pm \sqrt{(-12)^2 - 4 \times 4 \times 9}}{2 \times 4}$$
$$= \dfrac{12 \pm \sqrt{0}}{8}$$

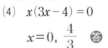
$\sqrt{0} = 0$より

$$= \dfrac{12}{8} \ \text{答} \quad x = \dfrac{3}{2}$$

確認問題 38

(1) $x = 2, \ -1$
(2) $(x-5)(x+2) = 0$
$x = 5, \ -2$ 答
(3) $(x-2)(x-7) = 0$
$x = 2, \ 7$ 答
(4) $(x+5)^2 = 0$
$x = -5$ 答
(5) $x^2 + 12x + 35 = 0$
$(x+5)(x+7) = 0$
$x = -5, \ -7$ 答

確認問題 39

(1) $x(x+8) = 0$
$x = 0, \ -8$ 答
(2) $x^2 - 5x = 0$
$x(x-5) = 0 \quad x = 0, \ 5$ 答
(3) $(x+10)(x-10) = 0$
$x = -10, \ 10$ 答
または, $x^2 = 100$より, $x = \pm 10$ 答
(4) $x(3x-4) = 0$
$x = 0, \ \dfrac{4}{3}$ 答

トレーニング 9

(1) $x = 4, \ -5$
(2) $x = -6, \ -7$
(3) $(x+7)(x-4) = 0$
$x = -7, \ 4$ 答
(4) $(x+4)(x+6) = 0$
$x = -4, \ -6$ 答
(5) $(x-6)(x-8) = 0$
$x = 6, \ 8$ 答
(6) $(x+8)(x-7) = 0$
$x = -8, \ 7$ 答

(7) $(x-7)(x-1)=0$
$x=7,\ 1$ （答）

(8) $(x-12)(x+10)=0$
$x=12,\ -10$ （答）

(9) $(x-2)^2=0$
$x=2$ （答）

(10) $(x+7)^2=0$
$x=-7$ （答）

(11) $x(x+5)=0$
$x=0,\ -5$ （答）

(12) $x^2-7x=0$
$x(x-7)=0$
$x=0,\ 7$ （答）

(13) $(x+4)(x-4)=0$
$x=-4,\ 4$ （答）
または，$x^2=16$ より，$x=\pm4$ （答）

(14) $x(2x+1)=0$
$x=0,\ -\dfrac{1}{2}$ （答）

(15) $x(3x+2)=0$
$x=0,\ -\dfrac{2}{3}$ （答）

(16) $x(5x-3)=0$
$x=0,\ \dfrac{3}{5}$ （答）

確認問題 **40**

(1) $(x-3)(x-7)=0$ より，
$x=3,\ 7$ （答）

(2) $(x+2)^2=0$ より，
$x=-2$ （答）

(3) $x^2=45$ より，
$x=\pm3\sqrt{5}$ （答）

(4) $(x-3)^2=64$ より，
$x-3=\pm8$
$x=3\pm8$　$x=11,\ -5$ （答）

(5) $x=\dfrac{-(-3)\pm\sqrt{(-3)^2-4\times2\times1}}{2\times2}$

$=\dfrac{3\pm1}{4}$　$x=1,\ \dfrac{1}{2}$ （答）

(6) $x=\dfrac{-2\pm\sqrt{2^2-4\times3\times(-4)}}{2\times3}$

$=\dfrac{-2\pm2\sqrt{13}}{6}$

$=\dfrac{-1\pm\sqrt{13}}{3}$ （答）

確認問題 **41**

(1) $x^2-7x+12=30$
$x^2-7x-18=0$
$(x-9)(x+2)=0$
$x=9,\ -2$ （答）

(2) $x^2-9=5x-2$
$x^2-5x-7=0$
因数分解できないので解の公式
$x=\dfrac{-(-5)\pm\sqrt{(-5)^2-4\times1\times(-7)}}{2\times1}$

$=\dfrac{5\pm\sqrt{53}}{2}$ （答）

(3) $x+1=A$ とおくと，
$A^2-5A-14=0$
$(A-7)(A+2)=0$
$A=7,\ -2$
$x+1=7,\ x+1=-2$ ｝ A をもとに戻す
よって，$x=6,\ -3$ （答）

確認問題 **42**

(1) $x=4$ を代入して，
$16-4a-4a=0$　$a=2$
この2次方程式は $x^2-2x-8=0$
$(x-4)(x+2)=0$　$x=4,\ -2$
（答） $a=2$，もう1つの解は-2

(2) $x=3$ を代入して，
$3a+b=-9\cdots$①
$x=-4$ を代入して，
$-4a+b=-16\cdots$②
①，②を連立して解く。
$a=1,\ b=-12$ （答）

トレーニング **10**

(1) $(x+5)^2=12$
$x+5=\pm2\sqrt{3}$
$x=-5\pm2\sqrt{3}$ （答）

(2) 2倍して，
$x^2 - 20 = 0$
$x^2 = 20$　　$x = \pm 2\sqrt{5}$　㊐

(3) 4でわって，左辺に移項
$x^2 - 8x + 12 = 0$
$(x-2)(x-6) = 0$
$x = 2,\ 6$　㊐

(4) $x^2 + 2x - 15 = 9$
$x^2 + 2x - 24 = 0$
$(x+6)(x-4) = 0$
$x = -6,\ 4$　㊐

(5) $x^2 - 2x - 35 = 0$
$(x-7)(x+5) = 0$
$x = 7,\ -5$　㊐

(6) $x^2 - 5x - 36 = 4x$
$x^2 - 9x - 36 = 0$
$(x-12)(x+3) = 0$
$x = 12,\ -3$　㊐

(7) $x^2 + 6x + 9 + x^2 - 2x + 1 = 8$
$2x^2 + 4x + 2 = 0$　⤵ 2でわる
$x^2 + 2x + 1 = 0$
$(x+1)^2 = 0$
$x = -1$　㊐

(8) $x^2 + 4x = -x + 2$
$x^2 + 5x - 2 = 0$
$x = \dfrac{-5 \pm \sqrt{5^2 - 4 \times 1 \times (-2)}}{2 \times 1}$
$ = \dfrac{-5 \pm \sqrt{33}}{2}$　㊐

(9) $x^2 + x - 2 = 3x^2 - x - 4$
$-2x^2 + 2x + 2 = 0$
$x^2 - x - 1 = 0$
$x = \dfrac{-(-1) \pm \sqrt{(-1)^2 - 4 \times 1 \times (-1)}}{2 \times 1}$
$ = \dfrac{1 \pm \sqrt{5}}{2}$　㊐

(10) $x^2 - 9x + 8 = -2x + 8$
$x^2 - 7x = 0$
$x(x-7) = 0$
$x = 0,\ 7$　㊐

(11) $x - 2 = A$ とおく
$A^2 - 8A + 7 = 0$
$(A-1)(A-7) = 0$
$A = 1,\ 7$
$x - 2 = 1,\ x - 2 = 7$
$x = 3,\ 9$　㊐

(12) $x + 3 = A$ とおく
$A^2 + 12A - 45 = 0$
$(A+15)(A-3) = 0$
$A = -15,\ 3$
$x + 3 = -15,\ x + 3 = 3$
$x = -18,\ 0$　㊐

確認問題 43

(1) ある正の数を x とする。
$x^2 = 2x + 35$
$x^2 - 2x - 35 = 0$
$(x-7)(x+5) = 0$
$x = 7,\ -5$
$x > 0$ より，$x = 7$
㊐　7

(2) 小さい方の自然数を x とする。
$x^2 + (x+1)^2 = 221$
$x^2 + x^2 + 2x + 1 = 221$
$2x^2 + 2x - 220 = 0$
$x^2 + x - 110 = 0$
$(x+11)(x-10) = 0$
$x = -11,\ 10$
x は自然数なので，$x = 10$
㊐　10，11

確認問題 44

(1) $t = 3$ を代入。
$h = 150 - 5 \times 3^2$
$ = 105$ より，
105m　㊐

(2) $h = 80$ を代入。
$80 = 50t - 5t^2$
$t^2 - 10t + 16 = 0$
$(t-2)(t-8) = 0$　$t = 2,\ 8$
$t \geqq 0$ より，どちらも適する。
㊐　2秒後，8秒後

(3) $h=125$を代入。

$125 = 50t - 5t^2$

$t^2 - 10t + 25 = 0$

$(t-5)^2 = 0$　$t = 5$

$t \geqq 0$より，適する

🉐 5秒後

(4) $h=0$を代入。

$0 = 50t - 5t^2$

$t^2 - 10t = 0$

$t(t-10) = 0$

$t = 0,\ 10$

$t = 0$は打ち上げたときなので，

$t = 10$

🉐 10秒後

確認問題 45

nまでとする。

$\dfrac{n(n+1)}{2} = 45$　2倍して，整理する。

$n^2 + n - 90 = 0$

$(n+10)(n-9) = 0$　$n = -10,\ 9$

nは自然数なので，$n = 9$　🉐 9まで

確認問題 46

(1) 縦の長さを$x$cmとする。横の長さは$(x+3)$cmと表せる。

$x(x+3) = 108$

$x^2 + 3x - 108 = 0$

$(x+12)(x-9) = 0$　$x = -12,\ 9$

$x > 0$より，$x = 9$

🉐 縦9cm，横12cm

(2) もとの正方形の1辺の長さを$x$cmとする。

$(x-3)(x+2) = 50$

整理して，

$x^2 - x - 56 = 0$

$(x-8)(x+7) = 0$　$x = 8,\ -7$

$x > 3$より，$x = 8$　🉐 8cm

(3) 縦の長さを$x$cmとする。

縦と横の和が18cmより，横$(18-x)$cm，$x(18-x) = 72$

整理して，

$x^2 - 18x + 72 = 0$

$(x-12)(x-6) = 0$　$x = 12,\ 6$

縦の方が横より短いので，

$0 < x < 9$　よって，$x = 6$

🉐 縦6cm，横12cm

確認問題 47

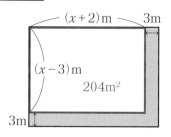

縦の長さをxmとする。横の長さは$(x+5)$m。道をはじに寄せて考えれば，畑の面積は縦の長さが$(x-3)$m，横の長さが$(x+2)$mの長方形の面積と等しい。

$(x-3)(x+2) = 204$

整理して，$x^2 - x - 210 = 0$

$(x-15)(x+14) = 0$　$x = 15,\ -14$

$x > 3$より，$x = 15$

🉐 縦15m，横20m

確認問題 48

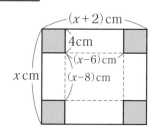

縦を$x$cmとする。横は$(x+2)$cm。

$4(x-8)(x-6) = 480$

4でわって整理すると，

$x^2 - 14x - 72 = 0$

$(x-18)(x+4) = 0$　$x = 18,\ -4$

$x > 8$より，$x = 18$

🉐 縦18cm，横20cm

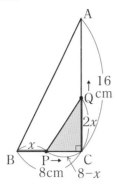

x秒後とする。

BP$=x$cm より，

PC$=(8-x)$cm，CQ$=2x$cm

$\triangle$PCQ$=$PC$\times$CQ$\times\dfrac{1}{2}$ より，

$(8-x)\times 2x\times\dfrac{1}{2}=12$

$x(8-x)=12$

$x^2-8x+12=0$

$(x-2)(x-6)=0 \quad x=2, 6$

$0\leqq x\leqq 8$ より，どちらも適する。

答 **2秒後，6秒後**

2次方程式まとめ 定期テスト対策 **A**

1(1) $(x+5)(x-2)=0 \quad x=-5, 2$ **答**

(2) $x(x-3)=0 \quad x=0, 3$ **答**

(3) $(x-2)^2=0 \quad x=2$ **答**

(4) $x-1=\pm 3$
$x=1\pm 3 \quad x=4, -2$ **答**

(5) $(x+2)^2=5$
$x+2=\pm\sqrt{5} \quad x=-2\pm\sqrt{5}$ **答**

(6) $x^2+3x-40=0$
$(x+8)(x-5)=0 \quad x=-8, 5$ **答**

(7)
$x=\dfrac{-(-5)\pm\sqrt{(-5)^2-4\times 2\times(-1)}}{2\times 2}$

$=\dfrac{5\pm\sqrt{33}}{4}$ **答**

(8)
$x=\dfrac{-(-6)\pm\sqrt{(-6)^2-4\times 1\times 3}}{2\times 1}$

$=\dfrac{6\pm 2\sqrt{6}}{2}=3\pm\sqrt{6}$ **答**

(9)
$x=\dfrac{-(-3)\pm\sqrt{(-3)^2-4\times 2\times 1}}{2\times 2}$

$=\dfrac{3\pm 1}{4} \quad x=1, \dfrac{1}{2}$ **答**

(10) $x^2-2x-15=-x+5$
$x^2-x-20=0$
$(x-5)(x+4)=0$
$x=5, -4$ **答**

(11) $2x^2+5x=5x+10$
$2x^2=10 \quad x^2=5$
$x=\pm\sqrt{5}$ **答**

(12) $2(x^2-4x-21)=x^2-4x+4-34$
$x^2-4x-12=0$
$(x-6)(x+2)=0$
$x=6, -2$ **答**

2 $x=-6$を代入。
$36-12+a=0$より，$a=-24$
$x^2+2x-24=0$を解く。
$(x+6)(x-4)=0 \quad x=-6, 4$
答 $a=-24$，もう1つの解4

3 $x=2$を代入。
$4+2a+b=0$
$2a+b=-4\cdots$①
$x=-7$を代入。
$49-7a+b=0$
$-7a+b=-49\cdots$②
①，②を連立して解く。
答 $a=5, b=-14$

4 ある自然数をxとする。
$(x-2)^2=x+10$
$x^2-5x-6=0$
$(x-6)(x+1)=0$
$x=6, -1$
xは自然数なので，$x=6$ **答** 6

5 小さい方の自然数をxとする。
$x^2 + (x+1)^2 = 61$
整理して，$x^2 + x - 30 = 0$
$(x+6)(x-5) = 0$
$x = -6,\ 5$
xは自然数なので，$x = 5$ 答 5，6

6 1辺を$x$cmとする。
$(x+2)(x+3) = 2x^2$
$x^2 - 5x - 6 = 0$
$(x-6)(x+1) = 0$
$x = 6,\ -1$
$x > 0$より，$x = 6$ 答 6cm

7 道幅をxmとする。
$(12-x)(20-x) = 180$
$x^2 - 32x + 60 = 0$
$(x-2)(x-30) = 0$
$x = 2,\ 30$
$0 < x < 12$より，$x = 2$ 答 2m

8 1辺を$x$cmとする。
$4(x-8)^2 = 144$
$(x-8)^2 = 36$
$x - 8 = \pm 6$
$x = 8 \pm 6$　$x = 14,\ 2$
$x > 8$より，$x = 14$ 答 14cm

9(1) $AP = x$cmより，
PB $= (8-x)$cm 答

(2) BQ $= x$より，$\dfrac{x(8-x)}{2} = 6$

$x(8-x) = 12$
$x^2 - 8x + 12 = 0$
$(x-2)(x-6) = 0$
$x = 2,\ 6$
$0 \leqq x \leqq 8$より，どちらも適する。
答 2秒後，6秒後

2次方程式まとめ 定期テスト対策 **B**

1(1) 2倍して，
$x^2 - 2x - 48 = 0$
$(x-8)(x+6) = 0$
$x = 8,\ -6$ 答

(2) $x + 6x + 9 = 0$
$(x+3)^2 = 0$　$x = -3$ 答

(3) $2x^2 + 4x = -x - 3$
$2x^2 + 5x + 3 = 0$
$x = \dfrac{-5 \pm \sqrt{25 - 24}}{4}$

$= \dfrac{-5 \pm 1}{4}$　$x = -1,\ -\dfrac{3}{2}$ 答

(4) $2x^2 = x^2 + 2x + 1 + 2$
$x^2 - 2x - 3 = 0$
$(x-3)(x+1) = 0$
$x = 3,\ -1$ 答

(5) $x - 3 = A$とおく
$A^2 - 2A - 24 = 0$
$(A-6)(A+4) = 0$
$A = 6,\ -4$
$x - 3 = 6,\ x - 3 = -4$
$x = 9,\ -1$ 答

(6) $3x^2 - 30x = 4x^2 - 20x + 25$
$x^2 + 10x + 25 = 0$
$(x+5)^2 = 0$
$x = -5$ 答

2 $x^2 - 2x - 8 = 0$を解く。
$(x-4)(x+2) = 0$より，$x = 4,\ -2$
よって，$x^2 + ax + b = 0$の解は7，1
$x = 7$を代入
$49 + 7a + b = 0$
$7a + b = -49 \cdots ①$
$x = 1$を代入
$1 + a + b = 0$
$a + b = -1 \cdots ②$
①，②を連立して解く。
$a = -8,\ b = 7$ 答

3 もっとも小さい数をxとする。
$x(x+1) = 7(x+2) + 2$
$x^2 + x = 7x + 14 + 2$
$x^2 - 6x - 16 = 0$
$(x-8)(x+2) = 0$
$x = 8,\ -2$　xは自然数なので，$x = 8$
答 8，9，10

4 ある数をxとする。

$2x - 5 = (x^2 - 5) - 24$

$x^2 - 2x - 24 = 0$

$(x - 6)(x + 4) = 0$

$x = 6, \ -4 \quad x > 0$より，$x = 6$

6

5 道の幅をxmとする。

$(6 + 2x)(10 + 2x) - 60 = 80$

整理して，$x^2 + 8x - 20 = 0$

$(x + 10)(x - 2) = 0$

$x = -10, \ 2 \quad x > 0$より，$x = 2$

2m

6 端から$x$cmずつ折り曲げるとする。

$AB = x$，$BC = 30 - 2x$より，

$x(30 - 2x) = 88$

整理して，$x^2 - 15x + 44 = 0$

$(x - 4)(x - 11) = 0$

$x = 4, \ 11 \quad 0 < x < 15$より，

どちらも適する。

4cm，11cm

7 x秒後とする。

$PB = 10 - 2x$，$BQ = 10 - x$より，

$10 \times 10 \times \dfrac{1}{2}$

$\qquad - (10 - 2x)(10 - x) \times \dfrac{1}{2} = 26$

$50 - \dfrac{1}{2}(100 - 30x + 2x^2) = 26$

整理して，$x^2 - 15x + 26 = 0$

$(x - 2)(x - 13) = 0$

$x = 2, \ 13 \quad 0 \leqq x \leqq 5$より，$x = 2$

2秒後

8 $1000\left(1 + \dfrac{x}{10}\right)\left(1 - \dfrac{x}{10}\right) = 1000 - 90$

$1000\left(1 - \dfrac{x^2}{100}\right) = 910$

$1000 - 10x^2 = 910$

$-10x^2 = -90$

$x^2 = 9$

$x = \pm 3 \quad x > 0$より，$x = 3$

9(1) 点Pは，$y = x + 4$上の点で，x座標がaだから，$x = a$を代入して，

$\qquad y = a + 4$

よって，P$(a, \ a + 4)$

(2) $PQ = a + 4$，$OQ = a$より，

台形OAPQの面積について，

$\qquad \{4 + (a + 4)\} \times a \times \dfrac{1}{2} = 42$

$a(a + 8) = 84$

$a^2 + 8a - 84 = 0$

$(a + 14)(a - 6) = 0$

$a = -14, \ 6 \quad a > 0$より，$a = 6$

P$(6, \ 10)$

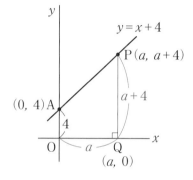

確認問題 50

(1)　$y = ax^2$ とおき，$x = 2$，$y = -1$ を代入。

　　$-1 = 4a$

　　$a = -\dfrac{1}{4}$　㊐　$-\dfrac{1}{4}$

(2)　$y = -\dfrac{1}{4} x^2$

(3)　$y = -\dfrac{1}{4} x^2$ に $x = -8$ を代入。

　　$y = -\dfrac{1}{4} \times 64 = -16$　㊐

(4)　$y = -\dfrac{1}{4} x^2$ に $y = -\dfrac{25}{4}$ を代入。

　　$-\dfrac{25}{4} = -\dfrac{1}{4} x^2$

　　$25 = x^2$　　$x = \pm 5$　㊐

(5)　x の値が3倍になると，y の値は
　　9倍になる。　㊐

確認問題 51

　㋐㋑は比例定数が正なので，上に
開くグラフとなる。

　㋐ の方が比例定数の絶対値が大き
いので，開きは小さい。

　よって，㋐ ②，㋑ ①　㊐

　㋓ の方が ㋒ よりも比例定数の絶対
値が大きい。

　よって，㋒ ③，㋓ ④　㊐

確認問題 52

(1)

①

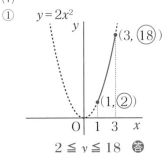

　　$2 \leqq y \leqq 18$　㊐

②

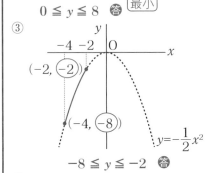

　　$0 \leqq y \leqq 8$　㊐

③

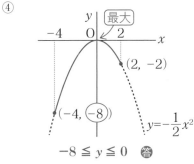

　　$-8 \leqq y \leqq -2$　㊐

④

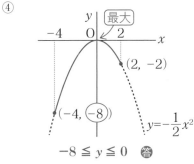

　　$-8 \leqq y \leqq 0$　㊐

確認問題 53

(1)　$-\dfrac{1}{2} \times (0 + 4) = -2$　㊐

(2)　$-\dfrac{1}{2} \times (-4 + 2) = 1$　㊐

確認問題 54

(1)　$a \times (-2 + 6) = 2$

　　$4a = 2$ より，$a = \dfrac{1}{2}$　㊐

(2)　$2 \times \{p + (p + 3)\} = 10$

　　$2(2p + 3) = 10$

　　これを解いて，$p = 1$　㊐

$y = 4.9x^2$ で，x が3から7まで増加したときの変化の割合となる。

$4.9 \times (3 + 7) = 49 \, (\text{m／秒})$

答 秒速49m

(1) $\begin{cases} y = \dfrac{1}{2}x^2 \\ y = -x + 4 \end{cases}$ を解く。

$\dfrac{1}{2}x^2 = -x + 4$

$x^2 + 2x - 8 = 0$

$(x + 4)(x - 2) = 0$

$x = -4, \ 2$

答 A$(2, \ 2)$，B$(-4, \ 8)$

(2) $\begin{cases} y = -2x^2 \\ y = 2x - 4 \end{cases}$ を解く。

$-2x^2 = 2x - 4$

$x^2 + x - 2 = 0$

$(x + 2)(x - 1) = 0$

$x = -2, \ 1$

答 A$(1, \ -2)$，B$(-2, \ -8)$

(1) （傾き）$= \dfrac{1}{2} \times (-6 + 4) = -1$

$y = -x + b$ とおく。

A$(4, \ 8)$ を通るから，

$8 = -4 + b$ より，$b = 12$

答 $y = -x + 12$

(2) （傾き）$= -2 \times (-2 + 1) = 2$

$y = 2x + b$ とおく。

A$(1, \ -2)$ を通るから，

$-2 = 2 + b$ より，$b = -4$

答 $y = 2x - 4$

直線ABの式を求める。

（傾き）$= \dfrac{1}{2} \times (-2 + 4) = 1$

$y = x + b$ とおく。

A$(4, \ 8)$ を通るから，

$8 = 4 + b$ より，$b = 4$

よって，AB；$y = x + 4$

切片4より，

ABと y 軸との交点Cは$(0, \ 4)$

よって，$\triangle\text{AOB} = 4 \times 6 \times \dfrac{1}{2}$

$= 12$ **答**

$\begin{cases} y = -2x^2 \\ y = 2x - 12 \end{cases}$ を解く。

$-2x^2 = 2x - 12$

$x^2 + x - 6 = 0$

$(x + 3)(x - 2) = 0$

$x = -3, \ 2$

A$(2, \ -8)$，B$(-3, \ -18)$ と求まる。

ABと y 軸との交点C$(0, \ -12)$ より，

$\triangle\text{AOB} = 12 \times 5 \times \dfrac{1}{2} = 30$ **答**

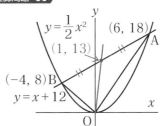

点A，Bの座標を求める。

$\begin{cases} y = \dfrac{1}{2}x^2 \\ y = x + 12 \end{cases}$ を解く。

$\dfrac{1}{2}x^2 = x + 12$

$x^2 - 2x - 24 = 0$

$(x - 6)(x + 4) = 0$

$x = 6, \ -4$

よって，A$(6, \ 18)$，B$(-4, \ 8)$

ABの中点$\left(\dfrac{6 - 4}{2}, \ \dfrac{18 + 8}{2} \right)$

$(1, \ 13)$ を通る。 **答** $y = 13x$

(1) 直線ABの傾きは,

$$\frac{1}{2} \times (-3+4) = \frac{1}{2}$$

$y = \frac{1}{2}x + b$ とおく。

A(4, 8)を通るから,
代入して,

$8 = 2 + b$より, $b = 6$

答 $y = \frac{1}{2}x + 6$

(2) AB//POより, 直線POの式は

$$y = \frac{1}{2}x$$

$$\begin{cases} y = \frac{1}{2}x^2 \\ y = \frac{1}{2}x \end{cases}$$ を解くと,

$x = 0, 1$

$0 < x < 4$より, $x = 1$

答 $P\left(1, \frac{1}{2}\right)$

トレーニング⑪

1①直線ABの式 $y = 2x + 15$

$$\triangle AOB = 15 \times 8 \times \frac{1}{2}$$

$$= 60 \quad 答$$

②直線ABの式 $y = -\frac{1}{2}x - 6$

$$\triangle AOB = 6 \times 7 \times \frac{1}{2} = 21 \quad 答$$

③ $\begin{cases} y = 2x^2 \\ y = -2x + 4 \end{cases}$ を解くと,

$x = -2, 1$

A(1, 2), B(-2, 8)より,

$$\triangle AOB = 4 \times 3 \times \frac{1}{2} = 6 \quad 答$$

2①A(4, 16), B(-2, 4)の
中点(1, 10)を通る。
答 $y = 10x$

② $\begin{cases} y = \frac{1}{2}x^2 \\ y = x + 4 \end{cases}$ を解くと, $x = -2, 4$

A(4, 8), B(-2, 2)の中点(1, 5)
を通る。
答 $y = 5x$

3① $\begin{cases} y = x^2 \\ y = 2x + 3 \end{cases}$ を解くと, $x = -1, 3$

よって, A(3, 9)

AB//POより, 直線POの式は$y = 2x$

$\begin{cases} y = x^2 \\ y = 2x \end{cases}$ を解くと, $x = 0, 2$

$0 < x < 3$より, $x = 2$

答 P(2, 4)

②直線ABの式は$y = -x - 4$

AB//POより, 直線POの式は$y = -x$

$\begin{cases} y = -\frac{1}{2}x^2 \\ y = -x \end{cases}$ を解くと, $x = 0, 2$

$0 < x < 4$より, $x = 2$

答 P(2, -2)

P$(p, 2p^2)$とおく。

Q(p, p^2)と表せる。

PQ = 9より, $2p^2 - p^2 = 9$

これを解いて, $p = \pm 3$ $p > 0$より,

$p = 3$ P(3, 18) 答

(1) (傾き) $= \frac{1}{2} \times (-4 + 6) = 1$

$y = x + b$とおく。

A(6, 18)を通るから,

$18 = 6 + b$より, $b = 12$

答 $y = x + 12$

(2) P$(p, p + 12)$とおく。

Q$\left(p, \frac{1}{2}p^2\right)$と表せる。

PQ = 8より,

$(p + 12) - \frac{1}{2}p^2 = 8$

整理して, $p^2 - 2p - 8 = 0$
$(p-4)(p+2) = 0$
$p = 4, -2$
点Pは線分AB上より, $-4 \leqq p \leqq 6$
どちらも適する。
よって, P$(4, 16)$, $(-2, 10)$ 答

確認問題 64

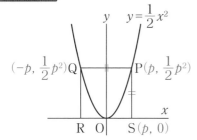

P$\left(p, \dfrac{1}{2}p^2\right)$ とおくと,

Q$\left(-p, \dfrac{1}{2}p^2\right)$

PS = PQ となればよい。

PS $= \dfrac{1}{2}p^2$, PQ $= p - (-p) = 2p$ より,

$\dfrac{1}{2}p^2 = 2p$ これを解いて, $p = 0, 4$

$p > 0$ より, $p = 4$ 答 P$(4, 8)$

確認問題 65
(1) A駅からD駅までの距離は7.9km
だから, 180円 答
(2) A〜Cは, 4.8kmなので160円
C〜Dは, 3.1kmなので140円
D〜Eは, 1.6kmなので120円
よって, 合計420円 答

関数 $y = ax^2$ まとめ 定期テスト対策 **Ａ**

1(1) 比例定数が正のものなので,
㋐, ㋑, ㋔, ㋖
(2) 比例定数が負のものなので,
㋒, ㋓
(3) 比例定数の絶対値がもっとも小
さいものなので, ㋑

(4) 比例定数の絶対値がもっとも大
きいものなので, ㋒
(5) 比例定数の符号が異なって絶対
値が等しいものなので, ㋓と㋕
2(1) $x = 6$, $y = -9$ を代入。

$-9 = 36a$ より, $a = -\dfrac{1}{4}$ 答

(2) $y = -x + 2$ に $x = -2$ を代入して,
$y = 4$
A$(-2, 4)$ は $y = ax^2$ 上の点なので,
$4 = 4a$ $a = 1$ 答
3(1) $18 \leqq y \leqq 32$ (2) $0 \leqq y \leqq 18$
4(1) $\dfrac{1}{2} \times (-3 + 7) = 2$ 答

(2) $a \times (-3 + 1) = 8$ より, $a = -4$ 答
5 (平均の速さ) = (変化の割合) より,

$\dfrac{2}{3} \times (1 + 5) = 4$ (m / 秒) 答

6(1) $\begin{cases} y = x^2 \\ y = x + 6 \end{cases}$ を解く。

$x^2 = x + 6$
$x^2 - x - 6 = 0$
$(x - 3)(x + 2) = 0$
$x = 3, -2$
よって, A$(3, 9)$, B$(-2, 4)$
$y = x + 6$ に $y = 0$ を代入。
$0 = x + 6$
$x = -6$ よって, C$(-6, 0)$
答 A$(3, 9)$, B$(-2, 4)$,
C$(-6, 0)$

(2) $6 \times 5 \times \dfrac{1}{2} = 15$ 答

(3) $6 \times 9 \times \dfrac{1}{2} = 27$ 答

7(1) (傾き) $= -2 \times (-3 + 1) = 4$
$y = 4x + b$ $b = -6$ より,
$y = 4x - 6$ 答

(2) $6 \times 4 \times \dfrac{1}{2} = 12$ 答

8

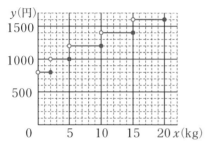

関数 $y = ax^2$ まとめ 定期テスト対策 B

1(1)　$2 \times \{p + (p+2)\} = 8$ より，
　　　$p = 1$ 　答

(2)　$y = ax^2$ の変化の割合は，
　　　$a \times (-6+1) = -5a$
　　　$y = 5x - 8$ は1次関数なので，
　　　変化の割合は一定で5。
　　　よって，$-5a = 5$
　　　答　$a = -1$

2(1)

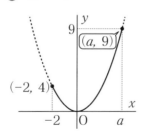

点 $(a, 9)$ を通る。
$9 = a^2$
$a = \pm 3$
$a > -2$ より，$a = 3$
原点またぎなので，$b = 0$
答　$a = 3,\ b = 0$

(2)

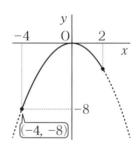

y の変域に負の数があるので，
グラフは下に開く。
　点 $(-4,\ -8)$ を通る。

　　　$-8 = 16a$ より，$a = -\dfrac{1}{2}$

答　$a = -\dfrac{1}{2},\ b = 0$

3(1)　$(\text{傾き}) = \dfrac{1}{2} \times (-2+4) = 1$

　　　$y = x + b$ とおく。
　　　A $(-2,\ 2)$ を通るから，
　　　$2 = -2 + b$
　　　$b = 4$ より，$y = x + 4$　答

(2)　$4 \times 6 \times \dfrac{1}{2} = 12$　答

(3)　A $(-2,\ 2)$，B $(4,\ 8)$ の中点
　　　$(1,\ 5)$ を通るから，$y = 5x$　答

(4)

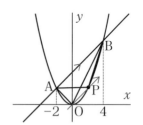

OP//ABより，直線OPの式は $y = x$

$\begin{cases} y = \dfrac{1}{2}x^2 \\ y = x \end{cases}$ を解くと，$x = 0,\ 2$

$0 < x < 4$ より，$x = 2$
答　P $(2,\ 2)$

4 　A$(p, 2p^2)$とおく。

　B$\left(p, -\dfrac{1}{2}p^2\right)$と表せる。

　AB$=10$より，

　$2p^2 - \left(-\dfrac{1}{2}p^2\right) = 10$

　これを解いて，$p = \pm 2$
　$p > 0$より，$p = 2$　　⊛　A$(2, 8)$

5 　P$\left(p, \dfrac{1}{3}p^2\right)$とおく。

　Q$\left(-p, \dfrac{1}{3}p^2\right)$, R$(p, 0)$

　$2(\mathrm{PQ} + \mathrm{PR}) = 18$より，

　$2\left(2p + \dfrac{1}{3}p^2\right) = 18$

　整理して，$p^2 + 6p - 27 = 0$
　$(p + 9)(p - 3) = 0$
　$p = -9, 3$　$p > 0$より，$p = 3$
　⊛　P$(3, 3)$

6(1)

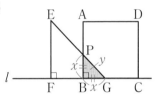

　BG$=x$cm，上の図のように点Pを
とれば，
　BP$=$BG$=x$cm

　よって，$y = x \times x \times \dfrac{1}{2}$

　$y = \dfrac{1}{2}x^2$　⊛

(2)　$y = 9$より，$\dfrac{1}{2}x^2 = 9$

　$x^2 = 18$
　$x = \pm 3\sqrt{2}$
　$0 \leqq x \leqq 6$より，$x = 3\sqrt{2}$
　⊛　$3\sqrt{2}$秒後

確認問題 66

(1)　∠D＝∠H＝58°より,
　　∠C＝360°−(90°＋105°＋58°)
　　　＝107°　答
(2)　BC：FG＝9：6＝3：2　答
(3)　GH＝$x$cmとおく。
　　CD：GH＝BC：FGより, 7：x＝9：6
　　これを解いて, $x = \dfrac{14}{3}$　答　$\dfrac{14}{3}$cm

確認問題 67

(1)

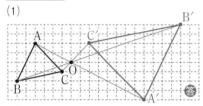

答

(2)

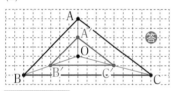

答

確認問題 68

△ABC∽△QRP
　2組の角がそれぞれ等しい
△DEF∽△JKL
　3組の辺の比がすべて等しい
△GHI∽△NOM
　2組の辺の比とその間の角がそれぞ
　れ等しい

確認問題 69

(1)　△ABC∽△DBE　2組の角がそ
　れぞれ等しい
(2)　対頂角で∠ACB＝∠DCE
　BC：EC＝2：3, AC：DC＝2：3より,
　BC：EC＝AC：DC
　　　よって, △ABC∽△DEC　答
　　　　　　　　　　（対応の順に注意）

2組の辺の比とその間の角がそれ
ぞれ等しい

確認問題 70

〔証明〕△ABCと△ADEにおいて,
　共通な角だから,
　　∠BAC＝∠DAE…①
　DE//BCより, 同位角は等しいから,
　　∠ABC＝∠ADE…②
　①, ②より, 2組の角がそれぞれ等
　しいから,
　　△ABC∽△ADE

確認問題 71

　下の図のように, 取り出して向きを
そろえる。

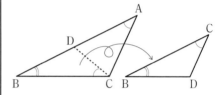

〔証明〕△ABCと△CBDにおいて,
　仮定より,
　　∠BAC＝∠BCD…①
　共通な角だから,
　　∠ABC＝∠CBD…②
　①, ②より, 2組の角がそれぞれ等
　しいから, △ABC∽△CBD

確認問題 72

△ADEを取り出して向きをそろえる。

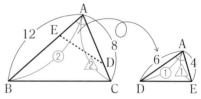

〔証明〕△ABCと△ADEにおいて,
　共通な角だから,
　　∠BAC＝∠DAE…①
　AB：AD＝12：6＝2：1…②
　AC：AE＝8：4＝2：1…③

②, ③より, AB : AD＝AC : AE…④
①, ④より, 2組の辺の比とその間
の角がそれぞれ等しいから,
△ABC∽△ADE

トレーニング⑫

1. 〔証明〕△AOEと△COBにおいて,
   対頂角は等しいから,
   ∠AOE＝∠COB…①
   AD//BCより, 錯角は等しいから,
   ∠OAE＝∠OCB…②
   ①, ②より, 2組の角がそれぞれ
   等しいから,
   △AOE∽△COB

2. 〔証明〕△BDFと△DCEにおいて,
   AB//EDより, 同位角は等しいから,
   ∠FBD＝∠EDC…①
   AC//FDより, 同位角は等しいから,
   ∠FDB＝∠ECD…②
   ①, ②より, 2組の角がそれぞれ
   等しいから,
   △BDF∽△DCE

3. 〔証明〕△ABEと△ADFにおいて,
   仮定より,
   ∠AEB＝∠AFD＝90°…①
   平行四辺形の向かい合う角は等し
   いから,
   ∠ABE＝∠ADF…②
   ①, ②より, 2組の角がそれぞれ
   等しいから,
   △ABE∽△ADF

4. 〔証明〕△ABDと△ACEにおいて,
   共通な角だから,
   ∠BAD＝∠CAE…①
   仮定より,
   ∠ADB＝∠AEC＝90°…②
   ①, ②より, 2組の角がそれぞれ
   等しいから,
   △ABD∽△ACE

5. 〔証明〕△AOBと△DOCにおいて,
   対頂角は等しいから,

∠AOB＝∠DOC…①
AO : DO＝5 : 10＝1 : 2…②
BO : CO＝3 : 6＝1 : 2…③
②, ③より,
AO : DO＝BO : CO…④
①, ④より, 2組の辺の比とその
間の角がそれぞれ等しいから,
△AOB∽△DOC

確認問題 73

(1) △ABC∽△DBEより,
   6 : x＝10 : 5
   6 : x＝2 : 1
   x＝3 **答**

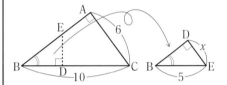

(2)

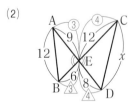

AE : CE＝9 : 12＝3 : 4,
BE : DE＝6 : 8＝3 : 4より,
AE : CE＝BE : DE
∠AEB＝∠CED（対頂角）
よって, △AEB∽△CED
12 : x＝3 : 4 ◁相似比
x＝16 **答**

確認問題 74

(1) △ADE∽△ACBより,
   6 : x＝8 : 16   9 : y＝8 : 16
   6 : x＝1 : 2   9 : y＝1 : 2
   x＝12 **答**   y＝18 **答**

(2) △ADE∽△ABCより,
   12 : x＝8 : 12   10 : y＝8 : 12
   12 : x＝2 : 3   10 : y＝2 : 3
   x＝18 **答**   y＝15 **答**

確認問題 75

(1) △APE∞△CPBより，

AP：PC＝AE：CB

= 3：5 答

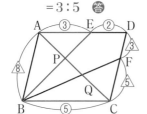

(2) △AQB∞△CQFより，

AQ：QC＝AB：CF

= 8：5 答

確認問題 76

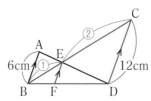

(1) △ABE∞△DCEより，

BE：CE＝AB：DC＝1：2 答

(2) △BEF∞△BCDより，

EF：12＝1：3

EF＝4cm 答

トレーニング⑬

(1) △DACを取り出して△ABCと向きをそろえる。

△ABC∞△DACより，

$6：x＝10：8$ $x＝\dfrac{24}{5}$ 答

$8：y＝10：8$ $y＝\dfrac{32}{5}$ 答

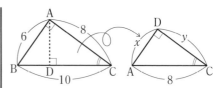

(2) △ABC∞△ADEより，

$x：15＝12：18$ $y：16＝12：18$

$x：15＝2：3$ $y：16＝2：3$

$x＝10$ 答 $y＝\dfrac{32}{3}$ 答

(3) △ABC∞△ADEより，

$x：18＝6：12$ $y：14＝6：12$

$x：18＝1：2$ $y：14＝1：2$

$x＝9$ 答 $y＝7$ 答

(4) △ABC∞△EDCより，

$x：(18-x)＝10：6$

$x：(18-x)＝5：3$

$x＝\dfrac{45}{4}$ 答

$15：y＝10：6$

$15：y＝5：3$

$y＝9$ 答

(5) △AEB∞△DECより，

BE：CE＝35：14＝5：2

△BEF∞△BCDより，

$x：14＝5：7$

$x＝10$ 答

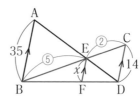

(6) △BEF∞△BCDより，

BE：BC＝2：3

よって，BE：EC＝2：1

△AEB∞△DECより，

$x：6＝2：1$

$x＝12$ 答

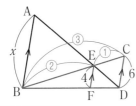

確認問題 77

(1) $14:x=12:6$

$14:x=2:1$ $x=7$ 答

△ADE∽△ABCより，

$10:y=12:18$

$10:y=2:3$ $y=15$ 答

(2) $x:18=10:20$

$x:18=1:2$ $x=9$ 答

△ADE∽△ABCより，

$y:24=10:30$

$y:24=1:3$ $y=8$ 答

確認問題 78

(1) $5:3=4:x$

$5x=12$ $x=\dfrac{12}{5}$ 答

(2) $8:x=10:12$

$8:x=5:6$

$5x=48$ $x=\dfrac{48}{5}$ 答

(3) $x:16=9:24$

$x:16=3:8$

$8x=48$ $x=6$ 答

トレーニング⑭

1(1) $4:x=6:3$

$4:x=2:1$

$2x=4$ $x=2$ 答

$y:8=6:9$

$y:8=2:3$

$3y=16$ $y=\dfrac{16}{3}$ 答

(2) $x:5=3:4$

$4x=15$

$x=\dfrac{15}{4}$ 答

$y:6=3:4$

$4y=18$ $y=\dfrac{9}{2}$ 答

(3) $8:x=6:10$

$8:x=3:5$

$3x=40$ $x=\dfrac{40}{3}$ 答

(4) $x:4=9:6$

$x:4=3:2$

$2x=12$ $x=6$ 答

2 点Aを通ってDCに平行な直線をひき，下の図のように点を定める。

△AEP∽△ABQより，

$(x-20):10=3:5$

$5(x-20)=30$

$5x=130$ $x=26$ 答

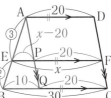

3(1) △AOD∽△COBより，

AO：OC＝AD：CB＝3：4 答

(2) △AEO∽△ABCより，

EO：28＝3：7 EO＝12 答

(3) △COF∽△CADより，

OF：21＝4：7 OF＝12

よって，EF＝24 答

確認問題 79

(1) 中点連結定理より

PQ＝$\dfrac{1}{2}$BC＝6cm 答

(2) PR＝$\dfrac{1}{2}$AC＝4cm，

QR＝$\dfrac{1}{2}$AB＝5cm

よって，周の長さは，

$6+4+5=15$ (cm) 答

確認問題 80

(1) $x:12=6:4$

  $x:12=3:2$

  $2x=36$

  $x=18$ 答

(2) $10:8=x:(9-x)$

  $5:4=x:(9-x)$

  $4x=5(9-x)$

  $4x=45-5x$

  $x=5$ 答

確認問題 81

1(1) $\triangle ABC = 15 \times \dfrac{4}{3}$

  $= 20\,(\mathrm{cm}^2)$ 答

(2) $\triangle ACD = 27 \times \dfrac{2}{3}$

  $= 18\,(\mathrm{cm}^2)$ 答

2(1) $\triangle ABD = 35 \times \dfrac{4}{7}$

  $= 20\,(\mathrm{cm}^2)$ 答

(2) $\triangle BDE = \triangle ABD \times \dfrac{1}{2}$

  $= 10\,(\mathrm{cm}^2)$ 答

確認問題 82

(1) $\triangle ADE \varpropto \triangle ABC$ で,

  相似比AD：AB＝9：15＝3：5

  よって, 面積比は,

  $\triangle ADE : \triangle ABC = 3^2 : 5^2$

  $= 9:25$ 答

(2) $\triangle ADE : \triangle ABC = 9:25$ より,

  $\triangle ADE :$ 台形DBCE＝9：(25－9)

  $= 9:16$ 答

確認問題 83

(1) 相似比1：2：3より, 表面積の比

  は, $1^2 : 2^2 : 3^2 = 1:4:9$ 答

(2) 体積比について,

  （三角錐OABC）：（三角錐ODEF）：

  （三角錐OGHI）＝1：8：27となる。

  　したがって, P, Q, Rの体積比は,

  Pを1とするとQは8－1で7,

Rは27－8で19　　答　1：7：19

1(1) $\triangle ABC \varpropto \triangle$ ADE 2組の角が

  それぞれ等しい

 (2) $\triangle ABC \varpropto \triangle$ DBE 2組の辺の

  比とその間の角がそれぞれ等しい

2〔証明〕$\triangle$ ABC と$\triangle$DBEにおいて,

  共通 な角だから,

  ∠ ABC ＝∠DBE…①

  仮定より,

  ∠ACB＝∠ DEB ＝ 90 °…②

  ①, ②より, 2組の角がそれぞれ等

  しい から,

  $\triangle$ ABC $\varpropto \triangle$ DBE

3 $\triangle ABC \varpropto \triangle AED$ より,

  AB：AE＝AC：AD

  18：9＝AC：6　これを解いて,

  AC＝12cm　EC＝3cm 答

4 $\triangle ABC$ の内角を考えて,

  ∠ACB＝180°－(80°＋70°)＝30°

  中点連結定理より, MN／／BCだから,

  ∠ANM＝30° 答

  $MN = \dfrac{1}{2} BC$ より, MN＝6cm 答

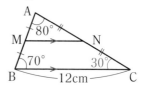

5(1) $10:x=14:7$

  $10:x=2:1$

  $x=5$ 答

  $\triangle ADE \varpropto \triangle ABC$ より,

  $8:y=2:3$

  $y=12$ 答

 (2) $x:9=18:12$

  $x:9=3:2$

  $x=\dfrac{27}{2}$ 答

$10:y = 18:12$
$10:y = 3:2$
$$y = \frac{20}{3}$$ 答

6(1) $9:6 = x:4$
$3:2 = x:4$
$x = 6$ 答
(2) $8:x = 6:9$
$8:x = 2:3$
$x = 12$ 答

7(1) △ABE∽△DCEより,
BE : EC = 6 : 9 = 2 : 3 答
(2) △BEF∽△BCDより,
$EF:9 = 2:5$ $$EF = \frac{18}{5}(cm)$$ 答

8 $x:6 = 4:3$より, $x = 8$ 答

9 △ABC∽△ADEで, 相似比14 : 6
= 7 : 3より, 面積比は
$△ABC : △ADE = 7^2 : 3^2$
$= 49 : 9$ 答

相似な図形まとめ 定期テスト対策 **B**

1 点Aを通り, DCに平行な直線をひき, 下の図のように点を定める。
PF = QC = AD = 18cm
△AEP∽△ABQより,
$(x-18):10 = 3:5$
$5(x-18) = 30$
$5x - 90 = 30$
これを解いて, $x = 24$ 答

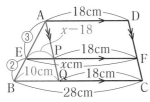

2(1) △AOD∽△COBより,
AO : CO = 6 : 9 = 2 : 3
△AEO∽△ABCより,

EO : 9 = 2 : 5 $$EO = \frac{18}{5}(cm)$$ 答
(2) △COF∽△CADより,
$OF:6 = 3:5$ $$OF = \frac{18}{5}(cm)$$
よって, $$EF = \frac{36}{5}(cm)$$ 答

3(1) △AEQ∽△ABCより,
EQ : 15 = 3 : 5
これを解いて, EQ = 9 (cm) 答
(2) EPの長さを求める。
△BEP∽△BADより,
EP : 10 = 2 : 5
これを解いて, EP = 4 (cm)
よって, PQ = EQ − EP = 9 − 4
= 5 (cm) 答

4 BD = $x$cmとすれば,
$5:4 = x:(6-x)$
$5(6-x) = 4x$
$30 - 5x = 4x$
これを解いて, $$x = \frac{10}{3}$$
△ABDで,
$$AE:ED = BA:BD = 5:\frac{10}{3}$$
= 3 : 2 答

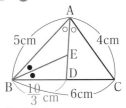

5 DE∥BCより,
AE : EC = 15 : 10 = 3 : 2
FE∥DCより, AF : FD = 3 : 2
よって, $$AF = 15 \times \frac{3}{5} = 9 \ (cm)$$ 答

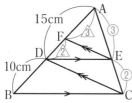

6(1) $\triangle$ADE∽$\triangle$GCEより，

　　$8:CG=2:1$

　　$CG=4$ (cm) 🔲答

(2)　$\triangle$BFG∽$\triangle$DFAより，

　　$BF:DF=BG:DA=3:2$

　　よって，$BF=10\times\dfrac{3}{5}=6$ (cm) 🔲答

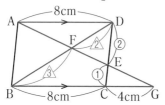

7

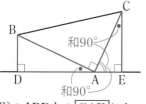

〔証明〕$\triangle$ABDと$\triangle\boxed{\text{CAE}}$において，

　仮定より，

　　$\angle$ADB$=\angle\boxed{\text{CEA}}=\boxed{90}°$…①

　　$\angle$BAC$=90°$だから，

　　$\angle$BAD$+\angle$CAE$=\boxed{90}°$

　よって，

　　$\angle$BAD$=\boxed{90}°-\angle\boxed{\text{CAE}}$…②

　　$\angle$AEC$=90°$だから，

　　$\angle$CAE$+\angle$ACE$=\boxed{90}°$

　よって，

　　$\angle$ACE$=\boxed{90}°-\angle\boxed{\text{CAE}}$…③

　②，③より，

　　$\angle$BAD$=\angle\boxed{\text{ACE}}$…④

　①，④より，$\boxed{\text{2組の角がそれぞれ等}}$
$\boxed{\text{しい}}$から，

$\triangle$ABD∽$\triangle\boxed{\text{CAE}}$

8　$\triangle$AOD∽$\triangle$COBで，相似比3：5

　より，面積比9：25

　　よって，

　　$\triangle$COB$=18\times\dfrac{25}{9}=50$ (cm²)

　　OE：EB$=2:3$より，

　　$\triangle$BCE$=50\times\dfrac{3}{5}=30$ (cm²) 🔲答

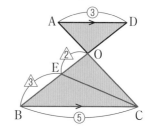

確認問題 84

(1)　$\angle x = 70° \times \dfrac{1}{2} = 35°$　㊙

(2)　$\angle x = 45° \times 2 = 90°$　㊙

(3)　$\angle x = 360° - 105° \times 2 = 150°$　㊙

(4)　$\angle x = 90°$,
　　$\angle y = 180° - (90° + 30°) = 60°$　㊙

(5)　$\angle x = 50°$,　$\angle y = 30°$　㊙

(6)　右の図のように
　　結ぶ。
　　$\angle x = 30° + 20°$
　　　　$= 50°$　㊙

確認問題 85

(1)　$OA = OC$ より,　$\angle OAC = 34°$
　　$\angle AOC = 180° - 34° \times 2 = 112°$
　　$\angle x = 56°$　㊙

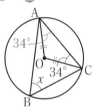

(2)　BとCを結べば,　$\angle ABC = 90°$,
　　$\angle DBC = 27°$
　　　$\angle x = 90° - 27° = 63°$　㊙

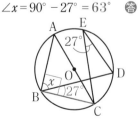

(3)　$OA = OC$ より $\angle OCA = 25°$,
　　$OB = OC$ より $\angle OCB = 53°$
　　　$\angle ACB = 53° - 25° = 28°$
　　　$\angle x = 28° \times 2 = 56°$　㊙

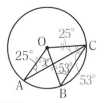

確認問題 86

　$\angle BAC = 80°$ より,
　$\overset{\frown}{AB} : \overset{\frown}{BC} : \overset{\frown}{CA} = 40° : 80° : 60°$
　　　　　　　$= 2 : 4 : 3$　㊙

確認問題 87

　$\angle ADB = \angle ACB = 40°$ より,　4点A,
B,　C,　Dは同じ円周上にある。
　その円をかけば,　$\overset{\frown}{DC}$に対する円周
角として,
　　$\angle x = \angle DAC = 45°$　㊙

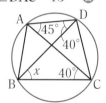

トレーニング ⑮

(1)　$\angle x = 56° \times 2 = 112°$　㊙

(2)　$\angle x = 68° \times \dfrac{1}{2} = 34°$　㊙

(3)　ABを結ぶ。$\angle ABD = 52°$,
　　$\angle BAD = 90°$ より,　$\triangle ABD$で,
　　$\angle x = 180° - (90° + 52°)$
　　　　$= 38°$　㊙

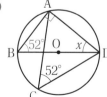

(4)　$\angle BOC = 80°$,
　　$OB = OC$ より,
　　$\angle x = \dfrac{180° - 80°}{2}$
　　　　$= 50°$　㊙

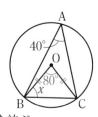

(5) OCを結ぶ。
∠AOC = 40°より，
∠COD = 46°
$∠x = 46° × \dfrac{1}{2}$
$= 23°$ 答

(6) ∠AOC = 80°
△OADで，
80° + ∠x = 95°
∠x = 15° 答

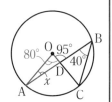

(7) △ADFで，60° + ∠DAF = 75°
より，∠DAF = 15°
∠DCE = ∠DAE = 15°
△BCDで，∠x + 15° = 60°より，
∠x = 45° 答

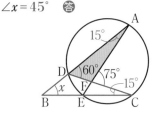

(8) ABを結ぶ。
∠BAC = 37°
△ABEで，
∠ABE + 37°
= 100°より，
∠ABE = 63°
∠BAD = 90°より，
△ABDで，
∠x = 180° − (63° + 90°) = 27° 答

確認問題 88

(1) ∠x = 180° − 82° = 98° 答
∠y = 80° 答

(2) △BCDの内角の和より，
∠x = 180° − (62° + 41°) = 77° 答
四角形ABCDは円に内接している
から，∠y = 180° − 77° = 103° 答

(3) 四角形ABCDは円に内接してい
るから，∠x = 72° 答
△AEDの内角の和より，
∠y = 180° − (70° + 72°) = 38° 答

確認問題 89

(1) ∠x = 65° 答　∠y = 43° 答

(2) ∠x = 50° 答
$∠ABC = \dfrac{180° − 50°}{2} = 65°$ より，
∠y = ∠ABC = 65° 答

(3) ∠x = 28° 答
∠BAC = 90°なので，△ABDの内
角の和より，
∠y + 28° + 90° + 28° = 180°
これを解いて，∠y = 34° 答

確認問題 90

AR = AP = 6cm，BQ = BP = 9cmよ
り，CQ = 16 − 9 = 7cm
CR = CQ = 7cmより，
AC = 6 + 7 = 13 (cm) 答

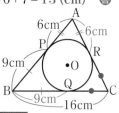

確認問題 91

AP = xcmとする。AR = AP = xcm
BQ = BP = (8−x) cm，
CQ = CR = (7−x) cm
BC = 9cmより，
(8−x) + (7−x) = 9
これを解いて，x = 3 答　3cm

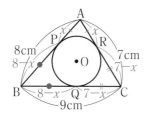

確認問題 **92**

BP $= x$cmとする。

△APD∽△BPCより，

AP : BP = DP : CP

$8 : x = 5 : 4$　これを解いて，

$x = \dfrac{32}{5}$ 答　$\dfrac{32}{5}$cm

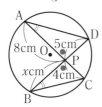

確認問題 **93**

DP $= x$cmとする。

△PAD∽△PCBより，

PA : PC = PD : PB

$8 : 10 = x : 3$　これを解いて，

$x = \dfrac{12}{5}$ 答　$\dfrac{12}{5}$cm

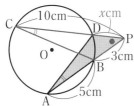

円まとめ　定期テスト対策 **A**

1(1)　$\angle x = 68° \times \dfrac{1}{2} = 34°$ 答

(2)　$\angle x = 36° \times 2 = 72°$ 答

(3)　$\angle x = 250° \times \dfrac{1}{2} = 125°$ 答

(4)　$\angle C = 90°$ より，$\angle x = 62°$ 答

(5)　$\angle ACB = 40°$ より，

　　　$\angle x = 180° - (72° + 40°) = 68°$ 答

(6)　$\angle ADB = 37°$ より，△ADEの外

　　　角で，$\angle x = 41° + 37° = 78°$ 答

2(1)　$\angle x = 180° - 70° = 110°$ 答

　　　$\angle y = 100°$ 答

(2)　△BCDの内角の和より，

　　　$\angle x = 180° - (33° + 35°)$

　　　　　$= 112°$ 答

　　　$\angle y = 180° - 112° = 68°$ 答

(3)　四角形ABDEは円に内接してい

　　　るから，$\angle x = 62°$ 答

　　　△ACEの内角の和より，

　　　$\angle y = 180° - (74° + 62°)$

　　　　　$= 44°$ 答

3(1)　OA = OBより，

　　　$\angle x = \dfrac{180° - 116°}{2} = 32°$ 答

　　　$\angle OAT = 90°$，$\angle OAB = 32°$ より，

　　　$\angle y = 90° - 32° = 58°$ 答

(2)　$\angle x = 45°$ 答　　　$\angle y = 71°$ 答

(3)　$\angle x = 66°$ 答

　　　$\angle BAC = 90°$ なので，△ABCの

　　　内角の和より，

　　　$\angle y = 180° - (90° + 66°) = 24°$ 答

4(1)　$\angle BAC = \angle BDC$ より，4点A，B，

　　　C，Dは同じ円周上にある。

　　　$\overset{\frown}{DC}$に対する円周角として，

　　　$\angle x = 46°$ 答

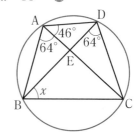

(2) ∠CBD＝∠CADより, 4点A, B,
C, Dは同じ円周上にある。$\overset{\frown}{BC}$に
対する円周角として,
∠x＝42° 答

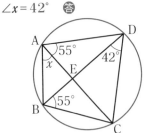

5(1) $\overset{\frown}{AB}＝\overset{\frown}{BC}$より,
∠ACB＝∠CAB＝40°
よって,
∠ABC＝180°－40°×2＝100°
四角形ABCDは円に内接するから,
∠x＝180°－100°＝80° 答

(2) $\overset{\frown}{AB}：\overset{\frown}{BC}$＝3：2より,
∠ADB：∠BDC＝3：2
36°：∠x＝3：2より, ∠x＝24° 答

6 AP＝xcmとすると,
AR＝AP＝xcm, BP＝BQ＝6cm
AB＝ACより, CQ＝BQ＝6cm
CR＝CQ＝6cm
△ABCの周の長さについて,
2x＋6×4＝32
これを解いて, x＝4 答 4cm

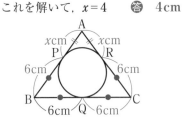

7(1) △ABE∽△CDEより,
AB：CD＝BE：DE
6：9＝x：8
これを解いて,
$x＝\dfrac{16}{3}$ 答

(2) △PAD∽△PCBより,
PA：PC＝PD：PB
9：x＝3：4
これを解いて, x＝12 答

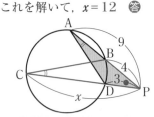

円まとめ　　　　　定期テスト対策 B

1(1) AOを結べば, AO＝BOより,
∠OAB＝25°
AO＝COより, ∠OAC＝32°
∠BAC＝25°＋32°＝57°
∠x＝57°×2＝114° 答

(2) ∠ABC＝70°より,
∠BAC＝180°－70°×2＝40°
∠x＝∠BAC＝40° 答

(3) OC∥ABより, 錯角は等しいか
ら, ∠CAB＝22°
∠x＝∠CAB×2＝44° 答

(4) ∠DBC＝∠DAC＝∠x
△ACEの外角について,
∠ACB＝∠x＋23°
△BFCの外角について,
∠x＋(∠x＋23°)＝63°
これを解いて, ∠x＝20° 答

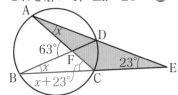

(5) △BFCの外角について，
　　$58° + ∠FCB = 80°$ より，
　　$∠FCB = 22°$
　　$∠DEB = ∠DCB = 22°$
　　△ABEの外角について，
　　$∠x + 22° = 58°$
　　よって，
　　$∠x = 36°$ 　答

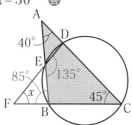

2(1) 四角形BCDEには円に内接して
　　いるから，
　　$∠BED = 180° - 45° = 135°$
　　△ABCの外角について，
　　$∠ABF = 40° + 45° = 85°$
　　△BFEの外角について，
　　$∠x + 85° = 135°$
　　$∠x = 50°$ 　答

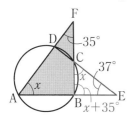

(2) 四角形ABCDは円に内接してい
　　るから，$∠BCE = ∠x$
　　△ABFの外角について，
　　$∠FBE = ∠x + 35°$
　　△BCEの内角の和より，
　　$∠x + (∠x + 35°) + 37° = 180°$
　　これを解いて $∠x = 54°$ 　答

3(1) $PA = PB$ より，
　　$∠PBA = \dfrac{180° - 52°}{2} = 64°$
　　$∠PBO = 90°$ より，
　　$∠x = 90° - 64° = 26°$ 　答
　　接弦定理より，
　　$∠y = ∠PBA = 64°$ 　答

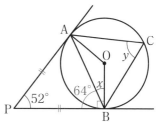

(2) 接弦定理より，$∠BAD = 26°$
　　△ABDの外角について，
　　$∠x = 26° + 56° = 82°$ 　答
　　△ABCの内角の和より，
　　$∠y = 180° - (26° + 82°) = 72°$ 　答

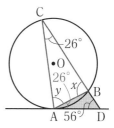

4(1) $∠ABD = 180° - (90° + 35°) = 55°$
　　$∠ABD = ∠ACD$ より，4点A，B，
　　C，Dは同じ円周上にある。
　　　その円の $\overparen{AB}$ に対する円周角と
　　して，$∠x = ∠ADB = 35°$ 　答

(2) $∠ADB = 180° - (27° + 90°) = 63°$
　　$∠ACB = ∠ADB$ より，4点A，B，
　　C，Dは同じ円周上にある。
　　　△ABEの外角について，
　　$∠BAE + 27° = 70°$ より，
　　$∠BAE = 43°$
　　　$\overparen{BC}$ に対する円周角として，

$\angle x = \angle BAC = 43°$ （答）

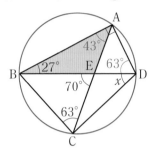

5(1) $\angle x = 90°$ （答）

$\overset{\frown}{AC} : \overset{\frown}{CB} = 5 : 4$ より，

$\angle ABC : \angle BAC = 5 : 4$

$\angle y = 90° \times \dfrac{4}{9} = 40°$ （答），

$\angle z = 90° \times \dfrac{5}{9} = 50°$ （答）

(2) $\overset{\frown}{BD}$ は円周の $\dfrac{2}{6} = \dfrac{1}{3}$ なので，

$\angle x = 360° \times \dfrac{1}{3} = 120°$ （答）

$\angle y = \angle x \times \dfrac{1}{2} = 60°$ （答）

$\angle z = \angle y \times \dfrac{1}{2} = 30°$ （答）

6
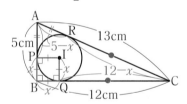

上の図のように点を定めると，四角形IPBQは正方形になる。

半径を$x$cmとすると，

$BP = BQ = x$cm

$AR = AP = (5-x)$ cm

$CR = CQ = (12-x)$ cm

ACの長さについて，

$(5-x) + (12-x) = 13$

これを解いて，$x = 2$ （答） 2cm

7 DP $= x$ とする。

$\triangle ADP \backsim \triangle CBP$ より，

$DP : BP = AP : CP$

$x : 4 = 12 : (13+x)$

$x(13+x) = 48$

$x^2 + 13x - 48 = 0$

$(x+16)(x-3) = 0$

$x = -16, 3$ $x > 0$ より，

$x = 3$ （答） 3

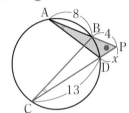

第7章 三平方の定理

確認問題 94

(1) $5^2 + 4^2 = x^2$

$25 + 16 = x^2$

$x^2 = 41$　$x > 0$ より, $x = \sqrt{41}$　答

(2) $x^2 + 6^2 = (5\sqrt{2})^2$

$x^2 + 36 = 50$

$x^2 = 14$　$x > 0$ より, $x = \sqrt{14}$　答

(3) $x^2 + 2^2 = (\sqrt{29})^2$

$x^2 + 4 = 29$

$x^2 = 25$

$x > 0$ より, $x = 5$　答

確認問題 95

㋐　最長の辺は10cm

$6^2 + 8^2 = 36 + 64 = 100$, $10^2 = 100$ より,

$6^2 + 8^2 = 10^2$ が成り立っているので,

直角三角形である。

㋑　最長の辺は3cm

$(\sqrt{7})^2 + 2^2 = 7 + 4 = 11$, $3^2 = 9$ より,

$(\sqrt{7})^2 + 2^2 > 3^2$ となっている。直角

三角形ではない。

㋒　$(\sqrt{6})^2 = 6$, $(3\sqrt{2})^2 = 18$, $(2\sqrt{3})^2$

$= 12$ より, 最長の辺は $3\sqrt{2}$ cm

$(\sqrt{6})^2 + (2\sqrt{3})^2 = (3\sqrt{2})^2$ が成り

立っているので, 直角三角形。

㋓　$1.5^2 + 2^2 = 2.25 + 4 = 6.25$, $2.5^2 =$

6.25 より, $1.5^2 + 2^2 = 2.5^2$ が成り立っ

ているので, 直角三角形。

答　㋐, ㋒, ㋓

確認問題 96

(1)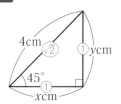

12分の1の縮

図で考える。

左の図で

$a = \sqrt{5}$ より, $x = 12\sqrt{5}$　答

(2)

9分の1の縮

図で考える。

左の図で,

$a^2 = 3^2 - (\sqrt{6})^2$　$a > 0$ より, $a = \sqrt{3}$

よって, $x = 9\sqrt{3}$　答

確認問題 97

(1)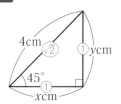

$x = 4 \times \dfrac{1}{\sqrt{2}} = 2\sqrt{2}$, $y = x = 2\sqrt{2}$

答　$x = 2\sqrt{2}$, $y = 2\sqrt{2}$

(2)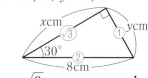

$x = 8 \times \dfrac{\sqrt{3}}{2} = 4\sqrt{3}$, $y = 8 \times \dfrac{1}{2} = 4$

答　$x = 4\sqrt{3}$, $y = 4$

(3)

$x = 2\sqrt{6} \times \dfrac{1}{\sqrt{3}} = 2\sqrt{2}$,

$y = 2\sqrt{6} \times \dfrac{2}{\sqrt{3}} = 4\sqrt{2}$

答　$x = 2\sqrt{2}$, $y = 4\sqrt{2}$

確認問題 98

(1) △ACDで, $AD^2 = (\sqrt{61})^2 - 6^2$

$AD^2 = 25$　$AD > 0$ より, $AD = 5$cm

$AD = 5$cm, $BD = 12$cm より,

$x = 13$　答

(2) △ABEで, $BE^2 = 1^2 + 1^2$

$BE = \sqrt{2}$ cm

△BEDで, $BD^2 = (\sqrt{2})^2 + 1^2$

$BD = \sqrt{3}$ cm

△BDCで, $x^2 = (\sqrt{3})^2 + 1^2$

$x > 0$ より, $x = 2$　答

(1) 4分の1の縮図で考える。

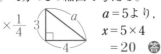

$a=5$ より，
$x=5\times4$
$=20$ 答

(2) 5分の1の縮図で考える。

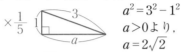

$a^2=3^2-1^2$
$a>0$ より，
$a=2\sqrt{2}$

$x=10\sqrt{2}$ 答

(3) $x=2\sqrt{15}\times\dfrac{1}{2}=\sqrt{15}$ 答

$y=2\sqrt{15}\times\dfrac{\sqrt{3}}{2}=3\sqrt{5}$ 答

(4) $x=2\sqrt{2}$ 答

$y=2\sqrt{2}\times\dfrac{\sqrt{2}}{1}=4$ 答

(5) △ACHで，
$x^2=(\sqrt{34})^2-3^2$
$x^2=25$ $x>0$ より，$x=5$ 答
AH$=5$，AB$=13$ より，
$y=12$ 答

(6) △ABHで，
$x^2=5^2-1^2=24$
$x>0$ より，$x=2\sqrt{6}$ 答
△ACHで，$y^2=5^2+(2\sqrt{6})^2$
$y^2=49$ $y>0$ より，$y=7$ 答

(7)

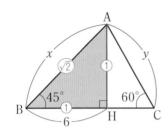

△ABHで，AH$=$BH$=6$
$x=6\times\dfrac{\sqrt{2}}{1}=6\sqrt{2}$

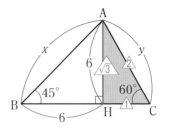

△ACHで，
$y=6\times\dfrac{2}{\sqrt{3}}=4\sqrt{3}$
答 $x=6\sqrt{2}$，$y=4\sqrt{3}$

(8)

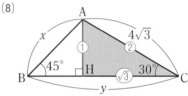

△ACHで，
AH$=4\sqrt{3}\times\dfrac{1}{2}=2\sqrt{3}$
CH$=4\sqrt{3}\times\dfrac{\sqrt{3}}{2}=6$

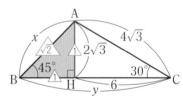

△ABHで，
$x=2\sqrt{3}\times\dfrac{\sqrt{2}}{1}=2\sqrt{6}$ 答

BH$=$AH$=2\sqrt{3}$ より，
$y=2\sqrt{3}+6$ 答

確認問題 99

(1) BH$=$CH$=3$cmで，AB$=5$cmより，
AH$=4$cm 答

面積 $6\times4\times\dfrac{1}{2}=12$ (cm^2) 答

(2) $BH = CH = 2\sqrt{2}$ cm

$\triangle ABH$で，$AH^2 = 6^2 - (2\sqrt{2})^2 = 28$

$AH = 2\sqrt{7}$ cm 圏

面積　$4\sqrt{2} \times 2\sqrt{7} \times \dfrac{1}{2}$

　　　　$= 4\sqrt{14}$ (cm^2) 圏

(3) $AH = \dfrac{\sqrt{3}}{2} \times 6 = 3\sqrt{3}$ (cm) 圏

面積　$\dfrac{\sqrt{3}}{4} \times 6^2 = 9\sqrt{3}$ (cm^2) 圏

確認問題 100

(1) $\triangle BCD$で，$BD^2 = 2^2 + 3^2 = 13$

よって，$BD = \sqrt{13}$ cm 圏

(2) $\angle CBD = 45°$ より，

$\triangle BCD$は$45°$定規。

よって，$BD = 3\sqrt{2} \times \dfrac{\sqrt{2}}{1}$

　　　　$= 6$ (cm) 圏

(3)

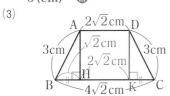

点DからBCに垂線DKを下ろす。

$HK = AD = 2\sqrt{2}$ cm，

$BH = CK = \sqrt{2}$ cm より，

$\triangle ABH$で，$AH^2 = 3^2 - (\sqrt{2})^2 = 7$

よって，$AH = \sqrt{7}$ cm 圏

確認問題 101

(1)

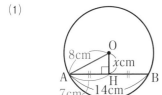

OAを結ぶと，$OA = 8cm$

$AH = BH = 7cm$

$\triangle OAH$で，$x^2 = 8^2 - 7^2 = 15$

よって，$x = \sqrt{15}$ 圏

(2)

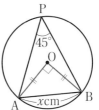

OA, OBを結べば，

$\angle AOB = 45° \times 2 = 90°$

$OA = OB$より，$\triangle OAB$は$45°$定規。

$OA = OB = 8cm$より，

$x = 8 \times \dfrac{\sqrt{2}}{1} = 8\sqrt{2}$ 圏

(3)

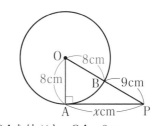

OAを結ぶと，$OA = 8cm$,

$\angle OAP = 90°$

$OB = 8cm$より，$OP = 17cm$

$\triangle OAP$で，$x^2 = 17^2 - 8^2 = 225$

よって，$x = 15$ 圏

確認問題 102

(1) $AB = \sqrt{(5-2)^2 + (-1-4)^2}$

　　　　$= \sqrt{9+25} = \sqrt{34}$ 圏

(2) $AB = \sqrt{\{2-(-1)\}^2 + \{-3-(-7)\}^2}$

　　　　$= \sqrt{9+16} = 5$ 圏

確認問題 103

(1) $3^2 + x^2 = (x+1)^2$ より，

$9 + x^2 = x^2 + 2x + 1$

$x = 4$ 圏

(2) $(x+7)^2 + x^2 = (x+8)^2$ より，

$x^2 + 14x + 49 + x^2 = x^2 + 16x + 64$

整理して，$x^2 - 2x - 15 = 0$

$(x-5)(x+3) = 0$

$x = 5$, -3　$x > 0$ より，$x = 5$ 圏

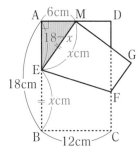

EM＝$x$cmとすれば，
EB＝EM＝$x$cmより，
AE＝$(18-x)$cm
△AEMで，AM^2＋AE^2＝EM^{2}より，
$6^2+(18-x)^2=x^2$
$36+324-36x+x^2=x^2$
これを解いて，$x=10$ 答　10cm

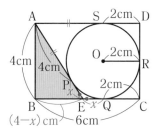

(1)　この円の直径SQ＝4cmなので，
　　半径OR＝2cm
　　SD＝OR＝2cmより，AS＝4cm
　　AP＝AS＝4cm 答
(2)　PE＝$x$cmとすると，
　　EQ＝EP＝$x$cm
　　よって，BE＝$(4-x)$cm
　　△ABEで三平方の定理より，
　　$(4-x)^2+4^2=(4+x)^2$
　　これを解いて，$x=1$ 答　1cm

BH＝xとおく。
△ABHで，AH^2＝13^2-x^2
△ACHで，AH^2＝$15^2-(14-x)^2$

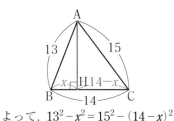

よって，$13^2-x^2=15^2-(14-x)^2$
$169-x^2=225-(196-28x+x^2)$
$169-x^2=225-196+28x-x^2$
$-28x=-140$
　$x=5$
△ABHで，BH＝5，AB＝13より，
AH＝12 答

△ABC＝$14\times12\times\dfrac{1}{2}=84$ 答

AとOを結べば，∠AOB＝90°より，
AO＝$\sqrt{8^2-6^2}=2\sqrt{7}$（cm）答

体積　$\pi\times6^2\times2\sqrt{7}\times\dfrac{1}{3}$
　　　　　　　$=24\sqrt{7}\,\pi$（cm^3）答

(1)　△ABCは45°定規なので，
　　AC＝$8\times\dfrac{\sqrt{2}}{1}=8\sqrt{2}$（cm）答
(2)　AH＝$4\sqrt{2}$cmより，
　　△AOHで，OH＝$\sqrt{8^2-(4\sqrt{2})^2}$
　　　　　　　　＝$4\sqrt{2}$（cm）答
(3)　$8\times8\times4\sqrt{2}\times\dfrac{1}{3}$
　　　$=\dfrac{256\sqrt{2}}{3}$（cm^3）答
(4)　△OABは一辺8cmの正三角形な
　　ので，
　　$\left(\dfrac{\sqrt{3}}{4}\times8^2\right)\times4+8^2$
　　$=64\sqrt{3}+64$（cm^2）答

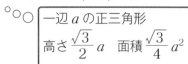

°○○ | 一辺 a の正三角形
高さ$\dfrac{\sqrt{3}}{2}a$　面積$\dfrac{\sqrt{3}}{4}a^2$

(1) $\sqrt{2^2+4^2+5^2}=\sqrt{45}$

    $=3\sqrt{5}$ (cm) 答

(2) $\sqrt{3}\times2\sqrt{6}=6\sqrt{2}$ (cm) 答

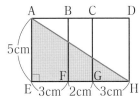

上の図のような展開図で考える。

△AEHで，

$AH=\sqrt{8^2+5^2}$

    $=\sqrt{89}$ (cm) 答

(1) 一辺$4\sqrt{2}$ cmの正三角形。

    $\dfrac{\sqrt{3}}{4}\times(4\sqrt{2})^2=8\sqrt{3}$ (cm^2) 答

(2) 長方形で，$CF=4\sqrt{2}$ cmより，

    $4\times4\sqrt{2}=16\sqrt{2}$ (cm^2) 答

△BEGはBE＝BGの二等辺三角形。

△BEFで，BE＝5cm，

△EFGで，EG＝$4\sqrt{2}$ cmと求まる。

△BEGを取り出して考える。

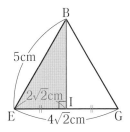

点BからEGに垂線BIを下ろせば，

$BI=\sqrt{5^2-(2\sqrt{2})^2}=\sqrt{17}$

$\triangle BEG=4\sqrt{2}\times\sqrt{17}\times\dfrac{1}{2}$

    $=2\sqrt{34}$ cm^2 答

三平方の定理まとめ 定期テスト対策 **A**

1(1) △ACHで，

  $x=\sqrt{9^2-6^2}=3\sqrt{5}$ 答

  △ABHで，

  $y=\sqrt{2^2+(3\sqrt{5})^2}=7$ 答

(2) △ABHで，$x=4\times\dfrac{\sqrt{3}}{2}$

      $=2\sqrt{3}$ 答

  △ACHで，$y=\sqrt{3^2+(2\sqrt{3})^2}$

      $=\sqrt{21}$ 答

(3) △ABHで，$x=3\sqrt{2}\times\dfrac{1}{\sqrt{2}}$

      $=3$ 答

  △ABHで，BH＝3cm，

  △ACHで，CH＝$3\times\dfrac{1}{\sqrt{3}}=\sqrt{3}$ cm

  よって，$y=3+\sqrt{3}$ 答

2 高さ $\dfrac{\sqrt{3}}{2}\times2\sqrt{3}=3$ (cm) 答

  面積 $\dfrac{\sqrt{3}}{4}\times(2\sqrt{3})^2$

        $=3\sqrt{3}$ (cm^2) 答

3(1) $\sqrt{2^2+(2\sqrt{3})^2}=4$ (cm) 答

(2) $2\sqrt{6}\times\dfrac{\sqrt{2}}{1}=4\sqrt{3}$ (cm) 答

4(1)

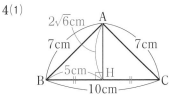

点AからBCに垂線AHを下ろす。

BH＝CH＝5cmより，

△ABHでAH＝$\sqrt{7^2-5^2}$

        $=2\sqrt{6}$ cm

$\triangle ABC=10\times2\sqrt{6}\times\dfrac{1}{2}$

      $=10\sqrt{6}$ (cm^2) 答

(2)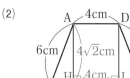

点A, DからBCに垂線AH, DIを下ろせば, BH = CI = 2cm

△ABHで,

$AH = \sqrt{6^2 - 2^2} = 4\sqrt{2}$ cm

よって, $(4+8) \times 4\sqrt{2} \times \dfrac{1}{2}$

$= 24\sqrt{2}$ (cm^2) 答

5(1) $AB = \sqrt{(6-2)^2 + (8-5)^2} = 5$ 答

(2) $AB = \sqrt{\{1-(-2)\}^2 + (-5-3)^2}$

$= \sqrt{9 + 64} = \sqrt{73}$ 答

6(1) $\sqrt{5^2 + 3^2 + 8^2} = 7\sqrt{2}$ (cm) 答

(2) $\sqrt{3} \times 5\sqrt{3} = 15$ (cm) 答

7(1)

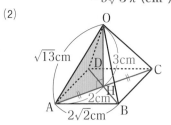

AOを結べば, ∠AOB = 90°より,

$AO = \sqrt{6^2 - 3^2} = 3\sqrt{3}$ cm

よって, $\pi \times 3^2 \times 3\sqrt{3} \times \dfrac{1}{3}$

$= 9\sqrt{3}\pi$ (cm^3) 答

(2)

△ABCは45°定規なので,

$AC = 2\sqrt{2} \times \dfrac{\sqrt{2}}{1} = 4$cm

AH = CH = 2cm

△AOHで, $OH = \sqrt{(\sqrt{13})^2 - 2^2}$

$= 3$cm

よって, $(2\sqrt{2})^2 \times 3 \times \dfrac{1}{3}$

$= 8$ (cm^3) 答

8

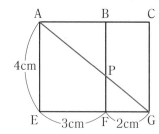

(1) △ABP∽△ACGより,

BP : CG = AB : AC

BP : 4 = 3 : 5

$BP = \dfrac{12}{5}$ (cm) 答

(2) △AEGで, $AG = \sqrt{5^2 + 4^2}$

$= \sqrt{41}$ (cm) 答

9(1) 一辺$10\sqrt{2}$ cmの正三角形になる。

$\dfrac{\sqrt{3}}{4} \times (10\sqrt{2})^2 = 50\sqrt{3}$ (cm^2) 答

(2) 長方形になる（直角三角形ではない）。

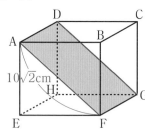

△AEFは45°定規より,

$AF = 10\sqrt{2}$ cm

よって, $10 \times 10\sqrt{2}$

$= 100\sqrt{2}$ (cm^2) 答

1(1)

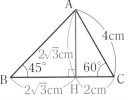

点AからBCに垂線AHを下ろすと，
AH＝$2\sqrt{3}$ cm，CH＝2cm，
BH＝$2\sqrt{3}$ cm

△ABC＝$(2\sqrt{3}+2) \times 2\sqrt{3} \times \dfrac{1}{2}$

$\qquad = (2\sqrt{3}+2) \times \sqrt{3}$

$\qquad = 6+2\sqrt{3}$ （cm²） 🅐

(2)

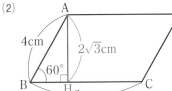

点AからBCに垂線AHを下ろすと，
AH＝$2\sqrt{3}$ cm
よって，$6 \times 2\sqrt{3}$

$\qquad = 12\sqrt{3}$ （cm²） 🅐

2

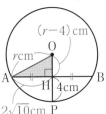

半径OA＝r cmとする。
AH＝BH＝$2\sqrt{10}$ cm，
OH＝$(r-4)$ cm
△AOHで，$(2\sqrt{10})^2 + (r-4)^2 = r^2$
$40 + r^2 - 8r + 16 = r^2$
これを解いて，$r=7$
🅐 **7cm**

3

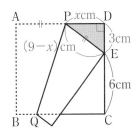

PD＝$x$cmとする。DE＝3cm，
PE＝PA＝$(9-x)$cm
△PDEで，$x^2 + 3^2 = (9-x)^2$
$x^2 + 9 = 81 - 18x + x^2$
これを解いて，$x=4$ 🅐 **4cm**

4(1) $AB = \sqrt{\{1-(-2)\}^2 + (2-3)^2}$

$\qquad = \sqrt{10}$ 🅐

$BC = \sqrt{(3-1)^2 + (8-2)^2}$

$\qquad = 2\sqrt{10}$ 🅐

$CA = \sqrt{\{3-(-2)\}^2 + (8-3)^2}$

$\qquad = 5\sqrt{2}$ 🅐

(2) $(\sqrt{10})^2 = 10$，$(2\sqrt{10})^2 = 40$，
$(5\sqrt{2})^2 = 50$より，
$(\sqrt{10})^2 + (2\sqrt{10})^2 = (5\sqrt{2})^2$
$AB^2 + BC^2 = CA^2$が成り立つので，
三平方の定理の逆より，△ABCは
∠B＝90°の直角三角形 🅐

5 BH＝$x$cmとおく。
△ABHで，$AH^2 = 10^2 - x^2$
△ACHで，$AH^2 = 14^2 - (16-x)^2$
よって，$10^2 - x^2 = 14^2 - (16-x)^2$
$100 - x^2 = 196 - (256 - 32x + x^2)$
$100 - x^2 = 196 - 256 + 32x - x^2$
これを解いて，$x=5$
△ABHで，$AH = \sqrt{10^2 - 5^2}$

$\qquad = 5\sqrt{3}$ （cm） 🅐

6(1) （中心角）＝$360° \times \dfrac{2}{8} = 90°$ 🅐

(2) △PAA′は45°
定規より，
AA′＝$8\sqrt{2}$ cm
🅐

7(1) 切り口の図形は，4辺の長さが等しいので，ひし形（正方形ではない）。

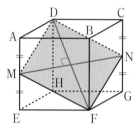

DFは立方体の対角線で$4\sqrt{3}$ cm

$MN = AC = 4\sqrt{2}$ cm

対角線が等しくないので，正方形でないことが確認できる。

$DF \times MN \times \dfrac{1}{2}$

$= 4\sqrt{3} \times 4\sqrt{2} \times \dfrac{1}{2} = 8\sqrt{6}$ (cm^2) 答

(2) 等脚台形となる。

$MN = 2\sqrt{2}$ cm, $EG = 4\sqrt{2}$ cm,

$ME = NG = 2\sqrt{5}$ cm

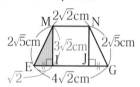

点M，NからEGに垂線MI，NJを下ろせば，$EI = GJ = \sqrt{2}$ cm

$MI = \sqrt{(2\sqrt{5})^2 - (\sqrt{2})^2} = 3\sqrt{2}$ cm

$(2\sqrt{2} + 4\sqrt{2}) \times 3\sqrt{2} \times \dfrac{1}{2}$

$= 18$ (cm^2) 答

8(1) $\dfrac{\sqrt{3}}{4} \times (6\sqrt{2})^2 = 18\sqrt{3}$ (cm^2) 答

(2) $\underset{\triangle ADB}{\underline{6 \times 6 \times \dfrac{1}{2}}} \times \underset{AE}{\underline{6}} \times \dfrac{1}{3} = 36$ (cm^3) 答

(3) 求める長さを$h$cmとする。
体積について，

$18\sqrt{3} \times h \times \dfrac{1}{3} = 36$より，$h = 2\sqrt{3}$

答 $2\sqrt{3}$ cm

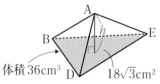

体積36cm^3　$18\sqrt{3}$cm^2

確認問題 113

(1)　2.5×10^4m　(2)　7.20×10^4m

(3)　上から2けたまでの5, 8が有効数
　　字で，5.8×10^3g　答

(4)　10gの位までの3, 7, 2が有効数
　　字で，3.72×10^3g　答

確認問題 114

(1)　生徒全員の検診を行うから，
　　全数調査　答

(2)　標本調査

(3)　全数調査をすると売る菓子がなく
　　なってしまう。答　標本調査

確認問題 115

　箱の中の黒の碁石の個数をx個とす
る。母集団における，全体と黒の碁石
の個数の比は，$250 : x$

　標本におけるその比は，$40 : 16$

　よって，$250 : x = 40 : 16$

　右辺を8でわって

　$250 : x = 5 : 2$

　$5x = 500$

　$x = 100$　答　およそ100個

データの活用まとめ　定期テスト対策 **A**

1　（誤差）＝（近似値）−（真の値）に
　あてはめる。

(1)　$3600 - 3576 = 24$（円）　答

(2)　$185000 - 185194$
　　　　　　　　$= -194$（人）　答

2(1)　5.3×10^3g　(2)　7.40×10^4m

(3)　6.810×10^5m

3　母集団の大きさ520，標本の大き
　さ60

4(1)　標本調査　　(2)　全数調査

(3)　全数調査　　(4)　標本調査

5　赤玉の個数をx個とする。

　全体の個数と赤玉の個数の比について，

　$800 : x = 60 : 24$

　$800 : x = 5 : 2$

　$5x = 1600$

　$x = 320$　答　およそ320個

データの活用まとめ　定期テスト対策 **B**

1　$5.25 \leqq a < 5.35$

2(1)　4.0×10^4km

(2)　秒速2.998×10^5km

3(1)　8.3×10^2g　(2)　1.20×10^2cm

4(1)　母集団の大きさ5000，標本の大
　　きさ100

(2)　$\dfrac{3}{100} = 0.03$　よって，3%　答

(3)　不良品がx個ふくまれるとする。

　　$5000 : x = 100 : 3$

　　$100x = 15000$

　　$x = 150$　答　およそ150個

　　（別解）標本の不良品の割合が3%よ
　　り，

　　$5000 \times 0.03 = 150$（個）

5　池にいる魚をx匹とする。

　全体の魚の数と印のついた魚の数
　の比について，

　$x : 60 = 100 : 4$

　$x : 60 = 25 : 1$

　$x = 1500$　答　およそ1500匹

MEMO

カバーイラスト：日向あずり
本文イラスト（顔アイコン）：けーしん
本文デザイン：田中真琴（タナカデザイン）
校正：多々良拓也，友人社
組版：ニッタプリントサービス

● 著者紹介

横関俊材（よこぜき　としき）
　学校法人河合塾数学科講師。
　薬学部卒業後、大手製薬会社の学術部で10年間勤務し、生徒に教えることが好きで河合塾講師に転身。わかりやすい授業・成績を伸ばす指導に定評があり、生徒・保護者からの信頼も厚い。河合塾の教室長を長年勤め、難関高校に多くの中学生を合格させてきた実績がある。
　現在は、中学生の指導を続けつつ、河合塾における講師研修の中心者としても活躍している。

中３数学が面白いほどわかる本

2021年1月29日　初版発行

著者／横関　俊材

発行者／青柳　昌行

発行／株式会社KADOKAWA
〒102-8177　東京都千代田区富士見2-13-3
電話　0570-002-301（ナビダイヤル）

印刷所／株式会社加藤文明社印刷所

●お問い合わせ
https://www.kadokawa.co.jp/（「お問い合わせ」へお進みください）
※内容によっては、お答えできない場合があります。
※サポートは日本国内のみとさせていただきます。
※Japanese text only

定価はカバーに表示してあります。